中国地下水资源调控

李原园 郦建强 于丽丽 等 著

中国水利水电出版社

www.waterpub.com.cn

·北京·

内 容 提 要

　　本书在近 20 年来我国地下水调控与管理问题研究与实践的基础上，系统阐述了地下水调控理论和技术体系，介绍了地下水功能区划、地下水资源配置及地下水治理修复保护、地下水管控等地下水管理与调控技术，并列举了华北地区地下水超采治理、南水北调受水区地下水压采等地下水调控理论与技术应用的成功案例。全书阐述并回答了在气候变化、下垫面改变、强人工干扰条件下，我国地下水管理与调控的一系列重大理论、关键技术、重大政策、重大行动问题。

　　本书可供从事地下水资源管理与研究相关工作的科研、技术和管理人员阅读，也可供相关专业的大专院校师生参考。

图书在版编目（ＣＩＰ）数据

中国地下水资源调控 ／ 李原园等著. -- 北京 ： 中国水利水电出版社，2021.12
ISBN 978-7-5226-0323-0

Ⅰ. ①中… Ⅱ. ①李… Ⅲ. ①地下水资源－水资源管理－中国 Ⅳ. ①P641.8

中国版本图书馆CIP数据核字(2021)第260975号

书　　　名	中国地下水资源调控 ZHONGGUO DIXIASHUI ZIYUAN TIAOKONG
作　　　者	李原园　郦建强　于丽丽　等　著
出 版 发 行	中国水利水电出版社 （北京市海淀区玉渊潭南路 1 号 D 座　100038） 网址：www. waterpub. com. cn E - mail：sales@waterpub. com. cn 电话：（010）68367658（营销中心）
经　　　售	北京科水图书销售中心（零售） 电话：（010）88383994、63202643、68545874 全国各地新华书店和相关出版物销售网点
排　　　版	中国水利水电出版社微机排版中心
印　　　刷	北京印匠彩色印刷有限公司
规　　　格	170mm×240mm　16 开本　13.75 印张　285 千字
版　　　次	2021 年 12 月第 1 版　2021 年 12 月第 1 次印刷
印　　　数	001—800 册
定　　　价	**100.00 元**

前言

  地下水是水循环的关键环节，是水资源的重要组成部分，具有重要的资源功能和生态环境功能，在保障城乡生活生产用水、支撑经济社会发展、维系生态环境安全、应对气候变化与发挥应急作用等方面，都具有不可替代的作用。地下水是淡水资源的重要组成部分，全球地下水储量占淡水资源的1/3，是所有淡水湖泊储量的30倍，是河流总水量的3000倍，全球近一半的人口依赖于地下水资源，在很多地方甚至是唯一的供水水源。地下水具有循环更新缓慢、稳定性强、多年调节的特点，尤其是在特殊干旱年份或遭遇突发事件时，对保障应急安全、维护社会稳定和降低灾害损失具有不可替代的作用。地下水在形成、转换和运移过程中，尤其在干旱半干旱地区，对维持地表植被、调节江河径流、维系良好生态环境也具有十分重要的作用。

  近60年来，我国地下水开发利用规模不断扩大、强度持续增强，在支撑我国经济社会发展、保障城乡居民饮水安全方面发挥了重要作用。但是也有许多地区由于地下水长期不合理开发利用导致地下水系统发生了显著变化，如长期超强度开采地下水导致地下水严重超采、埋深大幅增加、含水层疏干、泉水衰竭、战略储备功能丧失，引发地面沉降、地面塌陷及地裂缝、湿地萎缩、植被退化、土地沙化、海（咸）水入侵等一系列环境地质问题，造成地下水补给结构和补给途径、地下流场和应力、排泄结构与排泄途径等发生变化，地下水自然均衡状况遭到破坏，部分地区还导致地下水水质硬化与污化、水文地球化学变异等问题。这些问题的逐步积累，对我国社会经济健康发展构成严重威胁，地下水的科学管理和有效保护事关国家资源安全、供水安全、经济安全和生态安全。与此同时，我国地下水管理还存在开发利用无序、管理保护基础薄弱等不足，对地下水的科学研究还存在认知不深、驱动机理辨识不清等问题，因此，亟须开展针对地下水调控相关理论、管理技术与手段的专门研究。

本书以国家重大资源环境调查为基础，以国家重要资源环境相关规划为载体，以地下水治理保护的重大科学问题和关键技术研究为主线，围绕国家重大战略、地下水管理制度规划和地下水治理保护开发的行动需求，从演变驱动机制、调控理论和技术体系、控制指标和阈值标准、关键技术和实践应用四个层面进行系统研究，总结提炼了国家地下水保护的治理路线方案以及大规模的区域地下水治理修复实践成果，最终目标是解决在气候变化、下垫面改变、强人工干扰条件下我国地下水管理调控的一系列重大理论、关键技术、重大政策、重大行动问题。

本书是在近20年来我国地下水资源管理与调控问题研究与实践的基础上形成的，包括一系列地下水资源调查评价、基础理论研究和规划方案的制定工作以及合作类项目："全国水资源及其开发利用调查评价""全国地下水超采区评价"等资源调查类项目；"南水北调东中线一期工程受水区地下水压采总体方案""全国地下水利用与保护规划""全国水资源保护规划""农业环境突出问题地表水过度开发和地下水超采治理专项规划""全国地下水严重超采区压采限采'十三五'规划""全国地面沉降防治规划"和"河北省地下水超采综合治理规划"等规划与方案类项目；"全国地下水功能区划研究""地下水开发利用总量控制指标分解""建立健全地下水资源产权制度研究""地下水战略储备调查分析及研究"和"全国地下水管理模型"等重大战略研究类项目；"地下水管理条例""地下水功能区划分导则""地下水资源评价技术导则"等法规标准类项目；以及中瑞（士）合作项目"气候变化条件下地下水超采治理与管理战略"、世界银行项目"中国地下水管理能力建设"、中意合作项目"华北平原地下水管理"等国际合作类项目。

本书在以上工作的基础上，系统阐述了地下水调控理论技术体系，介绍了地下水功能区划、地下水资源配置及地下水治理修复保护、地下水管控等地下水管理与调控技术以及华北地区地下水超采治理、南水北调受水区地下水压采等地下水调控理论与技术应用的成功案例。本书所展示的我国地下水资源调控相关理论与技术是多学科交叉、多技术联合的综合成果，建立了地下水"四全"多维协同整体调控理论，提出了"水流、水量、水质、水压、水位"五维控制指标和阈值标准，构建了地下水调控技术体系，在地下水功能区划、地下水资源配置及地下水治理修复保护等方面取得了重大技术突破，在全国、流域、区域付诸实践并得到成功应用，有力地推动我国地下水研究与管理工作全面进入保护优先、精准调控、系统治理、科学管理的新时代。

　　本书由李原园、郦建强、于丽丽、侯杰等在近20年的地下水资源管理与调控实践的基础上归纳和总结而成。全书共11章：第1章由陈飞、徐翔宇、唐世南编写；第2章由唐世南、陈飞、徐翔宇编写；第3、4章由郦建强、李爱花编写；第5、6章由于丽丽、侯杰编写；第7章由羊艳编写；第8章由唐世南、羊艳、丁跃元编写；第9章由刘昀竺、侯杰、羊艳编写；第10章由陈飞、丁跃元、刘昀竺编写；第11章由羊艳、陈飞编写；全书由李原园统稿。

　　由于水平有限，书中难免存在疏漏，敬请批评指正。

作者

2020 年 12 月

目录

中国地下水资源状况

1.1 基本情况

1.1.1 自然概况

我国幅员辽阔，地质构造复杂，地形地貌类型多样，总体上以山地地貌为主，平地较少。高山、高原以及大型内陆盆地主要分布于西部地区，丘陵、平原以及较低的山地多位于东部地区。包括山地、高原和丘陵在内的山丘区面积约占全国国土面积的 2/3。

我国东部季风区气候湿润，河流发育，长江、黄河等大江大河及其干支流强大的侵蚀和堆积作用，在中下游地区形成大面积的冲积、淤积平原，地下水含水层深厚，地下水资源较为丰富。西北干旱半干旱区处于内陆，气候干燥，流水对地貌的作用较弱，是我国沙漠、戈壁的主要分布区；区内分布着广阔的内陆高原和盆地以及山地，这些地区由于降水较少，河流密度低，绝大多数地区地下水补给条件较差，地下水资源较为贫瘠。青藏高寒区处于西部高海拔和高寒干旱环境，以高海拔的高原山地为主体，地下水储水条件较差，大部分地下水通过河川径流排泄。

根据《中国水资源及其开发利用调查评价》成果，1956—2000 年水文系列全国多年平均年降水量为 61775 亿 m^3，折合降水深 650mm。降水总体上呈现南方多、北方少，山区多、平原少的分布规律。南方地区（包括长江区、东南诸河区、珠江区、西南诸河区，下同）面积占全国面积的 36%，多年平均年降水深1214mm，相应降水量为 41900 亿 m^3，占全国的 68%；北方地区（包括松花江区、辽河区、海河区、黄河区、淮河区和西北诸河区，下同）面积占全国面积的64%，多年平均年降水深 328mm，相应降水量约 19875 亿 m^3，占全国的 32%。我国山丘区面积约占全国面积的 72%，多年平均年降水深为 770mm，降水量约

1

占全国的 85%；平原及盆地面积约占全国面积的 28%，多年平均年降水深为 343mm，降水量约占全国的 15%。

　　全国多年平均年水面蒸发量（统一折算为 E601 的蒸发量）在 800mm 以下的低值区面积约占全国面积的 21.7%，主要分布在内蒙古东北部、黑龙江大部、辽宁东部及长江中下游地区。多年平均年水面蒸发量大于 1200mm 的高值区面积约占全国面积的 32.9%，主要分布在西北的高原和盆地、青藏高原以及云南中西部的干热河谷等地区。多年平均年水面蒸发量为 800~1200mm 的地区面积约占全国面积的 45.4%，主要包括东北平原大部、海河区、淮河区、黄河区中下游、长江区上游局部和下游局部、珠江区中下游、东南诸河区、西南诸河区大部以及青藏高原部分地区。

1.1.2　水文地质条件及地下水类型

1.1.2.1　水文地质条件

　　水文地质条件决定了地下水的形成、赋存与运动方式。我国独特的地质构造、地形地貌、土壤植被及含水层岩性特征等因素，使得水文地质条件呈现明显的经向、纬向与垂向分带规律。北方地区平原分布广泛，沉积了巨厚的第四系，形成储水条件良好的多层巨厚含水层组；南方地区平原分布则相对零星（约占南方地区面积的 5%），大部分地区地下水赋存条件不及北方平原。根据自然条件的不同，全国可划分为 8 个水文地质类型区域：

　　（1）松辽平原及黄淮海平原区。多年平均年降水深为 500~800mm，为半湿润区。地下水含水层普遍巨厚，地下水主要接受降水入渗补给，其次为地表水体入渗补给。

　　（2）长江中下游及东南沿海平原区。多年平均年降水深为 800mm 以上，为湿润地区。地下水主要接受降水入渗补给，其次为地表水体入渗补给。

　　（3）内蒙古高原与黄土高原区。多年平均年降水深为 250~500mm，为半湿润区与西部干旱区的过渡地带。降水入渗补给强度较小，但在局部断陷盆地，如关中平原、河套平原等，由于地表水体入渗补给，地下水较为丰富。

　　（4）西部内陆盆地平原区。主要包括河西走廊、准噶尔、塔里木与柴达木等大型内陆盆地平原。多年平均年降水深小于 250mm，为典型的干旱区。地表水体入渗补给是地下水的主要来源，降水入渗补给量仅占总补给量的 10%。山丘区径流进入平原戈壁后，通过河道以及地表水引水灌溉渠系渗漏补给地下水。在远离山丘区的平原地区，地下水水位上升形成泉水排泄。

　　（5）北方山丘区。主要包括长白山、大小兴安岭、燕山、阴山、太行山、吕梁山、祁连山、秦岭、阿尔泰山和天山等地区。多年平均年降水深为 250~800mm，地下水以裂隙水为主，局部地区分布有喀斯特水。

（6）东南与中南山丘区。主要包括伏牛山、大别山、罗霄山、天目山、武夷山、武陵山和南岭等地区。多年平均年降水深为 1000～2000mm，地下水以裂隙水与喀斯特水为主，地下水普遍较丰富。

（7）西南山丘区。主要包括巴颜喀拉山、横断山、昆仑山、唐古拉山、喜马拉雅山和冈底斯山等地区，各地区多年平均年降水深差异较大，小者不足500mm，大者超过 2000mm。地下水以裂隙水和喀斯特水为主。其中在云南东部和北部、广西西部和北部、贵州、四川南部以及湖南西南部等地区，广泛分布有古生界巨厚的碳酸盐岩，地下水以喀斯特水为主，地下暗河十分发育。

（8）青藏高原区。平均海拔为 4000m 左右，冰川及高寒冻土发育，极少的降水是上层滞水的唯一补给源。

我国不同类型水文地质分区的主要特征见表 1.1。

表 1.1　　　　　　我国不同类型水文地质分区的主要特征

水文地质分区	主要含水介质	地下水类型	地下水补给来源	地下水资源状况
松辽平原及黄淮海平原区	松散岩类孔隙	孔隙水	大气降水为主（占73%），地表水	较丰富
长江中下游及东南沿海平原区	松散岩类孔隙	孔隙水	大气降水为主（占77%），地表水	丰富
内蒙古高原与黄土高原区	松散岩类孔隙	孔隙水	地表水	局部断陷盆地，较丰富
西部内陆盆地平原区	松散岩类孔隙	孔隙水	地表水	贫乏
北方山丘区	基岩裂隙为主，喀斯特裂隙	裂隙或喀斯特裂隙水	大气降水为主，地表水	较丰富，局部喀斯特水丰富
东南与中南山丘区	基岩裂隙、喀斯特裂隙	裂隙或喀斯特裂隙水	大气降水	较丰富
西南山丘区	喀斯特裂隙、洞穴，基岩裂隙	喀斯特水、裂隙水	大气降水	喀斯特区分布不均，丰富；较丰富
青藏高原区	松散岩类孔隙	孔隙水（上层滞水）	大气降水	贫乏

1.1.2.2　地下水类型

地下水类型按含水介质（空隙）不同分为孔隙水、裂隙水及喀斯特水，按地下水埋藏条件不同分为潜水和承压水。

本书所指的地下水是指赋存于地面以下不同深度、不同类型的岩层中的饱和重力水。按埋藏条件、循环更新状况与难易程度可分为两类：浅层地下水和深层承压水。

浅层地下水是指埋藏相对较浅，参与现代陆地水循环，在循环交替过程中不断接受补给和不断更新，并且在各种自然因素和人为因素作用下，水质和水量的变化与现代气候密切相关的地下水，即与当地大气降水和地表水体有直接水力联系的潜水以及与潜水有密切水力联系的承压水，是容易更新的地下水。

深层承压水是指地质时期形成的地下水，埋藏相对较深，补给、径流、排泄极其缓慢，很难循环更新，即与当地大气降水和地表水体没有密切水力联系且难以补给更新的承压水，是不可更新或很难更新、更新非常缓慢的承压水。

1.2 地下水资源量

本书所指地下水资源量是指浅层地下水中参与年度水循环且可以逐年更新的动态水量，即矿化度不大于 2g/L 的浅层地下水资源量。地下水资源量通常是按平原区和山丘区分别计算的。平原区地下水资源量采用水均衡法计算，将井灌回归补给量以外的补给量作为地下水资源量。而山丘区水文地质条件复杂，地下水分布不均匀，常以泉或局部沉积层中的潜流形式出现，或排入河流，或出露为泉，因此山丘区地下水资源量通常采用排泄法进行计算。本章地下水资源量是基于第二次全国水资源调查评价成果汇总而成。

1.2.1 地下水资源数量

全国矿化度 $M \leqslant 2g/L$ 地下水计算面积为 845.1 万 km^2，地下水资源量为 8218 亿 m^3（包含我国台湾省和香港、澳门特别行政区），全国矿化度 $M > 2g/L$ 地下水计算面积为 30 万 km^2，地下水总补给量为 141 亿 m^3。在全国地下水资源量中，山丘区地下水资源量为 6770 亿 m^3，平原区地下水资源量为 1765 亿 m^3，山丘区与平原区重复计算量为 317 亿 m^3。北方地区地下水资源量为 2458 亿 m^3，占全国的 30%；南方地区地下水资源量为 5760 亿 m^3，占全国的 70%。

在全国山丘区地下水资源量中，北方地区地下水资源量为 1377 亿 m^3，占 20%；南方地区地下水资源量为 5393 亿 m^3，占 80%。

在全国平原区地下水资源量中，北方地区地下水资源量为 1383 亿 m^3，占 78%；南方地区地下水资源量为 382 亿 m^3，占 22%。

全国水资源一级区浅层地下水资源量见表 1.2。

表 1.2 全国水资源一级区浅层地下水资源量（$M \leqslant 2g/L$）

水资源一级区	计算面积/万 km^2	地下水资源量/亿 m^3	山丘区		平原区		山丘、平原重复计算资源量/亿 m^3
			计算面积/万 km^2	地下水资源量/亿 m^3	计算面积/万 km^2	地下水资源量/亿 m^3	
松花江区	93.0	478	63.1	250	29.9	244	16
辽河区	31.0	203	21.6	98	9.4	117	12
海河区	28.3	235	17.0	108	11.3	160	33
黄河区	75.0	376	59.7	263	15.2	155	42

续表

水资源 一级区	计算面积 /万 km²	地下水 资源量 /亿 m³	山丘区		平原区		山丘、平原 重复计算 资源量 /亿 m³
			计算面积 /万 km²	地下水 资源量 /亿 m³	计算面积 /万 km²	地下水 资源量 /亿 m³	
淮河区	28.8	397	13.0	127	15.7	280	10
长江区	174.0	2492	162.0	2256	12.0	248	12
其中：太湖流域	2.9	53	0.9	14	2.0	40	1
东南诸河区	24.3	666	22.5	610	1.7	56	1
珠江区	56.7	1163	54.4	1088	2.3	78	3
西南诸河区	84.4	1440	84.4	1440	—	—	—
西北诸河区	249.7	770	180.6	530	69.1	428	188
北方地区	505.8	2458	355.2	1377	150.6	1383	302
南方地区	339.3	5760	323.3	5393	16.0	382	15
全国	845.1	8218	678.5	6770	166.6	1765	317

注 表中数据均包含我国台湾省和香港、澳门特别行政区。

1.2.2 地区分布

地下水资源量的分布受水文地质、气候、水文和水资源开发利用等因素的影响。我国地下水资源量模数（即单位面积的地下水资源量）南方地区普遍大于北方地区，平原区普遍大于山丘区。南方地区平均地下水资源量模数为 17.0 万 m³/km²，北方地区平均地下水资源量模数为 4.9 万 m³/km²，南方地区平均地下水资源模数是北方地区的 3.5 倍。

平原区是地下水的主要富集区和开采区，平原区平均地下水资源量模数普遍大于其周围的山丘区。北方地区平原区平均地下水资源量模数为 9.2 万 m³/km²，山丘区为 3.9 万 m³/km²；南方地区平原区平均地下水资源量模数 23.9 万 m³/km²，其中山丘区为 16.7 万 m³/km²。

全国平原区地下水资源量模数从西向东、由北向南总体呈递增趋势。松辽平原区平均地下水资源量模数为 9.7 万 m³/km²，黄淮海平原区平均地下水资源量模数为 16.7 万 m³/km²，长江区平原区平均地下水资源量模数为 20.7 万 m³/km²，珠江区平原区平均地下水资源量模数为 33.9 万 m³/km²。

1.3 地下水可开采量

本书所指的地下水可开采量是在可预见的时期内，通过经济合理、技术可行的措施，在基本不引起生态环境恶化的条件下，允许以凿井形式从浅层地下含水层中获取的最大水量，是近期下垫面条件下平原区矿化度（M）≤2g/L 的浅层地下水多年平均年可开采量。评价地下水可开采量的方法主要有水均衡分析法、实际开采量调查法、可开采系数法，或可采用多种计算方法对比验证计算。本章地下水可开采量是基于第二次全国水资源调查评价成果汇总而成。

全国平原区浅层地下水可开采量为 1230 亿 m^3（包含我国台湾省和香港、澳门特别行政区），占平原区地下水总补给量的 67%。其中，北方地区平原区地下水可开采量为 991 亿 m^3，占其地下水总补给量的 69%，南方地区平原区地下水可开采量为 239 亿 m^3，占其地下水总补给量的 62%。

全国平原区浅层地下水可开采量模数（单位面积的地下水可开采量）为 7.4 万 m^3/km^2，其中北方地区平原区为 6.6 万 m^3/km^2，南方地区平原区为 14.9 万 m^3/km^2。地下水补给条件好、含水层富水条件好、开采条件好的地区可开采量模数较大，反之则小。黄淮海平原地下水可开采量模数大于 10 万 m^3/km^2，其中燕山山前部分地区的可开采量模数大于 20 万 m^3/km^2，局部大于 30 万 m^3/km^2。东北平原地下水可开采量模数多小于 10 万 m^3/km^2。西北内陆平原区除河西走廊和部分灌区河渠两岸外，可开采量模数多小于 5 万 m^3/km^2，其中，靠近荒漠区的生态脆弱区的可开采量模数基本在 2 万 m^3/km^2 以下。南方平原区的可开采量模数多在 10 万～15 万 m^3/km^2 之间。

全国水资源一级区平原区浅层地下水可开采量见表 1.3。

表 1.3　　全国水资源一级区平原区浅层地下水可开采量（$M \leqslant 2g/L$）

水资源一级区	计算面积 /万 km^2	地下水总补给量 /亿 m^3	可开采量 /亿 m^3	可开采量模数 /(万 m^3/km^2)	可开采量占总补给量的比例 /%
松花江区	29.9	256	204	6.8	79.7
辽河区	9.4	126	95	10.1	75.4
海河区	11.3	174	152	13.5	87.4
黄河区	15.2	162	119	7.8	73.5
淮河区	15.7	289	203	12.9	68.9
长江区	12.0	248	150	12.6	60.5
其中：太湖流域	2.0	40	24	12.0	60.0
东南诸河区	1.7	56	42	24.1	75.0
珠江区	2.3	78	47	20.3	60.3
西北诸河区	69.1	437	222	3.2	50.8
北方地区	150.6	1443	991	6.6	68.7
南方地区	16.0	383	239	14.9	62.4
全国	166.6	1826	1234	7.4	67.4

注　表中数据包含我国台湾省和香港、澳门特别行政区。

1.4 地下水质量

本书中地下水质量是基于第二次全国水资源调查评价成果汇总而成。由于平原区是我国地下水开发利用强度较大、水质问题比较突出的地区，本书将从地下水天然水化学特征、现状水质两个方面集中论述我国平原区地下水质量状况。天然水化学特征主要是指未受人类活动影响或影响较小的地下水天然水化学状况。现状水质主要是指天然或人为污染因素影响下的地下水现状水质类别。

1.4.1 天然水化学特征

我国平原区浅层地下水矿化度状况，除沿海一些受海水入侵影响的区域外，总体上呈东南沿海较低、西北干旱区较高的分布特点。全国地下水矿化度 $M \leqslant 2g/L$ 的平原区面积占平原区总面积的 84.8%，其中 $M \leqslant 1g/L$ 的平原区面积占平原区总面积的 63.6%。$M > 2g/L$ 的咸水分布区面积占平原区总面积的 15.2%，主要分布在黄淮海平原、柴达木盆地、塔里木盆地。

我国平原区浅层地下水水化学类型以重碳酸型和重碳酸硫酸氯化物型为主，其分布面积占平原区总面积的 76%，其中水质优良的重碳酸型水分布面积占平原区总面积的 40%，主要分布在东北平原、黄淮平原、长江中下游平原等地区。水质较差的硫酸型和氯化物型水分布面积占平原区总面积的 24%，主要分布在塔里木盆地、柴达木盆地、内蒙古高原、华北平原滨海等地区。

1.4.2 现状水质

我国平原区浅层地下水 Ⅰ 类和 Ⅱ 类水面积占 4.62%，Ⅲ 类水面积占 34.65%，Ⅳ 类、Ⅴ 类水面积分别占 27.54% 和 33.19%。总体而言，经济社会活动强度大、人口密集、地表水污染严重和地下水天然本底较差的地区水质较差，如Ⅳ类、Ⅴ类地下水面积占评价区面积的比例：太湖流域占比为 91.49%，辽河区占比为 84.54%，东南诸河区占比为 84.90%，海河区占比为 76.44%，淮河区占比为 71.17%。水资源一级区平原区现状不同类别水质浅层地下水分布见表1.4。我国平原区地下水中有很大一部分不能直接饮用（以符合Ⅲ类为标准），但多数地区地下水经适当处理后能够满足生活用水要求。同时，作为生产用水，大部分地区的地下水能满足其用水水质要求。

表 1.4　　水资源一级区平原区现状不同类别水质浅层地下水分布

水资源一级区	评价区面积 /万 km²	占 比/%				
		Ⅰ 类	Ⅱ 类	Ⅲ 类	Ⅳ 类	Ⅴ 类
松花江区	30.0	0.47	2.48	42.67	15.02	39.36
辽河区	9.8	2.17	0.87	12.42	23.39	61.15

续表

水资源一级区	评价区面积/万 km²	占 比/%				
		Ⅰ类	Ⅱ类	Ⅲ类	Ⅳ类	Ⅴ类
海河区	15.0	0.00	0.54	23.02	26.83	49.61
黄河区	19.6	0.00	3.41	48.48	16.46	31.65
淮河区	17.9	0.00	1.02	27.81	40.35	30.82
长江区	13.2	0.93	12.22	30.41	33.55	22.89
其中：太湖流域	2.8	0.00	0.00	8.51	70.21	21.28
东南诸河区	0.7	0.00	1.16	13.94	27.45	57.45
珠江区	2.1	5.47	23.18	67.62	1.25	2.48
西北诸河区	89.2	0.81	4.41	34.66	31.92	28.20
北方地区	181.5	0.59	3.14	34.64	27.41	34.22
南方地区	15.9	1.49	13.17	34.57	29.04	21.72
全国	197.4	0.66	3.96	34.65	27.54	33.19

第2章

中国地下水开发利用情况

2.1 地下水开发利用历程

　　我国地下水开发利用历史悠久，早在尧舜时代，就有"日出而作，日落而息，凿井而饮，耕田而食"的记载。20 世纪 50 年代，全国机井很少，地下水的开采以人工开挖的浅井为主，汲取浅层地下水，多用于人畜饮用，只有少数用于农田灌溉和工业生产。在个别城市，如上海市，建立了具有相当规模的深层承压水水源地，并引发了地面沉降现象。到 20 世纪 60 年代，我国地下水开发利用以小规模、分散式为主。1970 年以后，我国特别是北方地区地下水开发利用规模不断扩大。1972 年，全国地下水开采量约为 200 亿 m³；至 2000 年，地下水开采量增长速度较快，年均增长率为 4.4%。2000 年以来，全国地下水开采量相对稳定，基本维持在 1100 亿 m³ 左右。我国地下水开发利用经历了从小规模、分散式开发，到大规模、快速开发，再到目前基本稳定的阶段。根据我国地下水开发利用阶段特征，结合数据资料基础，在此将近 60 年地下水变化分为三个阶段分析，分别是第一阶段 1956—1979 年、第二阶段 1980—2000 年、第三阶段 2001—2016 年，如图 2.1 所示。

　　在第一阶段（1956—1979 年），全国地下水开采量处于加速增长阶段，由 1949 年的不到 100 亿 m³，快速增长至 1980 年前后的 600 亿 m³ 左右。20 世纪 60 年代末到 70 年代初，我国北方持续干旱，在 1972 年掀起了空前规模的群众性打井高潮。截至 1979 年年底，全国配套机井总数已达到 229 万眼，1980 年全国地下水年开采量达到 645 亿 m³（资料来源于《中国水资源及其开发利用调查评价》）。地下水的开发利用为国民经济发展，特别是为发展农业灌溉，提高农作物产量起到了良好的作用。但是由于地下水开发利用缺乏科学评价和统一规划，加上管理不善，相当一部分机井质量低劣，并产生了多处大面积的超采区。

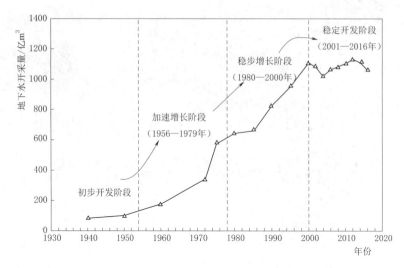

图 2.1　地下水开发利用与研究阶段划分

在第二阶段（1980—2000 年），全国地下水开采量处于稳步增长阶段，由 600 亿 m³ 左右，稳定增长至 1100 亿 m³ 左右。在此阶段，国民经济快速发展，用水量不断增加。截至 1997 年年底，全国农业灌溉已有配套机井 343 万眼，全国各行业地下水年总开采量近 1000 亿 m³，为社会经济发展作出了巨大贡献。伴随着地下水的大规模开发利用，负面效应也明显地显现出来，大量超采地下水而引发的地面沉降、地面塌陷、海水入侵、咸水入侵、荒漠化以及水质恶化等生态环境问题及地质灾害日趋严重，引起社会广泛关注。

在第三阶段（2001—2016 年），全国地下水开采量处于稳定开发阶段，地下水开采量稳定在 1000 亿～1100 亿 m³。随着地下水开发利用的严格管控与资源保护措施的有效实施，我国地下水开采总量持续增加的趋势自 2000 年以来得到遏制。绝大部分存在地下水超采问题的省（自治区、直辖市）划定了地下水禁采和限采范围。一些地下水开发利用程度较高地区，如江苏省苏锡常地区和浙江省杭嘉湖地区、甘肃省石羊河流域、陕西省、辽宁省等地的地下水超采治理工作取得了明显成效。南水北调东、中线一期工程受水区正利用南水北调水置换部分超采区地下水开采。2014 年，财政部会同水利部、农业部（现农业农村部）、国土资源部（现自然资源部）等部门启动了河北省地下水超采综合治理试点工作，以地下水超采最严重的黑龙港流域等地区为试点区，采取综合措施治理地下水超采，取得初步成效。

2.2　地下水开发利用现状

本书结合全国水资源公报、第一次全国水利普查、第二次全国水资源调查评价、全国水资源综合规划等成果，利用地下水开采模数、地下水开采系数、地下水开采量占总供水量比例等指标，对我国地下水开发利用程度进行分析。

2016 年全国地下水开采总量为 1057.0 亿 m³（资料来源于《中国水资源公报（2016）》）。2016 年，全国山丘区地下水开采量为 146 亿 m³，占全国地下水开采总量的 14%；平原区地下水开采量为 911 亿 m³，占全国的 86%。北方地区地下水开采量为 947.3 亿 m³，占全国地下水开采总量的 90%；南方地区地下水开采量为 109.7 亿 m³，占全国的 10%。北方地区地下水开采量占其总供水量的比例较高，海河区比例最高，为 54%；辽河区次之，为 52%；西北诸河区最小，为 23%。南方地区地下水开采量占其总供水量的比例在 2%～4% 之间。2016 年水资源一级区地下水供水量情况见表 2.1。

表 2.1 　　　　　　　　　2016 年水资源一级区地下水供水量

水资源一级区	地下水供水量/亿 m³		总供水量/亿 m³	地下水供水量占总供水量比例/%
	小计	其中深层水		
松花江区	216.9	8.8	500.7	43
辽河区	101.8	1.2	197.3	52
海河区	195.0	36.4	363.1	54
黄河区	121.3	1.9	390.4	31
淮河区	159.2	10.3	620.4	26
长江区	68.6	1.7	2038.6	3
其中太湖流域	0.3	0.0	335.8	0
东南诸河区	6.5	0.0	312.2	2
珠江区	31.4	3.2	838.1	4
西南诸河区	3.2		102.4	3
西北诸河区	153.1	12.2	677.0	23
北方地区	947.3	70.8	2748.9	34
南方地区	109.7	4.9	3291.3	3
全　国	1057.0	75.7	6040.2	17

2016 年，全国浅层地下水开采量为 981 亿 m³。其中，北方地区浅层地下水开采量为 876 亿 m³，占全国浅层地下水开采量的 89%；南方地区浅层地下水开采量为 105 亿 m³，占全国浅层地下水开采量的 11%。从全国范围来看，华北地区开采强度最大，地下水开采模数普遍超过 5 万 m³/km²。

2016 年，全国深层承压水开采量为 76 亿 m³。其中，北方地区深层承压水开

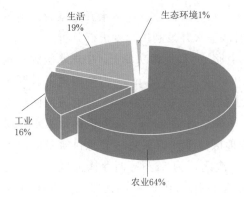

生活 19%　生态环境 1%　工业 16%　农业 64%

图 2.2　2016 年全国分行业
地下水供水情况

采量为 71 亿 m^3，占全国深层承压水开采量的 94%；南方地区深层承压水开采量为 5 亿 m^3，占全国深层承压水开采量的 6%。各水资源一级区中，海河区深层承压水开采量最大，占全国深层承压水开采量的 36.4%。

2016 年，全国地下水开采总量中有 19% 用于城乡居民生活（包括公共用水，下同），16% 用于工业，64% 用于农业。2016 年全国分行业地下水供水情况如图 2.2 所示。

2.3　平原区地下水开发利用程度

从 1980 年到 2016 年，全国平原区浅层地下水开采量从 557 亿 m^3 增加到 836 亿 m^3，增加了约 50%。

2016 年，我国平原区地下水开发利用率达 70%。我国北方地区地下水开发利用程度（实际开采量占可开采量的比例）普遍较高，地下水供水在总供水中占相当大的比例。辽河区、海河区、黄河区和淮河区，2016 年平原区多年平均浅层地下水实际开采量占可开采量的百分比均超过 50%。2016 年水资源一级区平原区浅层地下水开发利用程度见表 2.2。

表 2.2　　　　　　2016 年水资源一级区平原区浅层地下水开发利用程度

水资源一级区	实际开采量 /亿 m^3	可开采量 /亿 m^3	开发利用程度 /%
松花江区	190.6	203.9	93
辽河区	85.9	94.8	91
海河区	133.0	152.0	88
黄河区	90.3	119.4	76
淮河区	117.1	203.0	58
长江区	51.5	150.2	34
其中太湖流域	0.3	24.1	1
东南诸河区	2.1	9.8	21
珠江区	28.2	47.0	60
西北诸河区	136.9	222.2	62
北方地区	753.8	995.3	76
南方地区	81.8	207	40
全　国	835.6	1202.3	70

注　本表不包含我国台湾省和香港、澳门特别行政区数据。

2.4 地下水超采

2.4.1 超采状况

2000 年全国平原区地下水超采面积近 19 万 km²，其中浅层地下水超采面积为 11 万 km²，深层承压水开采区面积为 9 万 km²，深浅层重叠面积 1 万 km²。从空间分布来看，地下水超采面积主要分布在北方地区，占全国超采面积的 88%。其中，海河区地下水超采面积最大，约 10 万 km²，占海河区平原区面积的 91%，占全国超采面积的 55%；淮河区和西北诸河区超采面积也较大，均超过 1.4 万 km²。2000 年全国地下水超采量共 117.25 亿 m³，其中浅层地下水超采量 73.90 亿 m³，深层承压水开采量 43.35 亿 m³。地下水超采量主要集中在北方地区，占全国超采量的 97%，其中海河区地下水超采量最大，为 79.21 亿 m³，占全国超采量的 68%；海河区浅层地下水超采量和深层承压水开采量均为最大，分别为 41.61 亿 m³、37.60 亿 m³，占全国浅层地下水超采量和深层承压水开采量的比例分别为 56%、87%。2000 年水资源一级区平原区地下水超采情况见表 2.3。

表 2.3　　　　2000 年水资源一级区平原区地下水超采情况

水资源一级区	超采区面积/km²		不合理开采地下水量/亿 m³		
	总面积	其中严重超采区	浅层地下水超采量	深层承压水开采量	合计
松花江区	6374	2377	0.30	1.28	1.58
辽河区	2986	1304	2.34	0.01	2.35
海河区	102288	40530	41.61	37.60	79.21
黄河区	10140	4213	10.61	0.66	11.27
淮河区	26719	10610	7.89	0.55	8.44
长江区	17940	7380	0.33	2.88	3.21
东南诸河区	1570	444	0.00	0.32	0.32
珠江区	2134	635	0.22	0.05	0.27
西南诸河区	0	0	0.00	0.00	0.00
西北诸河区	14424	4835	10.60	0.00	10.60
全国	184575	72328	73.90	43.35	117.25

2.4.2 主要环境地质问题

地下水超采引发的问题包括地下水水位持续下降，以及地面沉降、地面塌陷、海水入侵、土地荒漠化、泉水衰减等生态环境地质问题。

（1）地下水位持续下降：华北平原冀枣衡降落漏斗面积超过 1 万 km^2；华北、东北和西北局部区域地下水位下降，导致部分平原或盆地湿地萎缩或消失，地表植被遭到破坏，局部地区荒漠化加剧。

（2）地面沉降：地面沉降的发生会使建筑物出现裂缝甚至倒塌，地下管线断裂，严重影响城市建设。我国地面沉降易发区主要分布在华北平原、长江三角洲、汾渭盆地、珠江三角洲、淮河平原、东北平原。截至 2000 年，全国地面沉降总面积超过 6 万 km^2。华北平原是我国地面沉降影响面积最大的区域，约占全国地面沉降影响面积的 90％。

（3）地面塌陷：据不完全统计，全国由于地下水超采发生的地面塌陷超过 2500 处，总面积超过 $2300km^2$，最大塌陷深度超过 30m。

（4）海水入侵：海水入侵使得地下水矿化度和氯离子浓度增高、地下淡水咸化、水质变差，使地下水失去使用价值。据不完全统计，全国沿海地区因地下水超采引发的海水入侵面积超过 $1500km^2$，主要分布在渤海和黄海沿岸。

（5）土地荒漠化：地下水超采已经导致我国部分干旱半干旱地区的地下水位持续下降，引起区域植被退化、死亡，导致土地荒漠化加剧，如甘肃河西走廊地区、内蒙古通辽地区等，严重影响了当地社会经济的可持续发展和生态安全。

（6）泉水衰减：我国山西、河北、河南部分泉域过度开采地下水造成泉水衰竭，部分泉流量比 20 世纪 50 年代减少了一半以上，有的甚至已经干涸。

第3章

地下水系统与功能

3.1 地下水系统及其与外界的交互作用

3.1.1 地下水系统构成与特点

地下水是地球水圈的一个重要组成部分，是全球水循环的一个重要环节，是环境地质与生态的重要组成部分。地下水资源也是可供人类开发利用的水资源的重要组成部分。地下水赋存于含水系统之中。地下水系统由地下水和含水介质、储水构造组成，包括含水层系统、地下水流系统、水循环补排系统、水动力系统及水化学系统等，其主要特点如下：

（1）地下水系统是由具有独立性且相互影响的若干不同层次的子系统组成的一个整体。

（2）地下水系统与降水、地表水系统存在密切联系，并互相转化。

（3）地下水系统时空演变既受天然条件控制，又受社会环境特别是人类活动影响而发生变化。

（4）地下水系统开放型和半封闭型并存，具有相对固定边界。即地下水系统可认为是在重力、热力、分子力的驱动下，以地表边界和隔水边界为约束，具有水分、能量、物质、微生物流等输入、运移和输出的地下水基本单元及其组合，是具有统一水力联系的开放型和半封闭型并存的"量、质、能、生"的统一体，如图 3.1 和图 3.2 所示，并可由式（3.1）～式（3.4）表达：

$$GS = \{w, m, b, th, k, c, e / x, y, z, t\} \tag{3.1}$$

$$\{T_{xx} \frac{\partial h_1}{\partial x} \cos(\widehat{\gamma, x}) + T_{yy} \frac{\partial h_1}{\partial y} \cos(\widehat{\gamma, y})\} \mid \Gamma'_2 = -q'_1(t) \tag{3.2}$$

$$h_2(x, y, t) \mid \Gamma'_1 = h_2(x, y, t) \quad (t > 0) \tag{3.3}$$

$$T_n \frac{\partial h_2}{\partial n} \bigg|\ \Gamma_2' = -q_2'(t) \quad (t > 0) \tag{3.4}$$

式中：GS 为地下水系统；w 为地下水；m 为含水介质及储水构造；b 为系统边界；th 为地下水流的热能；k 为地下水流的动能和势能；c 为地下水流的化学能及化学成分；e 为地下水流的生态势及生物组分；x，y，z 为空间坐标；t 为时间；h_1、h_2 为上、下部子系统水头；T_{xx}、T_{yy} 为上部子系统主渗方向导水系数；Γ_1'、Γ_2' 为上、下部系统的边界；$q_1'(t)$、$q_2'(t)$ 为上、下部系统的单宽流量。

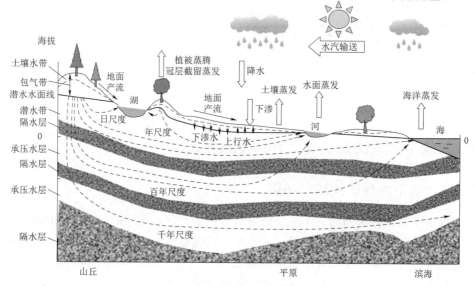

图 3.1　地下水系统概念图

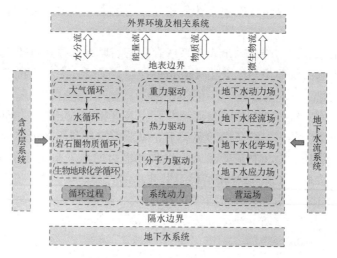

图 3.2　地下水系统构成示意图

　　地下水流和含水层是系统的物质组成。地下水与含水介质的组合方式和顺序决定系统的结构形态。地下水的循环过程受大气循环、水循环、岩石圈物质循环及生物地球化学循环共同作用。系统内部驱动力为重力、热力和分子力。地下水流的动力状态、流动路径、化学状态和应力状态形成四个物理场，即地下水动力场、径流场、化学场和应力场，它们各自具有能量，反映地下水系统不仅是物质的，而且是一个能量体系，与外界系统不断交互，进行物质、能量、信息的输入、转换、输出。

　　地下水赋存于不同深度、不同类型的岩层之中，既有不断接受补给和更新、在各种自然因素和人为因素作用下产生水质和水量变化的潜水，又有补给和运动极其缓慢的深层承压水。在水源形成、系统结构、区域分布等方面，地下水有显著区别于地表水的特点，表现为补给来源多样、空间属地特征明显、具有一定自净能力和较强的调节能力、运动和更新相对缓慢、对外界响应具有滞后性和不可逆性等特点。

　　地下水是由不同的补给来源在多种因素作用下通过各种途径渗入补给形成的，从而形成地下水分布面广、空间属地特征明显等特点。各地区影响地下水形成的主导因素不同，造成各地区的地下水形成、分布、数量和质量都有显著区别。以大气降水补给为主的地下水，水量和水位的年内和年际变化都服从于降水变化的规律，气候、地形、地质和人为因素对降水补给地下水的过程起着加强或者削弱的作用。以地表水补给为主的地下水，指地表水通过河道渗透补给、渠系渗漏补给、地表水灌溉渗入补给以及水库、湖泊、池塘等渗漏补给。在西北地区，凝结水和冻融水是地下水的重要补给来源。深层承压水有来自地下深部岩浆分异析出的地下水，地质历史时期形成埋藏封存的古水，以及接受异地补给为主、储存在相对封闭环境内的地下水。

　　地下水系统具有自净力。地下水在介质空间中的缓慢运移，常使地下水中的某些成分与介质本身的一些成分发生复杂的物理、化学和生物作用。介质颗粒的吸附作用和一些离子的置换作用，使地下水系统有一定的自净能力。

　　地下水系统具有较强的调节能力。地下水赋存于含水介质中，由于含水介质巨大空间的存在，通过源汇的变化，即输入和输出的变化可使系统内物质如孔隙介质的体积、密度因响应而产生一定的变化，对所储存的地下水起到调节作用。降水多的年份，地下水补给量大于排泄量，水位抬升；枯水季节和枯水年份，地下水排泄量大于补给量，地下水水位下降并腾出更多的储水空间。

　　地下水循环更新相对缓慢。与地表水相比，地下水一般运动和更新都十分缓慢。地下水从最初的补给区运动到排泄区间有时候需要几年，甚至需要几万年。对可以通过补给更新形成的地下水资源，其补给量相对于储量也非常有限，并且最初都是来自大气降水以及地下水与地表水的相互联系，形成统一的水资源。地下水储量虽然很大，但却是经过长年累月甚至上千年蓄积而成的，水量交换周期很长，循环极其缓慢。

地下水系统的相对封闭性和稳定性，使得地下水不仅水量更新周期长，水质变化也很缓慢，系统对外界响应具有一定的滞后性，而一旦遭到人为污染等，仅依靠地下水自身的自净能力难以消除。地下水应以保护预防为主，污染后尽管能够治理和修复，但难度和代价将是十分巨大的。

3.1.2　地下水与外界的交互作用

3.1.2.1　地下水关联循环过程

地下水是连接大气圈、水圈、岩石圈、生物圈的重要纽带。地下水的循环过程受大气循环、水循环、岩石圈物质循环及生物地球化学循环共同作用，交互影响。

（1）大气循环是指大气圈及其与环境之间存在的物质循环与能量转化过程。大气循环受太阳辐射、纬度、海陆位置、海拔及地转偏向力的影响，由低纬环流、中纬环流、高纬环流三圈组成。大气环流把热量和水汽从一个地区输送到另一个地区，使不同地区地下水之间的热量和水汽得到交换。地下水循环过程起源于大气循环，又维持着大气循环的水热平衡。地下水巨大储量形成了吸热释热的常温带和热传导调节带，同时地下水含水层通过接受来自地表的水分入渗和释出水分，调节包气带、土壤的湿度，地下水位降低导致常温带下移和热传导过程失稳，使得地表温差变大，土壤含水量进一步减少，降水入渗补给量减少，地下水资源量变小，进而又引起大气与地表界面的水、热传输失稳，地下水的开采力度进一步加大，使干旱化问题由纯气候问题演变为水资源短缺和气候干旱进一步快速发展的正反馈过程。

（2）水循环是指发生于大气环流水和降水、地表水和地壳浅部地下水之间水量转化过程。地球上各种形态的水，在太阳辐射、地心引力等作用下，通过蒸发、水汽输送、凝结降水、下渗以及径流等环节，不断地发生相态转换和周而复始运动的过程。地下水是水循环的一部分，地下水的补给、径流、排泄又组成了其本身的循环。水循环使地下水不断得到补充、更新，使地下水和外界实现物质迁移和能量交换。

（3）岩石圈物质循环是指组成岩石圈的岩浆岩、沉积岩、变质岩组成物质之间相互转化的过程。岩石圈物质循环的驱动力主要包括地热能、太阳辐射及地球重力能等。地下水参与岩石圈物质循环的岩浆、沉积、变质的三个作用过程，地壳浅部的水与地壳深部乃至地幔的水发生交换，直接与岩石圈相互作用。岩石圈物质循环不仅使地壳物质不断循环转化，还使地球内部和含水介质不断进行物质交换和能量转化，对地下水含水系统产生重大而深刻的影响。

（4）生物地球化学循环是指物质在地球系统中在各圈层中互相传输和转化，

使物质总量不变的过程之和。循环的驱动力包括太阳辐射和人类活动。自然条件下，植物通过光合作用把太阳能变为地球有效能量以供逐级利用、传递和转移，形成物质循环、能量流动、信息传输的过程。人类活动把大量各种各样的化学元素释放到环境中，改变原有的地球化学循环和地球化学平衡。地下水循环是生物地球化学循环中物质迁移的媒介，同时生物地球化学循环又是地下水循环的状态指示因子，二者相互依赖，相互协同。

3.1.2.2 地下水与外界交互作用

在大气循环、水循环、岩石圈物质循环及生物地球化学循环共同作用下，地下水参与和维护了水循环过程、陆面过程、生态水文过程、水文地质过程，与外界系统存在强烈的交互关系（图 3.3），对区域水循环以及与地下水有依赖关系的生态系统包括陆地植被生态系统、湿地生态系统、河流生态系统、泉域生态系统、含水层生态系统等的健康有序发展发挥着重要支撑作用，如图 3.3 所示。

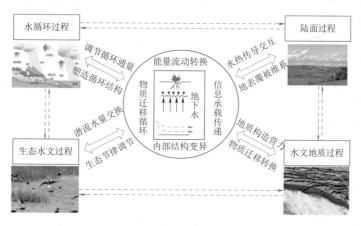

图 3.3　地下水与外界交互关系

（1）对区域水循环过程和水循环系统的交互和支撑。地下水含水系统与相关的地表水系统联系密切，并相互转化。地下水通过土壤和植被的蒸发、蒸腾向上运动成为大气水分；通过水平方向运动又可成为河湖水的一部分；大气降水和地表水通过入渗向下运动可补给地下水。

适宜的地下水位埋深有利于大气降水的入渗，补给地下水，减小地表漫流和径流强度，具有一定的减洪作用。同时，大气降水以地下水的形式被存储在地下，枯水时补给河流水量。在洪水时河水补给地下水，减缓洪水流量，起到调节河流水文的作用。地下水通过蒸发的方式将水分返回大气中，进行水循环，对大气降水进行再分配，此外还以基流的形式转化为地表水。

随着地表水利用程度增加，地表水补给地下水的数量减少，地下水补给资源也随之减少。在城市化过程中，大范围透水的地面被不透水的人工地面所替代，地下水的补给来源减少，补给资源随之减少。潜水的大幅度下降将破坏区域自然条件下水循环演化规律，改变地下水流场，致使地下水资源时空分布发生显著的变化，引发生态环境系统退化等一系列问题。

（2）对陆面过程及陆地植被生态系统的交互和支撑。陆面过程包含发生在陆面上的所有物理、化学、生物过程，以及这些过程与大气的关系。陆地约占地球表面 30% 的面积，陆地与大气之间的动量、热量和水分的交换，与地下水系统密切相关。地下水与大气循环交互形成的水热交换和调节过程，以及由于地下水导致土壤含水量大尺度变化，均可导致陆地、大气的相互反馈机制。地下水影响陆面植被覆盖类型，从而间接影响陆面过程。

地下水主要是通过包气带间接影响植物生态系统的。地下水主要以向上运移的形式补充土壤水分，当地下水埋深很浅时，植物根系可直接吸收；当地下水埋深较浅时，地下水通过毛管作用向地表运动来影响包气带土壤含水量，进而间接影响植物的生长。当地下水埋深很深时，包气带土壤含水量逐渐减少，致使植被根系汲取水分不足，产生水分胁迫，引起植被代谢失常、生理变化和群落变异。此外，地下水还通过影响土壤盐分来影响植物生长，如果地下水埋深浅，因毛管水顶面接近地表，蒸发强烈，水去盐存，土壤表层盐分不断积累，易使土壤发生盐渍化，从而影响植物生长。适宜的地下水埋深既可使植物生长得到所需的水分，又可以防止土壤盐渍化。

（3）对生态水文过程和河流、泉域、湖泊湿地生态系统的交互和支撑。河流、泉域、湖泊生态系统对地下水属于强依赖型。地下水和河水之间存在着密切的水力联系，洪水期河水补给地下水，部分洪水储存于含水层中，使洪水有所消减，枯水期地下水补给地表河流形成河道基流，起着调节河川径流的作用。一般情况下，发源于山区的河流在枯季主要是由地下水维持河道基流的。湖泊湿地往往与地下水有直接水力联系，当湿地水位低于周围的潜水位时，地下水对湿地补给，如果湿地的水位高于周围潜水位时，湿地水补给地下水。泉是地下水的天然露头，泉域生态系统完全依赖于地下水，对地下水水位的变化非常敏感，泉水量变化率与同期地下水位变幅直接相关。泉水不能喷涌的原因多是地下水水位达不到喷涌的临界水位。

地下水系统与河流、湖泊湿地的交互作用区域形成了潜流带。潜流带是地表水与地下水双向迁移与混合的区域，也是河床中能与河流存在物质和能量交换的区域，如图 3.4 所示。当水流通过潜流带时，微生物和化学过程通过营养转化、耗氧和有机物分解等作用改变水体性质。从潜流带进入其上河流的水体通常具有不同的水质，进而影响河流中藻类生长、无脊椎动物组成和凋落物分解等生态进程。潜流交换对河流水环境有重要的影响，潜流交换通过引起溶质在河流系统中的滞留，影响着溶质在河流中的迁移。在空间尺度上，潜流交换随流量、梯度、河床形态、沉积物的渗透性和水表面坡度而变化。潜流交换带内发生的物

理、化学、生物作用影响着地下水及地表水体的运动、溶质和颗粒的迁移、生物
活动过程以及植物的生长，其依靠渗透性、生物多样性、水动力交错带的连接性
等对地下水生态系统及地表水生态系统产生影响。

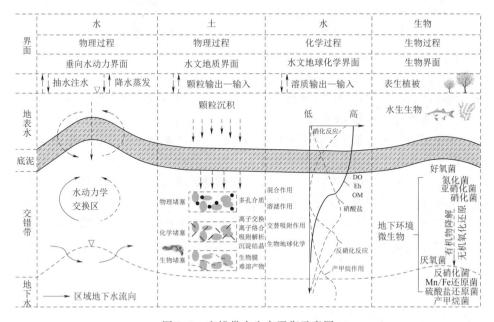

图 3.4　交错带水生态平衡示意图

　　地下水与河流、湖泊、湿地的水文联系是潜流交换带各种生物地球化学过程
变化和物质迁移转化的重要驱动力，见式（3.5）～式（3.8）。水分、热量及溶
质的输入输出及运移依靠潜流交换完成，潜流交换平衡是水生态功能及生物多样
性的重要基础。

$$q = 2Kh_m J \tag{3.5}$$

式中：q 为地下水补给强度，$\text{m}^3/(\text{s}\cdot\text{km})$；$K$ 为含水层渗透系数，m/d；h_m 为
潜水含水层厚度，m；J 为地下水补给河流的水力坡度。

$$c(x) = \frac{1}{1+\varphi x}\{c_s \exp(-kx/u) + \varphi c_g \frac{u}{k}[1 - \exp(-kx/u)]\} \tag{3.6}$$

式中：$c(x)$ 为河水中某种污染物（如 COD）浓度，mg/L；c_s 为起始断面污染
物浓度，mg/L；c_g 为由地下水补给携带的污染物浓度，mg/L；k 为污染物衰减
系数，d^{-1}；x 为两断面之间的距离，m；u 为河水平均流速，m/s；φ 为地下水
补给强度，km^{-1}，是地下水补给河流的单宽流量 q 与河段起始断面流量 Q 之比，
满足 $q = \varphi Q$。

$$\frac{\partial T(z)}{\partial t} = \frac{K_{fs}}{\rho c}\nabla^2 T(z) - \frac{\rho_f c_f}{\rho c}\nabla[T(z)q_z] \tag{3.7}$$

$$c_{fs}\rho_{fs} = n\rho_f c_f + (1-n)\rho_s c_s \qquad (3.8)$$

式中：T 为河床沉积物温度，℃；t 为测试时间，s；z 为温度感应器在河床沉积物的垂直 z 深度处，m；K_{fs} 为含水沉积物（固-液系统）的导热系数，$J/(m^3 \cdot K)$；q_z 为垂直方向上的水交换量大小，m/s；$c_{fs}\rho_{fs}$ 为含水沉积物（固-液系统）的体积比热容，$J/(m^3 \cdot K)$；$\rho_f c_f$、$\rho_s c_s$ 分别为液体、固体的体积比热容，$J/(m^3 \cdot K)$；n 为饱和沉积物的孔隙度。

（4）对水文地质过程和环境地质系统的交互和支撑。地下水充满含水层孔隙，维系地层应力和结构，在渗透过程中溶滤含水层盐分。含水层中的古老而丰富的生态系统完全依赖地下水。水位的波动和水质的变化能够破坏这些生态系统，破坏它们的化石记录。地下水中的微生物能够溶解营养物质、有机物和污染物，对地下水化学组成具有重要影响作用，对水质产生直接影响。地下水系统具备了微生物生长发育所需的营养、水分、酸碱度、渗透压和温度条件，为微生物提供了良好的生存场所。微生物的新陈代谢影响了地下水系统中电子供体与电子受体间的丰度关系。除影响地下水化学组成外，微生物作用可以清除土壤孔隙中的有机物，还能导致含水层产生次生孔隙，改变含水层水力性质，影响地下水系统的物理性质。

3.2　地下水功能及其协同

3.2.1　地下水功能分析

地下水参与和维护了水循环过程、陆面过程、生态水文过程、水文地质过程，维护了水循环系统的再生与更新能力，通过自身巨大的调蓄空间对水循环系统进行调节，增强系统稳定性，形成了地下水的循环调蓄功能。在地下水与水循环过程、陆面过程、生态水文过程、水文地质过程的交互作用下，伴随地下水物质循环、能量流动和信息传递，地下水对经济社会、生态环境、地质环境进行了支撑和服务，形成了地下水的资源供给功能、生态维持功能、环境地质功能。通过对地下水参与水循环的过程和作用、地下水与相关系统的交互与支撑作用的系统解构和整体综合，地下水功能可解析为循环调蓄功能、资源供给功能、生态维持功能、环境地质功能等四大功能。

3.2.1.1　循环调蓄功能

地下水的循环调蓄功能是指地下水参与陆地水循环、维护水资源再生与更新能力，对水循环过程具有调节和增强系统稳定性的作用，表现为对水循环过程的水热平衡、循环调节及物质输移等功能。

（1）水热平衡。在地下水的补给、径流、排泄过程中，地下水不断循环流动，水量和热量随着地下水流的运动在区域之间输移。地势高处的水量补给到地势低处，温度高处的热量补给到温度低处。地下水的巨大储量形成了吸热释热的常温带和热传导调节带，在地表温度升高时吸收地表土层的热量，同时在地表温度下降时散热，从而形成适宜的地温梯度。同时，地下水含水层通过接受来自地表的水分入渗和释出水分，调节包气带、土壤的湿度，通过土壤的水汽通量和感热适应过程影响大气和地表的温度、水汽和 CO_2 的含量。

（2）循环调节。地下水在含水系统中始终处于不断循环交替的过程，补给量和消耗量随时间变化而改变。补给大于消耗，含水系统蓄集多余的补给量，地下水储存量增加；补给小于消耗，含水系统的储存量用于维持消耗，地下水储存量减少。地下水储存量的可变性，在含水系统的补给、径流、天然排泄及人工开采过程中起着重要的调蓄作用。地下水接受大气降水入渗的补给，对地表径流形成分流，减轻地表洪水压力。地下水存储降水，枯水期补给河川基流，对河流湖泊形成水文调节。

（3）物质输移。地下水是良好的溶剂，是元素迁移、分散与富集的载体。在径流过程中，地下水与周围的岩土发生溶滤、脱硫酸、阳离子交替吸附等一系列物理化学反应，使地下水中化学元素的浓度在补给区、径流区和排泄区发生明显的变化。地下水具有带走或补充土壤盐分的作用，维系了地表的生态平衡、土壤的资源属性和局域气候的相对稳定性。

3.2.1.2 资源供给功能

地下水的资源供给功能是指具备一定的补给、储存和更新条件的地下水资源的供给保障作用，具有相对独立、稳定的补给源和提供数量稳定、质量达标的水源。表现为资源供给功能、储备功能及特殊用途。

（1）供给功能。对人类社会而言，水资源是人类社会赖以生存和发展的重要物质基础，地下水的自然属性、经济社会属性和生态环境属性，为人类经济社会和生态环境提供了物质和产品的支持。地下水可作为居民生活用水、工业用水、农田灌溉用水和河道外生态用水的水源。

（2）储备功能。地下水资源分布广泛，便于就地取用，水质比较洁净，不易污染，水质、水量季节性变化较小，供水量比较稳定。相较于地上储水，地下水存储空间深厚，具有安全、经济、健康等多种优势，是天然的储备水库。

（3）特殊用途。地下水因其特殊地质属性，可提供地热发电、矿泉水、温泉等特别服务功能。

3.2.1.3 生态维持功能

地下水的生态维持功能是指地下水维持着生态环境的水量供需平衡、水盐平衡、水热平衡以及水与生物平衡，并维系着地表植被、湖泊、湿地等生态系统的良性发展。地下水是维系相关生态系统存在和演化的环境基础平台，如果地下水系统发生变化，则生态环境出现相应的改变，包括水环境维持、土地环境维持、表生生态维持及景观环境维持等。

（1）水环境维持。地下水维系着河流、湖泊、湿地等系统的生存与发展，是水圈的有机组成部分。地下水系统内流量和水量的减少，会改变悬浮物的沉积速度、减少水体面积、改变水体形态等，导致河流、湖泊、湿地等系统的消失或减弱，对周边温度、湿度调节能力降低，造成生物多样性消失等。

（2）土地环境维持。地下水水位的上升，使地下水中的盐分不断向上运移到土壤表层，形成盐渍土；使土壤水分长期饱和，土壤表层土变为腐泥或泥炭层，形成沼泽；地下水水位的下降，使植被枯亡、湖沼干涸，土地荒漠沙漠化。

（3）表生生态维持。陆地植被生态系统多数需要地下水的补给和调节。地下水水位埋深变化改变包气带水分和氧分含量，影响地表植物的生长状况、种类分布及丰富度等。地下水水位的下降和水质的恶化会对地表生态系统带来严重影响。

（4）景观环境维持。地下水对地表湿地或湖泊环境或独特水文地质景观具有维持的作用。含水层出露于地表，地下水涌出成泉；地下水流经喀斯特发育区，形成地下溶洞。地下水提供了泉、地下溶洞等水文地质奇观。

3.2.1.4　环境地质功能

地下水的环境地质功能指地下水作为重要且特别活跃的地质营力，对其所赋存的地质环境的稳定性具有支撑和保护的作用或效应，如果地下水系统发生变化，则地质环境出现相应的改变。地下水的环境地质功能包括地质作用、应力维持及地质信息载体等功能。

（1）地质作用。地下水对地壳岩石圈的改造和演化起重要的营力作用，在岩石圈物质循环过程中地下水不仅通过对岩石剥蚀-搬运-沉积进行改造，同时还通过水的分解和合成作用，参与岩石矿物的改造过程。

（2）应力维持。地下水尤其是深层承压水具有维持地下压力平衡、防止地面下沉和塌陷的作用。承压水水位过度下降导致黏土层被压缩。海水入侵和咸淡水混合同样是地下水超采导致水压力平衡被破坏的结果。

（3）地质信息载体。地下水具有流动性、可恢复性，是重要的信息载体。地下水与大气降水、地表水体相互转化，与岩石、矿物相互作用，将其中蕴含的物理、化学和生物信息传递出来。通过地下水传递的信息，可以分析判断地质历史过程、自然现象、气候变迁和环境演化等。对地质环境复杂、地质灾害频发的地区，通过地下水的勘察可以增强对地层岩体相关情况判定的准确性，增强防灾能力。

3.2.2　地下水功能要素

地下水功能依赖于地下水系统本身的结构和物理特征，其最根本的是受水体自然属性特征要素的影响，联系地下水功能表达式，地下水的功能要素包括水流、水量、水质、水压、水位五个维度，如图3.5所示。地下水功能要素是地下水功能的直观影响因子，也是人类对地下水干扰最为显著的指标体现，功能要素状况决定了地下水系统的完整性和受干扰后的恢复能力，也决定了地下水功能的协同和健康程度。地下水功能的协同，在一定意义上，是通过功能要素的协同效应而实现的。

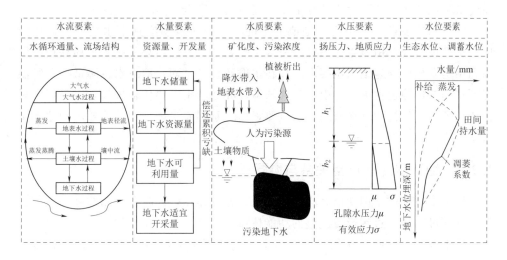

图 3.5　地下水功能要素构成图

（1）水流要素。水流要素指地下水参与的包括降水蒸发、地表径流和补给排泄过程在内的水循环通量。地下水的循环调蓄功能和生态维持功能以水流要素表征为主，体现为地下水在整个水循环中的循环通量、适宜的地下水位变动带形成对水循环的调节能力、地下水对地表河川基流的贡献率、地下水潜水蒸发对总蒸发量的贡献率等。要维持良性的地下水循环过程，地下水流要素在水循环中所占份额和贡献应在合理范围，地下水补给和排泄结构合理，地下水位变动带所具有的调节能力极大提高水循环稳定性。

（2）水量要素。水量要素由地下水储量以及与当地降水和地表水体有直接水力联系、参与水循环且可以更新的浅层地下水量（即地下水资源量）构成，是地下水资源供给功能的主要表征要素。它依次包括地下水储量、地下水资源量、地下水可利用量、地下水适宜开采量，地下水适宜开采量受地下水可采能力限制，有地下水累积亏缺的地区还需进一步考虑偿还累积亏缺。

（3）水质要素。水质要素反映地下水质量的总体状况，是地下水资源供给功能和生态维持功能的重要组成指标。水质类别和地下水矿化度直接影响地下水的资源状况，以及植被生长和荒漠化分布。不同植物由于结构和生理功能的差别，对土壤含盐量的忍耐程度不同，随着地下水矿化度的增加，土壤含盐量会上升，植被由水生系列向盐生系列演替。水质要素由水质类别、地下水矿化度及土壤含盐量等指标构成。

（4）水压要素。水压要素反映地下水和岩土体相互作用，包括维持水压与应力平衡产生的扬压力、地质应力等，是地下水环境地质功能的主要表征指标，一方面支撑土层应力和咸淡水层平衡、防治地质灾害；另一方面维持地下水扬压力在建筑物抗浮压力之下，维持地下工程建筑运行安全。

（5）水位要素。水位要素是地下水的特征指标及所有地下水功能的构成指标。水循环系统、植被生态系统、河流生态系统、湿地生态系统、地质环境、资源利用均有相应的地下水位要求。如在水循环系统方面，地下水位降低导致常温带下移和热传导过程失稳，引起大气与地表界面的水、热传输失稳，对气候干旱化产生了不可忽视的环境效应。水位要素由一系列满足地下水功能要求的地下水水位构成。

3.2.3　地下水功能作用关系与协同

地下水系统的不同功能之间相互联系、相互作用，同时存在制约和竞争的关系，并通过水循环过程形成完整的功能体系。

地下水的循环调蓄功能，一方面是通过地下水形成的水位变动带的有效容积，来接纳和储存降水和地表径流的入渗，起到调节水循环的作用；另一方面是通过地下水参与整个水循环的循环通量，即维系水资源的再生和更新能力来表征。地下水对地表河川基流的贡献率、地下水潜水蒸发对总蒸发量的贡献率是其进一步的表征指标。地下水循环调蓄功能可通过以下映射关系表达：

$$F_1（循环调蓄功能）=f_1(V,Cf_g,P_{bf},P_e) \qquad (3.9)$$

式中：V 为地下水位变动带有效容积，m^3；Cf_g 为地下水参与水循环的循环通量，m^3；P_{bf} 为地下水补充基流量对基流总量的贡献率，%；P_e 为地下水蒸发量对蒸发总量的贡献率，%。

地下水的资源供给功能源于地下水参与水循环且可以逐年更新的动态水量，即地下水资源量，受制于地下水的开采条件和技术、经济、环境因素，而形成地下水可开采量，并有适宜的地下水水质要求。地下水储量在应急和特殊情况下进行供水，也是资源供给功能的组成部分。地下水的资源供给功能可通过以下映射关系表达：

$$F_2(资源供给功能) = f_2(Q_{gs}, Q_g, Q_{aw}, C) \tag{3.10}$$

式中：Q_{gs} 为地下水储量，m^3；Q_g 为地下水资源量，m^3；Q_{aw} 为地下水可开采量，m^3；C 为地下水水质。

地下水的生态维持功能主要影响因素为地下水位。地下水位下降导致河流、泉域、湿地失去地下水补给和顶托作用，进而引发河流断流、泉域、湿地干涸及水生生态系统的变化，土壤水分失去地下水调节，陆地植被生态系统也受影响。潜水面抬升，则盐分随地下水位上升而析出至地表，造成严重的土地盐碱化。地下水生态维持功能可通过如下映射关系表达：

$$F_3(生态维持功能) = f_3(Z_{ewt}, Q_{bf}, Q_{sf}) \tag{3.11}$$

式中：Z_{ewt} 为地下水生态水位，m；Q_{bf} 为地下水补给河流基流量，m^3；Q_{sf} 为地下水补给泉水流量，m^3。

地下水的环境地质功能主要影响因素为地下水位及其产生的地下水压，地下水位下降，地下水压降低，导致地面沉降、地面塌陷、海水入侵、咸水入侵和地裂缝等地质环境问题。地下水位上升，对地下工程建筑产生浮力，形成不利影响。地下水环境地质功能可通过以下映射关系表达：

$$F_4(环境地质功能) = f_4(Z_{cr}, Z_{uf}) \tag{3.12}$$

式中：Z_{cr} 为地面沉降控制水位，m；Z_{uf} 为地下建筑上浮抗防水位，m。

通过地下水功能的表达式，可进一步明确地下水功能的相互作用关系。地下水的循环调蓄功能是地下水在动力场作用下，接受外界水源补给和进行水量的储存、排泄，维护了水资源再生与更新能力，增强了水循环系统的稳定性，是地下水功能的根本和前提。循环调蓄功能的循环通量受资源供给功能影响和作用，并加以反馈到地下水资源量，从而影响资源供给功能。生态维持功能和环境地质功能的水位要素与循环调蓄功能的循环通量及资源供给功能的地下水可开采量密切相关，同时地下水可开采量也受生态环境和地质环境的制约。

自然因素和人类活动对水循环过程和地下水系统的影响，共同构成地下水系统的扰动因子，影响和改变了地下水系统功能的性质和作用尺度，打破了原有的水热、水量、水化学和水岩平衡，引发了各种功能的损益关系。例如，长期超采导致水位持续下降，超过极限深度后，渗入的降水滞留在包气带中循环交替，无法补给地下水，地下水的循环调蓄功能无法发挥，地下水无法得到充分补给，地下水资源的更新再生能力降低，地下水资源时空分布发生显著的变化，出现资源枯竭而丧失资源供给功能，并引发系列生态环境和地质问题，影响生态维持功能和环境地质功能。当损益关系发展超越了系统承受阈值范围，最终引发功能破坏和系统崩溃。

地下水功能协同主要表现为循环调蓄-资源供给-生态维持-环境地质功能整

体最优，负效应最小，通过各功能要素间的相互协同作用和功能性能、特征的充分组合，使系统充分体现相应功能及其重要程度，避免出现功能衰减或残缺，使各项功能在总体上趋于协调一致。由于地下水系统的差异性和特殊性，各功能一般不可能同时得到最佳发挥，必须综合平衡和有所侧重，才能达到整体功能的最佳和协同。

第4章

地下水调控理论与总体框架

4.1 地下水演变驱动机制

4.1.1 地下水营运场作用

地下水与外界系统不断进行要素的交互，通过补给蒸发、水量进出、水力摩擦、水岩交互、物质溶滤解析等，地下水的动力、物理化学及生物作用过程等不断演变和交互作用，水量、热量、物质等不断交换，形成了地下水的动力场、径流场、化学场、应力场四大物理场，四大物理场作用及其耦合关系构建了地下水物质、能量和信息链条式传递与转换的地下水营运场。

（1）地下水动力场作用。地下水的重力、热力、分子力作用及分布构成了地下水的动力场。地下水动力场作用主要体现在接受物质、能量与信息的输入，通过系统的储存、传输和转换等，在时空历程中产生相应的物质、能量及信息的输出。

地下水系统通过动力场接纳和储存外界的输入，如大气降水入渗等，其能力大小与地下水位变动容积及贮水系数有关。通过系统动力，地下水系统可进行物质（水量）和能量（水头压力）的传输，并可进行相应转化。如接受降水入渗转化为水头压力的增加及水位动态变化，其能力大小与导水系数、压力传导系数有关。在动力场作用下，地下水系统表现出对外界输入的延时作用，无压流比承压流延时长、高差大距离短延时长，包气带对于垂直入渗补给也存在延时作用。地下水的储存、传输、转换及延时作用使得地下水系统对外界输入具有重要的平滑作用，使地下水系统比地表水系统输出稳定，起到多年调节作用。

（2）地下水径流场作用。地下水径流场是连接补给和排泄的中间环节，将地下水的水量与盐量由补给处传输到排泄处，影响含水系统水量与水质的时空分布。从上游补给区至滨海排泄区,地下水径流经历了山前侧向补给和垂直入渗补给的水文过程,然后进入向下游和深层地下水系统径流和排泄的水文过程。在海陆交互带,一部分地下水通过泉水方式排入海洋,还有一部分流入海底地下水含水系统中。

地下水径流场受动力场作用,潜水流动只能在重力作用下由高水位向低水位流动,而深层地下水多为承压流动,不仅有下降运动,因承受压力也会产生上升运动。

(3)地下水化学场作用。地下水是元素在地壳中迁移的重要介质,地下水化学场体现为元素从矿物、岩浆、气体、生命体等物质转移到地下水,进入地下水后由于各种因素引起元素的迁移。元素的迁移作用是水文地球化学分带和地下水化学成分变化的制约因素。

地下水系统的整体性决定了地下水化学场的水化学特征取决于地下水流动系统的水力特征,但地下水化学场的演化滞后于流场的变化。地下水的水化学空间分布特征主要受地质、地貌和水文地质条件的制约。

(4)地下水应力场作用。岩土体中的自由水不受矿物表面吸着力控制,其运动主要受重力作用控制,对岩土体力学性质的影响主要表现在孔隙水压力作用和有效应力作用。地下水对岩土体的力学作用主要通过孔隙静水压力和孔隙动水压力作用。孔隙静水压力减小岩土体的有效应力而降低岩体的强度;孔隙动水压力作用对岩土体产生切向的推力以降低岩土体的抗剪强度。孔隙和微裂隙中含有重力水的岩土体突然受载而水来不及排出时,岩土体孔隙或裂隙中将产生高孔隙水压,减小颗粒之间的压应力,从而降低了岩土体的抗剪强度,甚至使岩土体的微裂隙端部处于受拉状态,破坏岩土体的连接。

(5)动力场-径流场-化学场-应力场耦合作用。地下水系统的形成受地质环境制约,在地下水动力场作用的联系下,地下水系统与外部环境进行物质、能量和信息的输入、输出变换。动力场接受的物质传输包括水流及其所包含的各类有机、无机化学成分,以及水流所携带的固体颗粒运移。动力场作用下的能量传输为动能、化学能的转换传导和热对流,与应力场存在力学能量转换关系。动力场接受的地下水补给形成径流场,补给量的多少直接影响径流量的大小,水力坡度大,径流流速快,补给条件好,径流量也大。动力场作用下水流势能、热能的差异导致地下水水平和垂直方向的流动和排泄,使得水量交换处于不断运动变化中。径流场改变岩土体的孔隙度和隙宽,与含水介质及围岩之间发生复杂的物理化学作用,引起岩-土-水之间的物质交换,改变地下水的应力场和化学场,致使地下水流的应力状态、化学成分发生变化。地下水化学场的化学成分和含盐量结构,改变水流的黏滞性,黏滞性越大,流速越慢。地下水应力场支撑着岩石骨架与岩土体裂隙的变形,与径流场进行水压力作用,导致地下水流状态的变化响应。同时,人为活动对地下水的营运场产生显著影响,不仅可通过改变系统的结构、边界等改变地下水营运场，甚至还能使地下水营运场消亡、再生。

4.1.2　地下水内外部驱动

地下水的动态受重力、热力、分子力驱动，并与孔隙性质密切有关。地下水系统演变同时受全球能量收支平衡与气候气象变化、下垫面变化、水资源开发利用、含水层结构变化作用和影响。在内部动力和外部压力双重驱动下，地下水不断适应和调整，形成不同演进路径。地下水运动驱动因素及作用机理如图 4.1 所示。

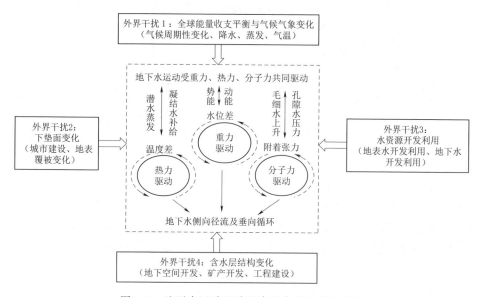

图 4.1　地下水运动驱动因素及作用机理示意图

4.1.2.1　内部驱动力

地下水运动内部动力主要为重力、热力和分子力。地势的高低造成地下水重力势能的差异，使得地下水产生流动。重力势能差异是地下水运动的主要驱动力。重力势能来源于地下水的补给，不同地形部位的地下水，接收补给时，重力势能积累条件不同。地形高的补给区，地下水由上至下运动，随着补给而势能不断积累；地形低洼的排泄区，地下水由下至上运动，或者无法接受补给，或者接受补给的同时排泄增大，势能难以积累。因此，地形高处构成势源，地形低处则构成势汇。地下水具有区域水力连续性，地下水在流动中必须消耗机械能以克服摩擦。垂向运动中，由上至下，势能除克服摩擦消耗部分能量外，还有一部分向压能转化；由下至上，储存的压能释放转化为势能。在水平运动中，上游的水头高度总要比下游高一些，因而也是通过水的体积膨胀释放势能的。地下水流系统具有级次性，在多源系统中易产生多级多个地下水流动系统，局部流动系统流速快，水循环交替快；区域流动系统流速慢，水循环交替慢。

在地下水的补给与排泄过程中，不断与其所处的地质环境发生能量交换而产生温度、物理和化学性质的差异，形成温度势梯度，地下水密度发生了变化，热能从而成为地下水运动的动力（图 4.2）。水流水温度特征受水流作用影响。补给区的下降水流受入渗水流的影响，产生负增温；排泄区因上升水流带来深部热影响，产生正增温。包气带土层深部的水汽冷凝及潜水蒸发是植被吸收水分的主要途径。

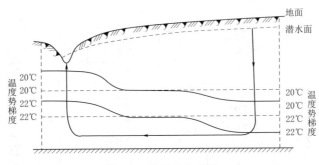

图 4.2　地温分布曲线

地表面到地下水面之间存在非饱和土层，这部分土的孔隙中，同时存在空气和水，水一方面来源于地表面降水等的渗透，另一方面则来源于由于毛细管的作用地下水形成的补给。由于水的表面张力作用，在地下水面之上，水可以进一步上升到一定高度，并引起孔隙水压力的相应变化。植物茎内的导管将土壤中的水分吸上来、地基中毛细管吸引土壤水分引起室内潮湿和应力变化、地下水通过土壤毛细管上升到地面形成水分蒸发，都是分子力驱动地下水运动的重要表现。

4.1.2.2　外部驱动因素

地下水的外部驱动因素主要包括全球能量收支平衡与气候气象变化、下垫面条件变化、水资源开发利用和含水层结构变化。

（1）气候气象变化是地下水功能演化更替的能量基础。气候是主导，降水和蒸发会引发地下水昼夜、季节性和多年变化的规律。气候气象变化包括降雨量的变化、气温的变化等。降雨量的时空分布的变化，改变了地下水分布的空间格局；还可能影响社会经济及生态环境发展对地下水的需求及耗水量的变化，从而影响区域经济社会发展的地下水资源供需关系。气温的升高，增加了蒸发量，相应地也会增加地下水的排泄量。气温在引起地下水蒸发量增加的同时还能引起地下水水温的波动，并导致化学成分、矿化度的变化和水的物理性质的变化。

（2）下垫面条件变化包括地貌特征和地表覆盖变化。山地、平原、丘陵、河谷等不同地貌和地表覆盖性质，造成地表水的汇水、径流条件不同，如地表为黏性土或岩石，不利于降水入渗；坡降比则极大影响地表水的径流速度和方向。这些因素都影响地下水的补给，从而导致不同地区地下水系统自然属性的差异。人类活动引起的下垫面变化包括：城镇化硬质地面、河道渠化及不透水衬砌等，阻碍了降水和地表水入渗；农田开发及灌溉面积发展等改变了地表覆被变化，相应地改变地表植被滞缓地表径流的流失，延长地表水入渗时间从而提升对该区地下水补给的能力；固体废物堆积引起地表水体污染，污染物的下渗又导致了地下水体的污染。下垫面变化对地下水的主要作用及影响如图 4.3 所示。

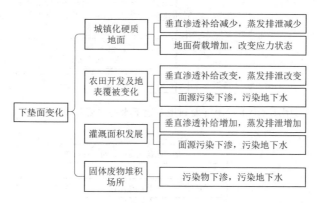

图 4.3　下垫面变化对地下水的主要作用及影响

（3）水资源开发利用以地表水开发利用和地下水开发利用为主，人类活动大量开采和取用地下水、建设引蓄水工程和调水工程均会引起地表径流的变化，改变地表水补给地下水的补给路径和补给量，减少河道对地下水的垂直补给和侧向径流补给。人类大规模开采地下水，直接造成开采区地下水资源的超采，多个集中开采区出现地下水位降落漏斗，地面沉降，海水咸水入侵，地下水系统发生巨变。农灌区合理的地表水灌溉使地下水得到适当的补充，过度引用地表水则会造成灌区地下水位升高，出现盐渍化现象，使地下水环境恶化。水资源开发利用对地下水的主要作用及影响如图 4.4 所示。

（4）由于地质构造、地层特征是地下水形成和运动的基质因素，含水层结构变化可对地下水产生直接驱动。地质构造运动包括抬升、凹陷、断裂等，决定了地区地貌形态和地层特征，导致地下水系统的差异和变化。地层特征主要指不同地层的岩性、厚度、砾石、粗砾粗砂、中砂等岩性以及分选性，形成不同的含水层孔隙度。含水层的岩性、厚度决定区域的储水、给水能力。人类活动改变含水层，主要通过地下工程建设和矿产开发等，地下工程建设阻隔了地下水自然径流路径，改变了地下水径流场。矿产的长期采集，局部地区出现含水层疏干，地下水压力下降，应力状态改变，含水层构造改变。含水层结构变化对地下水的主要作用及影响如图 4.5 所示。

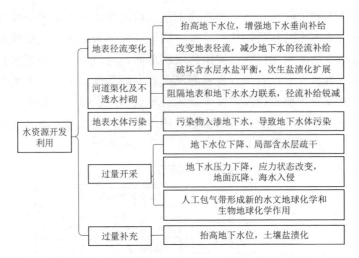

图 4.4 水资源开发利用对地下水的主要作用及影响

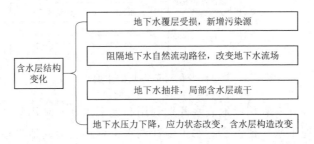

图 4.5 含水层结构变化对地下水的主要作用及影响

4.1.3 地下水驱动响应关系

　　地下水系统在内外双重驱动作用下，不断循环演化，地下水动力场-径流场-化学场-应力场相应变化，从而改变地下水的运动规律和交互关系，如图 4.6 所示。

　　地下水动力场的变化包括动力场范围变化、水力梯度变化和动力值时空变化。影响地下水动力场变化的因素包括：地质作用及各种自然因素交错综合作用、伴随着地下水所赋存的外在地质环境条件的变迁以及人类活动对下垫面及水循环过程的改变。地表地貌形态变化，如地面硬化、灌区建设等，改变了重力、热力等作用范围、作用时间和作用条件，相应地改变地下水的入渗和径流；河流、湖泊的形态、流量、分布范围的变化。例如，地表水蓄水工程等，改变了动力作用路径和水力梯度，引起地下水排泄补给条件的改变，使地下水循环条件产生变化。区域地下水动力场遭到破坏，表现出地下水位整体下降和降落漏斗形成发展两个特征。

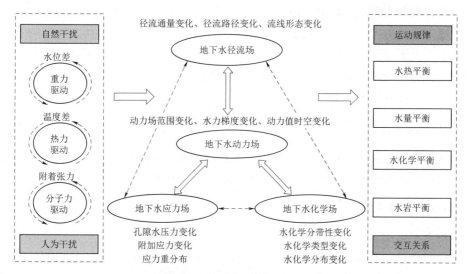

图 4.6　地下水系统驱动响应关系示意图

地下水径流场的变化包括径流通量、径流路径和流线形态变化。地下水的开发利用会加速地下水储量的流动与排泄，同时也加快了补给的增加，从而扩大了地下水与外界的水量交换，是地下水径流场变化的直接因素。地下水的开采量超过其补给量，导致地下水位持续下降和形成降落漏斗，地下水的径流场发生变化，形成以人工源汇为主的径流场。当地下水位下降超过极限深度时，渗入的降水便滞留在包气带中循环交替，而无法补给地下水，彻底改变地下水径流场。

地下水化学场的变化包括水化学分带性、水化学类型和水化学分布变化。地下水化学场的变化要比径流场滞后，但是地下水系统的整体性决定了地下水化学场最终要适应地下水径流场的演变过程。在矿化作用与水化学形成条件上，随着地下水动力场和径流场的变化，地下水的排泄方式和地下水的主要水化学作用共同演化，水化学场总体上趋于复杂化，表现为地下水水化学的自然大面积分带被岛状、带状分布切割，各分带的水化学类型存在不同程度的变化，各主要水化学类型的分布范围也发生了变化。例如深层地下水位下降导致浅层与深层含水层之间的水力梯度加大，驱使浅层地下水垂向越流补给深层地下水，咸水体下移恶化地下水，加之外界污染物的输入以及土壤盐分下移和淋滤进入地下水，使地下水水质剧烈变化，形成极为复杂、混合分布的水化学类型，出现淡水咸化、矿化度增高的情况。

地下水应力场变化包括孔隙水压力变化、附加应力变化和应力重分布。随着地下水的大规模开采，在地下水径流场变化的同时，地下水的应力场也呈现异常涨落，产生地面沉降、地裂缝等地质灾害。土体释水改变了地下水应力状态，同时土体物理结构、土壤水力参数发生了改变，从而影响地下水的动力场和补给条件。应力重分布是从原始地下应力场变化到新的平衡应力场的过程。

地下水动力场-径流场-化学场-应力场的变化是地下水系统在内部动力和外部压力双重驱动下演变的内部表征，人类活动的方式和强度决定了地下水营运场演变的性质与速度，地下水动力场-径流场-化学场-应力场先后产生变化和相互反馈，地下水系统将向新的状态演化。

4.1.4　地下水系统平衡原理

地下水在系统中的储存、传输和转换及营运场的作用及变化，服从于一定的平衡规律，主要为水热平衡、水量平衡、水化学平衡和水岩平衡关系。

4.1.4.1　水热平衡

地下水运动遵循能量守恒定律，水分的补给、运移、排泄都时刻伴随着能量的转换和输送。太阳辐射是水循环的原动力，也是整个地球-大气系统的外部能源。太阳辐射到达陆地表面后，部分用于植物光合作用，部分以感热和蒸发潜热的形式返回到大气中。太阳辐射形成的能量和物质的传输转化控制着水循环过程和地下水的补给来源和排泄强度。地下水通过补给与排泄两个环节参与自然界的水循环，在水热耦合驱动下，地下水通过土壤和植被的蒸发、蒸腾向上运动成为大气水分。地下水系统水热平衡如图 4.7 所示。

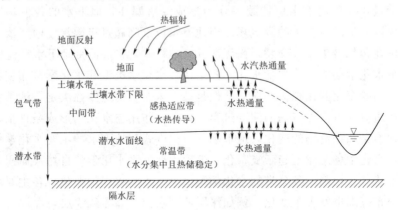

图 4.7　地下水系统水热平衡示意图

地下水的热容量大于岩土，导热系数较小，白天和夏季吸收地表土层的热量，在地表温度下降时散热，以保持一定的地温梯度。地下水含水层释出水分，调节包气带、土壤的湿度，通过土壤的水汽通量和感热适应过程影响大气（地表）的温度、水汽和 CO_2 的含量，通过湍流运动方式与上层大气进行着热量、水汽交换。潜水蒸发是维持水热平衡的重要途径，见式（4.1）和式（4.2）：

$$LE = R_n - H - G \tag{4.1}$$

$$E = E_s + E_g \tag{4.2}$$

式中：LE 为潜热通量；R_n 为净辐射通量；H 为显热通量；G 为土壤热通量；L 为蒸发潜热；E 为陆地蒸发量；E_s 为地表蒸散发量；E_g 为潜水蒸发量。

4.1.4.2　水量平衡

　　在水循环过程中，大气水、地表水、土壤水、地下水可以各自独立、自成体系，又互相关联、相互依存、相互转化、相互制约，共同处于一个水循环转化系统。地下水循环中"四水转化"转化如图 4.8 所示。大气水主要指大气降水，它是地表水、土壤水、地下水的总来源。大气降水到达地面后，受地形、地貌、土壤、植被等下垫面条件的共同作用，一部分转化为地表径流，绝大部分被土壤拦蓄入渗转化为土壤水，在重力作用下其中一部分转化为地下水。而地表水、土壤水、地下水又通过蒸发回到了大气层，成为大气水的重要组成部分。与此同时，地表水、土壤水、地下水之间也不断产生水量交换。

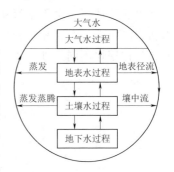

图 4.8　地下水循环中
"四水转化"示意图

　　在水循环的大气水、地表水、土壤水、地下水的相互转化过程中，地下水形成了自身的水量补给过程、径流过程和排泄过程，并引起地下水储蓄量的相应变化。地下水补给来源主要为大气降水，包括雨、雪、雹等；地表水入渗补给，包括江河、湖、海、水库、池塘、水田等地表水体入渗；以及大气中水汽、土壤中水汽的凝结和冰川融化等。地下水的排泄方式有泉水排泄、向河湖等地表水体排泄、蒸发排泄等。天然状态下地下水的补给量、排泄量与径流量之间的关系，可以用水量平衡关系来表示，见式（4.3）和式（4.4）：

$$补给量－排泄量＝蓄变量 \tag{4.3}$$

$$(P_r＋Q_{河补}＋Q_{湖库补}＋Q_{渠补}＋Q_{侧补}＋Q_{越补}＋Q_{井归}＋Q_{人工补})$$
$$－(E_g＋Q_{溢出}＋Q_{侧出}＋Q_{开净耗})＝\Delta W \tag{4.4}$$

式中：P_r 为降水入渗补给量；$Q_{河补}$ 为河道侧向渗漏补给量；$Q_{湖库补}$ 为湖库渗漏补给量；$Q_{渠补}$ 为渠系渗漏补给量；$Q_{侧补}$ 为山前侧向补给量；$Q_{越补}$ 为地下水越流补给量；$Q_{井归}$ 为井灌回归补给量；$Q_{人工补}$ 为人工回灌补给量；E_g 为潜水蒸发量；$Q_{溢出}$ 为地下水溢出排泄量；$Q_{侧出}$ 为地下水侧向排泄量；$Q_{开净耗}$ 为地下水人工开采净消耗量；ΔW 为地下水蓄变量。

4.1.4.3　水化学平衡

　　通过径流，地下水的水量和盐量由补给区输送到排泄区。径流的强弱影响着地下水水质的形成过程。地下水流的水动力特征决定了其水化学特征。在地下水流系统中，水质取决于入渗水质、流程、流速、流动过程中物质补充及其可迁移性和流程中经受的水化学作用。水质演变作用包括氧化还原、溶滤、浓缩、沉积和微生物地球化学作用。局部地下水流系统流程短、流速快（交替快），物质补充及其可迁移性低；区域地下水流系统流程长、流速慢（交替迟缓），物质补充及其可迁移性高。地下水流系统的水质具有垂直与水平分带性，水流相汇处形成水动力圈闭带；水流相背处形成准滞流带。地下水流系统的不同部位，发生的主要化学作用也不同。地下水系统水质平衡示意图如图 4.9 所示。

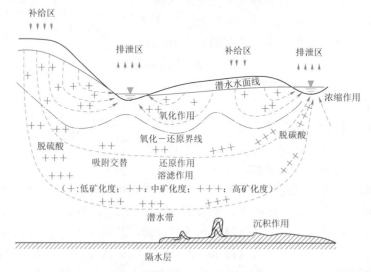

图 4.9　地下水系统水质平衡示意图

地下水水质平衡方程如下：

$$n\frac{\partial C}{\partial t} = \frac{\partial}{\partial x}\left(D_x\frac{\partial C}{\partial x}\right) + \frac{\partial}{\partial y}\left(D_y\frac{\partial C}{\partial y}\right) + \frac{\partial}{\partial z}\left(D_z\frac{\partial C}{\partial z}\right)$$
$$-\frac{\partial}{\partial x}(V_xC) - \frac{\partial}{\partial y}(V_yC) - \frac{\partial}{\partial z}(V_zC) + S \tag{4.5}$$

式中：$n(\partial C/\partial t)$ 为空间任一点处水质浓度随时间的变化率；$\partial/\partial x(D_x \times \partial C/\partial x) + \partial/\partial y(D_y \times \partial C/\partial y) + \partial/\partial z(D_z \times \partial C/\partial z)$ 为弥散项，指弥散引起的水质浓度的变化量；$-\partial/\partial x(V_xC) - \partial/\partial y(V_yC) - \partial/\partial z(V_zC)$ 为对流项，指地下水渗流引起的水质浓度的变化；S 为源汇项，指渗流迁移时元素的相间转移项，当元素从固相转入地下水时，S 为源取正，反之 S 为汇取负；C 为水质的浓度，是空间和时间的函数；V_x，V_y，V_z 为 x，y，z 方向上的渗透速度分量；D_x，D_y，D_z 为 x，y，z 方向上的弥散系数；x，y，z 为空间坐标；t 为时间。

在地下水浅埋地区，地下水通过毛管上升而补给包气带土壤水的作用显著，水分在土壤-植被-大气系统运移和水盐交换、转换，是包气带内溶质迁移和表土积盐的重要机制，土壤水盐方程如下：

$$\frac{\partial C_s}{\partial t} = \frac{\partial C_{s0}}{\partial t} + \frac{E_gM}{W} - \Delta S_{pa} \tag{4.6}$$

式中：C_s 为土壤含盐量；C_{s0} 为土壤初始含盐量；E_g 为潜水蒸发量；M 为潜水矿化度；W 为土壤重量；ΔS_{pa} 为植被吸附盐分速度。

土壤水盐平衡示意图如图 4.10 所示。

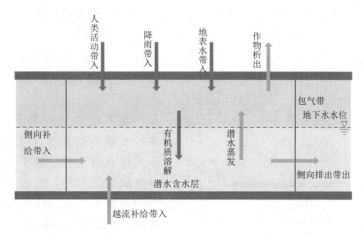

图 4.10　土壤水盐平衡示意图

4.1.4.4　水岩平衡

地下水是一种重要的地质营力，通过孔隙静水压力和孔隙动水压力作用于水土二相和水土气三相结构，改变着水土、水岩各自的物理、化学及力学性质。地下水系统水岩平衡如图 4.11 所示。

地下水、土壤、岩石三者相互作用，同时维持着组合式（4.7）和式（4.8）所示的平衡关系：

$$h = z + \frac{p_s}{\rho_w g} + \frac{p_{ex}}{\rho_w g} \tag{4.7}$$

$$\sigma = \sigma' + \mu \tag{4.8}$$

式中：h 为总水头；p_s 为静水压力；p_{ex} 为动水压力；$\rho_w g$ 为单位储水系数；σ 为总应力；σ' 为有效应力；μ 为孔隙水压力。

地下水应力的影响是非常重要的，地下水的渗入会影响整个岩土的性能：

（1）导致岩土层容易分解。地下水的侵蚀使土颗粒之间的作用力减小，黏结性降低；岩土层受到较大荷载时，会因无法承受而发生分解。

（2）影响岩土层的给水度。地下的岩土层内部的水已经饱和，无法充分吸收的水分从岩土层的空隙中流出。

（3）岩土层失水导致体积变小。地下岩土层空隙中的地下水化冻后流入到岩土层，吸水后岩土层在某种情况下失水，体积变小，继而影响整个岩土层地基的稳定性。

（4）导致岩土层易软化，被地下水浸泡之后，地下岩土层所能承受荷载的能

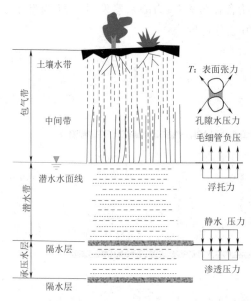

图 4.11　地下水系统水岩平衡示意图

力大大下降，用软化系数来衡量岩土层的软化程度。

（5）影响岩土层的透水能力。受到自身重力的影响，地下水能通过整个岩土层。不同岩土层的透水能力不同。岩土层的透水能力与自身组成有关，一般用透水系数来衡量。

地下水水热、水量、水化学、水岩平衡关系始终贯穿于地下水循环演化的全过程。地下水在漫长的自然演化过程中，形成了系统自身的动态平衡关系和原始有序状态。在内部动力和外部压力双重驱动下，地下水动力场和水循环条件变化极大地影响着地下水的循环过程，不同的扰动因素、强度、分布引起系统平衡关系的不同变化，导致地下水功能和状态的变化，使系统向无序平衡和有序平衡不同方向发展。

4.2　地下水系统演进过程

按照地下水开发条件的阶段性差异，地下水系统及其功能演进过程可以分为基准线状态、初期压力、显著压力、过度开发及稳定可持续五个阶段，如图 4.12 所示。

4.2.1　基准线状态阶段

在没有人类活动干扰的自然条件下，地下水系统受到降水、河流入渗等补给作用，产生水位、水质、排泄量等的动态变化。浅层地下水位较浅，降水入渗补给系数相对较小，地表水系发达，地下水蒸发强烈，地下水循环调蓄功能未充分发挥，资源供给功能较弱，生态维持功能和环境地质功能较强。由于气候、地质体的变化十分缓慢，地下水系统的变化量相当微小，地下水系统的各项功能保持得很稳定。

4.2.2　初期压力阶段

当人为开采地下水的活动作为新的环境因素，初步施加于地下水系统时，开采量较小，地下水系统开发的总提取率略微上升，形成较为适宜的水位变动带。地下水系统内部的各子系统的相互关系在系统自组织机制的驱动下作出了一定调

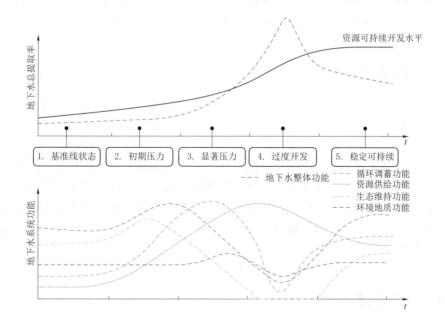

图 4.12　不同开发条件下地下水系统及其功能演进过程示意图

整，使系统结构发生变异，形成了一个不同于先前的、但能够与新的环境条件相适应的稳定态，地下水系统的循环调蓄功能显著增加，环境地质功能保持稳定，资源供给功能、生态维持功能和地下水系统整体功能持续上升。

4.2.3　显著压力阶段

如果开采量小于临界值，但取水量不断增速，纵使地下水系统具有较强的自组织能力，终会因系统的应变速度赶不上环境变化的速度，地下水系统的稳定态迟迟不能建立，必然会导致地下水资源提取率加快，消耗地下水更多的储存资源，地下水位变动带形成的调蓄空间加大。地下水系统的循环调蓄急剧增加达到最大，资源供给功能显著增加，环境地质功能保持稳定，生态维持功能急剧下降，地下水系统整体功能转向下降趋势。

4.2.4　过度开发阶段

当开采量超过某一临界值时，地下水系统已经不能凭借自身水量的调整重建水量、水质的动态均衡，随着时间的延续，影响范围逐渐扩大，新的稳定态无法实现。地下水资源的提取率在显著压力的基础上陡然加快，直至上升到峰值。地下水位下降虽形成巨大的调蓄空间，但因为地下水位下降超过极限深度时，渗入的降水便滞留在包气带中循环交替，无法补给地下水，地下水的循环调蓄功能难以充分发挥，生态维持功能、环境地质功能和地下水系统整体功能下降，甚至生态维持功能一度中断。相应地，地下水系统的资源供给功能上升到峰值后因无法持续，呈现下降趋势。

4.2.5　稳定可持续阶段

对地下水系统进行科学调控，调整过度开发阶段地下水系统原有的结构，以适应新的形势，开始新的稳定态。地下水资源的总提取率经历了过度开发阶段的下降，在一定时间后维持不变。除资源供给功能是下降后保持稳定外，循环调蓄功能、生态维持功能、环境地质功能和地下水系统整体功能都逐渐上升并重新达到平衡，超越基准线阶段的平衡高度，实现更为优化的系统结构和功能。

由于地下水具有隐蔽性、滞后性和恢复缓慢的特点，地下水系统各功能对开发条件的响应在初期压力、显著压力、过度开发和稳定可持续四个阶段都呈现出滞后、延缓的特点。

4.3　地下水整体调控理论

4.3.1　调控理论基础

地下水调控理论基础包括场论、水循环理论、协同理论等。

4.3.1.1　场论

场论是描述物理场和物质相互作用的物理理论。经典的物理场是向量场，如重力场、引力场、梯度场等，向量场每个点对应着一个向量。除向量场外，还存在温度场、密度场等数量场，数量场每个点对应着一个数量。场具有客观物质的一切特征，有质量、动量和能量。为揭示和探索地下水驱动力、水量、水质、水化学、水压等在空间的分布和作用规律，引入了动力场、径流场、化学场、应力场的概念，分析场与场相互影响关系和多物理场耦合作用历程，实现了以变量为媒介到以场为媒介的地下水演变科学理论分析和调控机理研究。地下水动力场-径流场-化学场-应力场耦合和水热、水量、水化学、水岩平衡关系，可作为地下水运动动态的基本依据，进一步运用系统理论、稳定流与非稳定流理论、线性与非线性动力学理论、线性与非线性规划理论、反演算理论等，将数学模型、随机模型、模拟模型与计算机仿真技术相结合，可解析地下水运动的数学模型和水资源系统的管理模型、地下水均衡开采的调节配水模型、地下水位动态预测的非线性动力方程等，研究并预测地下水的各种特征和特性，进而实现地下水的动态调控。

4.3.1.2　水循环理论

水循环理论研究水在自然和人类活动作用下的运动过程和平衡机理。水以流域为单元不断循环演化，降水、地表水、土壤水、地下水之间不断地相互转换，并与循环过程中的生态环境不断发生相互作用，引起水土资源和生态环境要素的不断变化。水循环过程是自然界物质循环、能量流动和信息传递的重要方式之一。水在循环运动过程中及其连带的物理化学及生物作用遵循以流域为单元的水量平衡、物质平衡、能量平衡等方面的动态平衡关系。自然循环因素和人类活动的干预和影响，使得水的自然循环过程和动态平衡关系不断发生演变，从而水量平衡、物质平衡、能量平衡等动态平衡关系发生显著的改变，导致地下水系统的结构和功能改变。

4.3.1.3 协同理论

协同理论以系统论、信息论、控制论以及突变论等现代科学成果为基础，结合热力学原理、耗散结构理论等，采用统计力学和动力学相结合的方法，分析总结各种系统在发展演化过程中的普遍规律。重点研究开放系统在与外界环境发生物质流、能量流和信息流交换的情况下，各种系统内部序参量和外界控制参量形成博弈，系统的要素和性能发生变异，各要素间耦合关系发生变化，系统与所在环境的关系与状态发生变化，使得系统产生涨落甚至引起突变的现象、过程和机理，为解决复杂巨系统的演化机理与调控机理研究提供了科学理论和技术思路。地下水系统及地下水-水循环-经济社会-生态环境系统均符合系统协同演进的基本特征，因此能够通过借助其内在规律和外部条件实现系统整体及其内部的协同发展，使得系统向有序、良性、健康的方向演变。

4.3.2 整体调控理论

地下水在动力场、径流场、化学场、应力场等物理场的耦合作用，形成了由补给水源、补给过程、调蓄过程、排泄过程构成的循环过程，伴生了系统的水热、水量、水化学以及水岩平衡关系。地下水与外界进行密切交互，构成了与水循环过程、陆面过程、生态水文过程、水文地质过程的交互链条。在交互过程中，伴随地下水物质循环、能量流动和信息传递，地下水对水循环、经济社会、生态环境、地质环境进行了支撑和服务，形成了地下水的循环调蓄功能、资源供给功能、生态维持功能、环境地质功能，包括水流、水量、水质、水压、水位五个维度的功能要素。地下水的形成和演化都具有明确的整体特征和交互耦合、动态互馈的进程，对地下水进行调控，从整体进行考虑，建立了"循环全过程有序-交互全链条高效-功能全方位协同-管控全要素平衡"的"四全"多维协同整体调控理论，如图 4.13 所示。

基于"四全"多维协同整体调控理论对地下水进行调控，地下水功能的发挥限度和"水流、水量、水质、水压、水位"五维要素的安全阈值范围确定是调控的基础。人类对地下水的开发利用即资源供给功能的发挥，是在地下水发挥循环调蓄功能、生态维持功能、环境地质功能（即与水循环过程、陆面过程、生态水

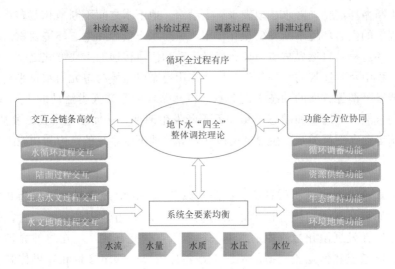

图 4.13　地下水"四全"多维协同整体调控理论

文过程、水文地质过程建立良性高效的交互关系）的基础上，挖掘和转换无效、低效交互过程的潜力。例如，通过减少无效或低效潜水蒸发截留可供水量；适度开采建立快慢适中的循环过程，减缓地下水系统自身的衰变过程；建立适宜的调蓄空间丰水年和丰水期蓄水、枯水年和枯水期用水，利用时间过程实现丰枯调剂；利用生态水文和植被水势的弹性适应空间留存供水；结合扬压力控制要求留存排水量以供水；在允许地面沉降量和地面沉降临界控制阈值范围内增加供水量等。

4.4　地下水调控总体框架

4.4.1　调控目标

地下水调控目标的确立需遵循自然规律、经济规律，意在使系统向着良性循环、高效产出和可持续发展的方向演变，实现地下水的可持续利用、水循环的有序转化、经济社会的可持续发展和生态环境的良性循环，以最小的代价取得最大的系统效益。

4.4.1.1　地下水状态调控目标

为了描述地下水系统状态，可引进系统熵理论进行表征。熵是描述一个系统无序的量度，与系统的协同程度相对。一个系统熵值少，表明其向有序化发展，协同程度升高；反之，系统向无序、混乱方向演进，协同程度降低。熵变即为熵值在不同状态之间变化量，熵变小于 0，系统有序程度增加：

$$dS = dS_i + dS_e < 0 \qquad (4.9)$$

式中：dS_i 为系统内部熵的变化；dS_e 为系统与外界环境相互作用产生的熵的变化。

对于开放系统而言，dS_e 可正可负。只有使 $dS_e < 0$，且 $|dS_e| > dS_i$，则系统必须不断从外界吸收负熵流 dS_e，以克服系统内部的增熵 dS_i，才能使系统的总熵减少（系统处于低熵状态），即 $dS = dS_i + dS_e < 0$，从而增加系统的有序性和自组织性，促进复合系统中的协同作用机制；否则，系统演化过程中，自身的能量不能够满足内部各要素和子系统运动的需要，系统的总熵增加，无序度加大，将导致系统退化直至无序崩溃。可见，负熵流的流入即控制参量的输入与调控是系统协同发展的外在条件。

地下水与外界环境的热量交换和压力状态是熵变的主要因素，即适宜的全球能量收支平衡状态、合理的下垫面变化和水循环过程营造适宜的水量、热量交换条件，是系统负熵流的主要来源，保证地下水补给通量、交互通量、排泄通量等，对无效和低效过程进行转换，形成高效过程和优化结构，以及给予地下水系统适度的承载压力以减缓地下水系统自身的衰变过程，是实现地下水系统向低熵和有序状态发展的有效路径。

对地下水功能处于显著压力和过度开发进程的地下水系统，减少系统熵增是地下水系统调控的重要目标，即减少现状对系统的无序消耗，包括地下水补给路径的阻断和割裂、地下水过度开采、污染物排放等。

4.4.1.2　地下水功能调控目标

地下水资源的开发利用和管理是多目标和多层次的，涉及经济、社会、环境、技术等诸多方面。人类开发利用地下水，满足自身需要的同时，破坏了自然地下水环境的平衡。随着地下水开采的不断增加，区域地下水位持续下降、水源枯竭、土地沙化、地面沉降、海水入侵、水质污染以及次生盐渍化和沼泽化等问题日益严重，制约着国民经济的发展，并且危及人类自身的生存。此外，由于地下水与其周围介质的物理化学作用过程十分复杂，其进程往往十分隐蔽和缓慢，地下水环境问题不易被及时发现，又很难在短期内治理奏效，因此为了更有效地利用地下水，避免产生各种危害和不良后果，需要对地下水系统进行科学的调控。

地下水管理是一个多目标决策过程，有以下特点：①各目标间的度量单位多是不可公度的。地下水状态、环境质量的单位常用物理量、化学和生物等量的单位表示，如地下水位、地面沉降量用长度单位表示，地下水中某种污染物的含量用浓度表示；有些目标很难给出定量指标，如供水的社会效益、环境效应等。②各目标之间的权益通常是相互矛盾的，这是构成多目标问题存在的基本特征。例如，地下水开发利用中所涉及的经济发展和环境保护问题。③多目标问题的优化解不是唯一的。多目标规划的任务是考虑经济、社会、环境、技术等因素，权衡各目标的利弊，从多个"有效解"中寻求各目标都能接受的"满意解"。

　　因而，地下水系统调控首先应该根据系统的要求，确定所要追求的多个目标及其相对重要程度。常见的目标有：经济目标——供水效益、抽水费用等；水力目标——抽水量、回灌量、地下水位等；环境目标——地面沉降、污染物浓度等。在一定约束条件下，通过对地下水系统中某些决策量的操纵，使系统按既定目标达到最优。在最优化技术方法中，多目标、多层次的地下水系统调控追求经济、生态代价最小化以及效益最大化，以目标函数的形式表征相应目标的数值极大化或极小化，最终实现地下水系统功能修复及有序利用。地下水水位、水量、抽水费用、经济效益等，称为目标函数。约束条件是指在特定的地下水系统中，决策变量受到水位、水量、经济、社会、技术等因素的制约。

$$F_{\max} = f\{Yld_{\max}, W_{\text{pemax}}, ECos_{\min}, EBnf_{\max}\} \tag{4.10}$$

式中：Yld 为产出；W_{pe} 为水分生产效率；$ECos$ 为生态代价；$EBnf$ 为生态受益水平。

　　水位约束要求地下水水位不能高于某一高程，以保证地基基础的安全；为控制水质污染，要求沿井排布置的某些地点保持一定的水力梯度。这些约束条件均可以数学方式相应来表示。如地下水位不得超过或低于某规定值，则可写成：

$$h_j \leqslant h_{\max,j} \text{ 或 } h_j \geqslant h_{\min,j} \tag{4.11}$$

式中：h_j 为 j 点的地下水水位标高；$h_{\max,j}$，$h_{\min,j}$ 分别为 j 点所规定的最高、最低水位标高。

　　同样，水量约束是指，由于技术或经济原因，抽水（或）排水流量不得超过某一限定最大值或不得低于某一限定最小值时，则可写成：

$$Q_i \leqslant Q_{\max,i} \text{ 或 } Q_i \geqslant Q_{\min,i} \tag{4.12}$$

式中：Q_i 为 i 点抽水（或）排水流量；$Q_{\max,i}$，$Q_{\min,i}$ 分别为 i 点流量的限定最大值、最小值。

　　如果供水地区的抽水量必须满足规定的需水量，则可写成：

$$\sum Q_i \geqslant Q_o \tag{4.13}$$

式中：Q_i 为 i 区的抽水流量；Q_o 为该区供水的规划需求量。

　　当有些约束，如社会、环境、法律的要求具有不同程度的不确定性，难以量化表示时，则可制定相应条款作为约束条件。

4.4.2　调控准则

　　受自然和人类活动共同作用影响，部分区域地下水系统的脆弱性和不确定性越来越突出，主要表现为地下水对水循环的调节功能受影响、地下水资源再生与更新能力受到影响、维系地下水系统的服务功能，提供数量稳定、质量达标的水源受到影响、与地下水密切相关的生态系统稳定性受到影响。为维系、优化地下水系统结构和功能，实现地下水的可持续利用，地下水系统调控应遵循有序、有度、有备、有效四个基本准则。

4.4.2.1 有序

有序的含义是指：对地下水进行调控，使其在水循环过程中的循环通量及自然结构能维持在一定的范围内周期性波动，通过平衡过程中的相变形成有序结构，地下水水流、水量、水质、水压、水位各要素和渗透系数、降水入渗补给系数、潜水蒸发系数、基径比、地下水可开采系数等各主要参数不存在非连续性断点和非周期性变化，要素之间的耦合和动态响应关系更加有序、更加高效，水循环系统的整体功能和稳定性得到维护和进一步增强，如图 4.14 所示。

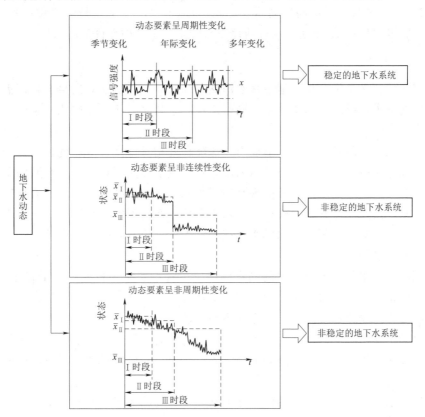

图 4.14　地下水系统的动态有序与平衡

4.4.2.2 有度

有度的含义是指：地下水的功能相互依存、相互制约，任一功能被过度强化都会引起其他功能的响应变化，在各功能要求的高限和低限间，找到合理的平衡点，使得各项功能在一定限度范围内进行有效转换，减少无效、低效过程，使地下水的整体功能最优，负效应最小。

地下水功能协同是主导功能分异性的协同，系统所处区域及战略地位不同，各自的主导功能不同，应在坚持主导功能前提下，兼顾其他功能。地下水水位动态是地下水循环变化直接体现，地下水位需在各功能要求的高限和低限间波动，找到合理的平衡点，实现系统功能维系与协同。

$$H \in \left[\max(\min Z_{cr}, \min Z_{wc}, \min Z_{re}, \min Z_{bf}, \cdots), \right.$$
$$\left. \min(\max Z_{uf}, \max Z_{eg}, \max Z_{ve}, \max Z_{ae}, \cdots) \right] \tag{4.14}$$

式中：Z_{cr} 为地面允许沉降范围内最低地下水位；Z_{wc} 为植被达到凋萎系数最低地下水位；Z_{re} 为降水补给临界地下水位；Z_{bf} 为地下水补给生态基流所需最低水位；Z_{uf} 为建筑物上浮最高抗防水位；Z_{eg} 为地下水潜水蒸发最大水位；Z_{ve} 为植被淹没胁迫水位；Z_{ae} 为地下水补给地表水维系敏感物种允许最高水位。

4.4.2.3　有备

有备的含义是指：加强地下水水源储备和涵养，逐步建立满足中长期需求的多层次地下水资源战略储备体系，同时实现应急状况下从无序应急供水向有序应急供水转变。

鉴于地下水源具备一定调节能力、保障程度相对较高、水质优良、易于应急取用等优势，应充分发挥地下水源的应急备用供水功能。具备地下水开采条件的区域，在可开采量范围内，加强现有地下水源的涵养保护，有计划、有秩序地开采地下水，禁止无序开采，建设地下水水源地。在地下水超采区，加快超采综合治理，逐步压减不合理地下水供水，在修复生态系统的同时，提高地下水的应急和战略储备能力。

深层地下水作为不可再生的储存资源，尽管不能作为持续稳定的供水水源，在供水体系中仍发挥着重要作用，包括保持含水层厚度和水压、调节含水系统水源补给在季节变化和年际变化方面的不稳定性、一定时段内耗用存储进行非持续供水以满足应急之需。即在补给不足时，借用储备水源，在丰水季节和年份进行补偿；在区域供水水源已有规划但尚未到位之前，在可修复和补偿范围内借用储备水源先行供水。

地下水资源及不可再生的深层地下水，是水资源保障体系的宝贵战略后备资源，建立地下水资源储备体系，立足经济发展的长远规划，从战略层面建设应急水源地、储备战略水源，以紧平衡为目标，储备资源以"留有余地"。

4.4.2.4　有效

有效的含义是指：充分挖掘地下水时空过程和分布上可利用的弹性空间，探索地下水资源开发利用边际影响最小的极限状态，地下水必须高效利用，实施地下水用途管制和高效利用，分类有序退出超载的边际产能，实现地下水开发利用的最大潜力、最大效益和最小开发利用治理保护成本。

地下水源于自然的特性致使地下水系统的功能具有公共物品的属性，如地下水资源存在代际外部性、取水成本外部性、存量外部性和环境外部性。代际外部性体现为当代利用地下水资源，为追求自身效益最大化和降低地下水开发成本，通过满足自身需求、开发优质高效资源提高资本收益而影响后代对地下水的使用；取水成本外部性体现为地下水资源使用权持有者多取水将增加其他持有者的取水成本和影响其收益，而不必承担相应的代价；存量外部性体现为本区域地下水使用将减少关联区域现在或将来可获取的地下水资源存量；环境外部性体现为地下水资源的过度开发利用造成生态环境的破坏，降低地下水资源的再生能力，增加社会边际成本，而使用者并不承担相应的成本。地下水资源的外部性，必然会导致"搭便车"的外部行为产生，最终导致过度使用和环境容量的过度侵占而无法满足合理的供给要求，甚至无法使用、系统崩溃。

地下水资源储量有限，一定地域可利用的地下水资源特定时期内是基本不变的。只有从地下水的合理开发、高效利用、优化配置方面入手，遵循高效、公平和可持续的原则，对有限的、不同形式的地下水资源进行科学分配，促使各部门或各行业内部高效用水，发挥地下水资源最大效用，保障社会发展的可持续性。

在维系地下水良性循环的前提下，适度合理开发利用地下水，优水优用，将水质良好的地下水优先用于城乡生活，保障居民饮水安全；加强计划用水和定额管理，强化节水约束性指标考核，加快节水型社会建设，大力推进农业、工业、城乡生活等节水，全面提高地下水资源利用效率和效益。

针对地下水的外部性，还需要通过政府管制手段来配合市场机制的运转，进行地下水资源用途管制。通过对取用地下水的过程进行管制，从微观层面严格管制地下水用户及其行为，可达到合理配置地下水资源、提升综合利用效益的效果，从而实现与最严格水资源管理制度及生态文明建设的有效对接。

4.4.3　调控总体框架

地下水是水循环、经济社会和生态环境演变相关活动的基础。地下水调控是以地下水系统自身为主线，基于水循环全过程、功能全方位、交互全链条、系统全要素，结合经济社会、生态环境与水循环的作用过程，耦合地下水功能的需求和约束、平衡状态与目标，对地下水系统的结构、时间、空间、能量进行调控，强化有效过程、优化低效过程和转化无效过程，提出五维调控要素的安全阈值、控制指标、调控方案和调控路径，进行多维协同整体调控，不断动态交互和反馈调整，实现地下水有序、有度、有备、有效开发利用与保护。地下水系统整体调控总体框架如图 4.15 所示。

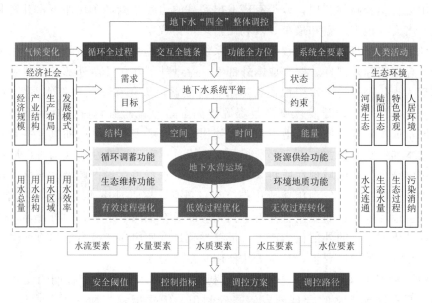

图 4.15　地下水系统整体调控总体框架

地下水调控包括地下水-水循环系统调控、地下水-经济社会系统调控、地下水-生态环境系统调控以及系统协同调控。

地下水-水循环系统调控是基于水循环的降水入渗、产汇流、蒸散发全过程以及地下水循环的补给水源、补给过程、调蓄过程、排泄过程等全过程和全要素进行调控，保障地下水的可再生性和可持续开发利用的能力。

（1）维系地下水参与水循环通量的能力，包括地下水流的更新能力等。在维系合理地下水流的前提下，根据地下水开发利用情况、地下水开发利用现状、地下水超采情况及其引发的生态环境问题，对水量要素进行调控。依据地下水功能属性的水质需求，考虑水质保护和修复的现实可行性，同时兼顾不同类型功能区对地下水的水质需求和敏感性不同的特征，合理进行水质要素调控。

（2）通过调整区域地下水开采量或开采布局，实现水位和水压要素调控，维系地下水相关生态环境状况和环境地质条件。

（3）调整地下水的补给来源、补给过程、调蓄过程、排泄过程。通过建设海绵城市、海绵流域、会呼吸的河流等，调整下垫面条件和地表水地下水连通状况，实现地下水的多源补给和通畅补给。通过维系合理的地下水位变动带，调整地下水的调蓄过程和调蓄能力。调整地下水的自然排泄和人工排泄，减少地下水的无效蒸发和低效蒸发，保持人工排泄在合理范围内。

地下水-经济社会系统调控总体目标是促进经济结构和城镇化发展布局与地下水条件相适应，提高包括地下水在内的资源利用效率与效益，减少对资源环境占用水平、负荷压力及负面代价。主要调控内容包括经济规模、产业结构、生产布局、发展模式，以及相应经济社会用水总量、用水结构、用水区域和用水效率。

地下水-生态环境系统调控的最基本要求是生态环境需水量应基本得到保障，地下水补给河流基流、湖泊等水体水量得到维持。调控核心是退减经济社会系统对生态环境水量的占用，减轻对生态环境系统的压力状况。主要调控内容包括河湖生态、陆面生态、特色景观、人居环境以及相应的地表地下水文连通状况、生态水量需求、生态水量过程、污染消纳总量。

系统协同调控的关键在于资源环境承载和资源环境容量占用，避免系统过度消耗超过资源环境容量，使系统向衰退方向演变。通过科技进步以及节水减排等增加整个系统的资源环境容量和减少资源环境容量占用，从而提高资源环境的承载能力，促进系统向更高方向演化，即系统协同发展进程。

地下水系统调控技术体系由地下水功能区划、地下水资源配置、地下水治理修复与保护、地下水整体管控、地下水资源调查评价和地下水动态监测预警与调度等构成，包含了地下水调控的顶层架构、宏观调控、长效管控、基础支撑及实时管理等五个层面和各环节，如图 4.16 所示。

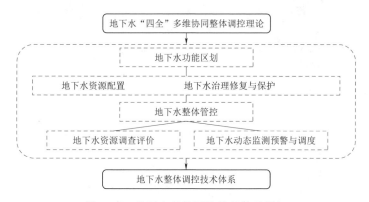

图 4.16　地下水整体调控技术体系框架

地下水功能区划是地下水调控顶层架构层面的技术，不同区域地下水的自然禀赋、生态环境质量、经济社会要求和国土空间保护、国土开发强度不同，地下水功能需求和管理理念、管控方向就不同。优化地下水空间开发与保护格局，划定地下水保护区、保留区、开发区以及进一步划分生态脆弱区、地质灾害易发区、地下水水源涵养区、应急水源区、集中式供水水源区等区域空间范围和管控界限，实施严格的分级分类管控，是进行地下水调控和管理的基础和前提。地下水功能区划反映国家对地下水资源合理开发利用及保护的总体战略部署。

地下水资源配置、地下水治理修复与保护是地下水宏观调控层面的主要技术。运用四层递进的地下水资源配置技术，制定维护自然循环通量、留足自然需求量、保障战略储备量、高效使用水权分配量的国家、流域和区域地下水配置方案与控制指标，形成地下水资源配置战略格局；从地下水开发利用与保护全过程与全链条，分区、分类、分层、分级地提出了地下水保护与治理修复模式、路径方案以及综合治理措施，对地下水保护、开发、修复、治理在时间上和空间上作出了总体的、战略性布局和统筹安排，整体提高地下水调控水平。

地下水整体管控包括建立健全地下水资源产权制度、地下水超采治理与保护制度、地下水饮用水水源保护区管理制度、地下水污染防治制度、地下水保护与修复生态补偿制度、水资源承载能力监测预警制度、地下水监督考核制度等系列制度和关键技术，是地下水长效管控层面的主要内容。

地下水资源调查评价、地下水取水计量及地下水动态数据基础台账建立，是进行地下水调控的基础支撑。对地下水进行动态监测、分级预警、实时调度以及滚动修正是地下水实时管理的重要内容。

第5章

地 下 水 功 能 区 划

针对地下水不合理开发产生的诸多生态环境地质及社会问题，我国已经采取了一些有效的地下水管理措施，不仅在《中华人民共和国水法》《取水许可和水资源费征收管理条例》等法律条文中对地下水资源的利用与保护作了明确规定，而且针对地下水超采区陆续颁布了一系列的指导文件与技术规范，如《关于加强地下水超采区水资源管理工作的通知》（2003 年）、《水利部关于加强地下水资源管理和保护的函》（水资源函〔2015〕67 号）、《地下水超采区评价导则》等技术文件。地下水超采区的划定对超采区的地下水保护起到了一定作用，但是这些都属于出现问题后采取的补救性管理方式，并没有从根本上遏制地下水超采现象发生。在这种背景下，管理层面、研究层面都在探究与地下水可持续利用相关的一种新型地下水管理模式，即从地下水的本质属性与主导功能出发，进行地下水功能区划分，并对每一区划单元制定管理指标。

虽然国外有关于地下水水源地保护、地下水生态功能维系等方面的研究，但是地下水功能区划分方法或划分原则方面的工作鲜见，可供参考的不多。20 世纪 90 年代末，我国开展了地表水体功能区划工作，并于 2002 年 4 月经水利部批准在全国试行。地下水与地表水在形成、转化、运移等方面有很大的不同，因此，地下水功能区划在某些方面可以借鉴地表水体功能区划的思路，但是不能完全照搬。地下水功能区划应以水循环为基础，以完整的水文地质单元为划分的基本单元，突出地下水的补给、径流和排泄特点。

我国的地下水功能区划工作始于 21 世纪初，开展这项工作的部门主要有水利部和国土资源部（现自然资源部），从事这方面的研究人员也基本上隶属这两个部门。水利部于 2005 年组织开展了全国地下水功能区划工作，水利部水利水电规划设计总院编写了《地下水功能区划技术大纲》，提出了地下水的二级功能区划体系和划分依据。全国各省（自治区、直辖市）都开展了地下水功能区划分工作。

5.1　地下水功能区划体系

5.1.1　总体思路

地下水功能区划与管控体系应在国土空间保护、国土开发强度、水土资源利用效率、生态环境质量等国家空间用途管制要求的总体框架下，基于各地区的地下水功能属性、地下水现状情况以及地下水的管控策略建立。

地下水功能区划总体思路如图5.1所示。

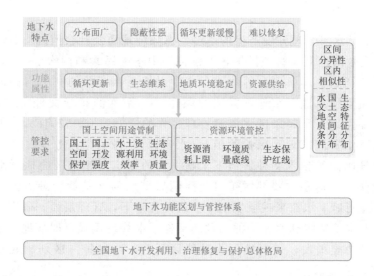

图5.1　地下水功能区划总体思路

5.1.2　三层嵌套地下水功能区划体系

为建立全国地下水开发保护总体格局，诊断分区地下水安全状况与问题，明确各分区地下水管控方向与标准，地下水功能区划体系包括"功能层""状态层""管控层"三个层次。第一层为地下水功能层，即根据地下水的主导功能将全国划分成不同的单元，同一个单元内的地下水具有同样的主导功能以及相似的其他功能作用表征与属性要求；第二层为地下水状态层，即根据地下水功能健康状态对第一层提出的地下水功能分区进行评价；第三层即地下水管控层，基于地下水状态评价成果，明确各分区地下水管控的战略方向与总体策略。

在地下水功能区划的基础上，根据各分区地下水的功能属性，基于"水流、水量、水质、水压、水位"五维功能要素，确定地下水管控指标，提出为实现地下水系统健康各分区应满足的基本阈值，建立国家地下水管控阈值体系。

地下水功能区划体系总体框架如图5.2所示。

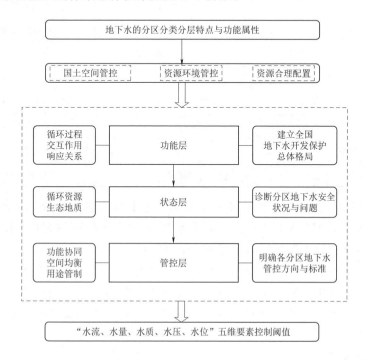

图5.2　地下水功能区划体系总体框架

5.2　地下水功能分区

地下水功能分区是地下水功能区划体系的基础，根据区域地下水自然资源属性、生态与环境属性、经济社会属性和水资源配置对地下水开发利用的需求以及生态与环境保护的目标要求，地下水功能区可按两级划分，以便于对地下水资源进行分级管理和监督。

5.2.1　地下水功能分区体系

类似于地表水一级功能区，地下水一级功能区包括保护区、开发区和保留区三类，主要协调经济社会用水和生态与环境保护的关系，体现国家对地下水资源合理开发利用和保护的总体部署。在一级功能区的框架内，根据地下水的主导功能，划分八类二级功能区，协调地区之间、用水部门之间和不同地下水功能之间的关系，见表 5.1。

表 5.1　　　　　　　　　地下水二级功能分区体系

地下水一级功能分区	地下水二级功能分区	主导功能
保护区	生态脆弱区	生态维系功能
	地质环境问题易发区	地质环境功能
	地下水水源涵养区	循环调蓄功能
开发区	集中式供水水源区	城镇集中资源供给功能
	分散式开发利用区	农村分散资源供给功能
保留区	应急水源区	应急资源供给功能
	储备区	储备资源供给功能
	不宜开采区	无明显功能属性

（1）保护区是指区域生态与环境系统对地下水水流、水量、水质、水压、水位变化和开采地下水较为敏感，地下水开采期间应始终保持地下水水位不低于其生态环境控制水位的区域。保护区可进一步划分为生态脆弱区、地质环境问题易发区、地下水水源涵养区。生态脆弱区是指有重要生态保护意义且生态系统对地下水变化十分敏感的区域。地质环境问题易发区是指地下水水位下降后，容易引起海水入侵、咸水入侵、地面塌陷、地下水污染等灾害的区域。地下水水源涵养区是指为了涵养水源和重要泉水的补给，而应限制地下水开采和人类活动的区域。

（2）开发区是指地下水补给、赋存和开采条件良好，地下水水质满足开发利用要求，适宜开发利用且在多年平均采补平衡条件下不会引发生态与环境恶化现象的区域。开发区可进一步划分为集中式供水水源区和分散式开发利用区。集中式供水水源区是指有较强的集中开发利用地下水功能的区域，一般是城市集中供水水源地。分散式开发利用区是指现状或一定时期内以分散的方式供给农村生活、农田灌溉和小型乡镇工业用水的地下水赋存区域。

（3）保留区指当前及一定时期内由于水量、水质因素和开采条件较差，开发利用难度较大或虽有一定的开发利用潜力但一定时期内不安排规模化地下水开发利用的地区。保留区可进一步划分为应急水源区、储备区和不宜开采区。不宜开采区是指由于地下水开采条件差或水质无法满足使用要求的区域。储备区是指地下水赋存和开采条件较好，当前及一定时期内人类活动很少，或当地地表水能够满足用水需求，尚无或仅有小规模地下水开采的区域。应急水源区是指地下水赋存、开采及水质条件较好，一般情况下禁止开采，仅在突发事件或特殊干旱时期应急供水的区域。

5.2.2　地下水功能分区划分方法

地下水功能分区划分应在资料收集和地下水资源状况调查的基础上，按照完整的水文地质单元，对相应的功能区以水资源二级区和地级行政区的界限进行分割，形成地下水功能分区划分的基本单元，按照以下方法进行地下水功能分区划分。

地下水功能分区一般按照先划保护区，再划开发区，最后划保留区的顺序进行。对于保护区，应先划分生态脆弱区，其次划分地质环境问题易发区，最后划分地下水水源涵养区；对于开发区，应先划分集中式供水水源区，再划分散式开发利用区；对于保留区，先划分不宜开采区，其次划分应急水源区，最后划分储备区。

地下水功能分区划分的主要依据包括地下水补给条件、含水层富水性及开采条件、地下水水质状况、生态环境系统类型及其保护的目标要求、地下水开发利用现状、区域水资源配置对地下水开发利用的需求等。目前我国对深层承压地下水的管理思路是将深层承压水作为战略储备水源，除了满足部分地区基本生活用水和一些特殊行业用水需求外，不作为日常供水水源，所以这里的地下水功能分区是针对浅层地下水而言的。

5.2.2.1　保护区划分

（1）生态脆弱区。将国际重要湿地、国家重要湿地和有重要生态保护意义的湿地、国家级和省级自然保护区的核心区和缓冲区、干旱半干旱地区天然绿洲及其边缘地区、有重要生态意义的绿洲廊道等都应划为生态脆弱区。

（2）地质环境问题易发区。对于沙质海岸或喀斯特海岸，认为距最高潮水位海岸线 20km 以内的区域是易发生海水入侵的区域，可将这部分区域划分为地质环境问题易发区。对于基岩海岸，应根据裂隙的分布状况，确定易发生海水入侵的范围。对于地下水开采易引发咸水入侵的区域，可将地下水咸水含水层分布的区域划为地质环境问题易发区。对于地下水开采、水位下降易发生地面塌陷的区域，地质环境问题易发区的范围可根据水文地质结构和塌陷范围等确定，不应仅局限于喀斯特塌陷。另外，还有一些地区土壤介质和含水层介质颗粒较粗，渗透性能较好、地下水水位埋藏较浅，地下水水质极易受到污染，这些区域也应划分为地质环境问题易发区。

（3）地下水水源涵养区。除局部有开发利用功能或易发生地质灾害地区外，山丘区原则上都应划为水源涵养区。另外，观赏性名泉或有重要生态保护意义泉水的泉域、有重要开发利用意义的泉水的补给区域和有重要生态意义的河流或河段的滨河地区都应划为地下水水源涵养区。

5.2.2.2　开发区划分

开发区应同时满足以下条件：补给条件良好，多年平均地下水可开采量模数不小于 2 万 m^3/km^2；地下水赋存及开采条件良好，单井出水量不小于 $10m^3/h$；地下水 TDS 不大于 2g/L；地下水水质能够满足相应用水户的要求；多年平均采补平衡条件下，一定规模的地下水开发利用不引起生态与环境问题；现状或一定时期内具有一定的开发利用规模。开发区可进一步划分为集中式供水水源区和分散式开发利用区。

（1）集中式供水水源区。该区地下水可开采量模数不小于 10 万 m^3/km^2；单井出水量不小于 $30m^3/h$；含有生活用水的集中式供水水源区，地下水 TDS 不大于 1g/L，地下水现状水质不低于《地下水质量标准》（GB/T 14848—2017）规定的Ⅲ类水的标准值或经治理后水质不低于Ⅲ类水的标准值，工业生产用水的集中式供水水源区，水质符合工业生产的水质要求。

（2）分散式开发利用区。开发区中除集中式供水水源区外的其余部分均可划分为分散式开发利用区。

5.2.2.3　保留区划分

（1）不宜开采区。指地下水开采条件差或水质无法满足使用要求的区域，包括多年平均地下水可开采量模数小于 2 万 m^3/km^2，或单井出水量小于 $10m^3/h$，或地下水 TDS 大于 2g/L，或地下水中有害物质超标导致使用功能丧失的区域。

（2）储备区。可将满足下列条件之一的区域划分为储备区：开发条件及水质较好，但在可预见的期间内，不需要开发的浅层地下水分布区域。

（3）应急水源区。一般将已建和规划建设应急水源地的区域划分为应急水源区。

5.3　地下水功能分区成果

5.3.1　一级功能分区划分成果

根据上述方法，划分全国浅层地下水功能区。全国浅层地下水功能区划总面积为 945 万 km^2，其中：开发区面积为 174 万 km^2，占 18.4%；保护区面积为 635 万 km^2，占 67.2%；保留区面积为 136 万 km^2，占 14.4%。

在山丘区，开发区面积占 7%，保护区面积占 89%，保留区面积占 4%；在平原区，开发区面积占 44%，保护区面积占 17%，保留区面积占 39%。

在北方地区，开发区面积占 22%，保护区面积占 60%，保留区面积占 18%；在南方地区，开发区面积占 12%，保护区面积占 80%，保留区面积占 8%。

可见，我国浅层地下水功能区划呈山丘区以保护区为主、平原区以开发区为主的显著特点，这与我国地貌类型、现状地下水资源及其开发利用情况、未来地下水资源利用与保护格局是相符的。

由于水资源条件及经济社会条件不同，我国平原区地下水一级功能区的组成呈现了明显的南北地域性差异。北方平原区由于人口稠密、地表水资源相对短缺，地下水开发利用程度高，因此，除难以利用的微咸水区、荒漠区、重要生态保护区以及地质环境问题易发区域外，其他区域基本都划分为开发利用区，其中松花江、辽河、海河、黄河、淮河五个人口稠密的水资源一级区，开发区面积均占平原区面积的60%以上。南方平原区由于地表水资源条件相对较好，对地下水资源的依赖程度较低，开发区面积只占平原区面积的1/3。

5.3.2 二级功能分区划分成果

全国共划分浅层地下水二级功能区4886个。按地貌类型分，山丘区共2655个，平原区共2231个；按区域分，北方地区共2868个，南方地区共2018个。从全国范围看，地下水水源涵养区是主要的二级功能区，占功能区总面积的52%，这与山丘区是我国的主要地貌类型有关。分散式开发利用、生态脆弱区和不宜开采区分别占全国功能区划总面积的18%、15%和11%。

一级功能区为开发区的地下水二级功能区共2107个，其中集中式供水水源区共874个，面积为8万 km^2；分散式开发利用区共1233个，面积为166万 km^2。

一级功能区为保护区的地下水二级功能区共1839个，其中生态脆弱区共447个，面积为142万 km^2；地质环境问题易发区共179个，面积为6万 km^2；地下水水源涵养区共1213个，面积为487万 km^2。

一级功能区为保留区的地下水二级功能区共940个，其中不宜开采区共524个，面积为103万 km^2；储备区共317个，面积为30万 km^2；应急水源区共99个，面积为3万 km^2。

在山丘区，地下水水源涵养面积占74%，是分布最广的二级功能区。各水资源一级区山丘区内地下水水源涵养区面积所占比例均在65%以上，其中松花江区、辽河区、西南诸河区、西北诸河区所占比例高达90%以上。

在平原区，分散式开发利用区和不宜开采区的面积分布最广，分别占平原区面积的43%和31%。主要原因是平原区是地下水开发利用的主要区域，除了城镇和工矿企业的集中式供水水源区以外，分散式开采是主要开发形式；我国平原区分布有大面积的咸水区，如海河流域中东部平原、淮河流域东部平原、西北内陆平原等，这些区域均划为不宜开采区。

全国及水资源一级区浅层地下水功能分区见表5.2。

表 5.2　全国及水资源一级区浅层地下水功能分区

水资源一级区	项目	开发区			保护区				保留区				合计
		集中式供水水源区	分散式开发利用区	小计	生态脆弱区	地质环境问题易发区	地下水水源涵养区	小计	不宜开采区	储备区	应急水源区	小计	
松花江区	数量/个	72	188	260	34	0	125	159	33	1	1	35	454
	面积/万 km²	0.61	32.07	32.68	3.43	0.00	55.00	58.44	2.01	0.00	0.01	2.02	93.14
辽河区	数量/个	73	70	143	36	12	86	134	14	1	0	15	292
	面积/万 km²	0.89	12.08	12.97	0.60	0.12	17.29	18.01	0.43	0.01	0.00	0.44	31.41
海河区	数量/个	92	134	226	15	6	74	95	86	5	5	96	417
	面积/万 km²	0.29	13.44	13.73	0.20	0.03	11.24	11.47	6.90	0.00	0.00	6.90	32.10
黄河区	数量/个	231	179	410	56	8	115	179	94	8	1	103	693
	面积/万 km²	1.08	18.09	19.17	8.73	0.06	40.30	49.09	9.73	1.31	0.07	11.10	79.50
淮河区	数量/个	115	71	186	14	40	62	116	16	27	0	43	345
	面积/万 km²	0.47	15.77	16.24	0.44	1.36	8.73	10.54	0.81	5.21	0.00	6.02	32.79
长江区	数量/个	137	229	366	142	47	337	526	134	102	46	282	1174
	面积/万 km²	1.65	24.47	26.12	18.11	1.00	117.29	136.40	5.01	8.31	1.86	15.18	177.51
东南诸河区	数量/个	6	16	22	9	16	38	63	6	19	8	33	118
	面积/万 km²	0.08	1.16	1.25	0.23	0.86	14.87	15.97	0.29	2.78	0.58	3.65	20.86
珠江区	数量/个	29	144	173	12	50	182	244	35	47	22	104	521
	面积/万 km²	1.64	12.43	14.07	0.65	2.16	35.34	38.15	0.76	4.09	0.66	5.51	57.72
西南诸河区	数量/个	19	30	49	17	0	64	81	1	59	15	75	205
	面积/万 km²	0.15	0.23	0.38	2.86	0.00	79.23	82.09	0.20	1.63	0.11	1.95	84.41
西北诸河区	数量/个	100	172	272	112	0	129	241	105	48	1	154	667
	面积/万 km²	1.06	36.06	37.12	107.04	0.00	108.00	215.04	76.41	7.13	0.00	83.55	335.72
北方地区	数量/个	683	814	1497	267	66	592	925	348	90	8	446	2868
	面积/万 km²	4.39	127.51	131.90	120.45	1.57	240.71	362.73	96.29	13.66	0.08	110.03	604.66
南方地区	数量/个	191	419	610	180	113	621	914	176	227	91	494	2018
	面积/万 km²	3.52	38.30	41.82	21.86	4.02	246.73	272.60	6.26	16.82	3.20	26.28	340.50
全国	数量/个	874	1233	2107	447	179	1213	1839	524	317	99	940	4886
	面积/万 km²	7.91	165.81	173.72	142.30	5.59	487.45	635.36	102.55	30.48	3.28	136.31	945.35

5.4　地下水功能分区开发利用现状

在全国地下水一级功能区中，开发区地下水开采量为 861 亿 m³，占全国地下水开采总量的 82%；保护区地下水开采量为 170 亿 m³，占全国地下水开采总量的 16%；保留区开采量较少，只有 26 亿 m³，占全国地下水开采总量的 2%。地下水二级功能区中，分散式开发利用区开采量占比最大，为 71%，说明我国地下水开发利用还是以农村地区分散开采井开采为主。

全国各类地下水一级功能区和二级功能区开采量比例分别如图 5.3 和图 5.4 所示。

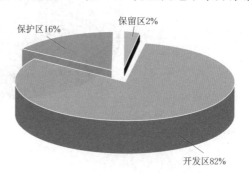

图 5.3　全国地下水一级功能区开采量所占比例

在山丘区，占山丘区面积 74% 的地下水水源涵养区地下水开采量为 121.2 亿 m³，占山丘区地下水开采量的 47%，分散式开发利用区开采量 86.6 亿 m³，占山丘区地下水开采量的 34%，集中式供水水源区开采量 30.4 亿 m³，占山丘区地下水开采量的 11%，其他几类地下水二级功能区地下水开采量占比较小。

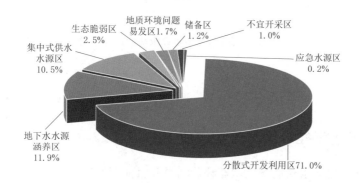

图 5.4　全国地下水二级功能区开采量所占比例

在平原区，分散式开发利用区开采量为 647.7 亿 m³，占平原区地下水开采量的 83.1%，集中式供水水源区开采量为 78.2 亿 m³，占 10.0%，其他几类地下水二级功能区地下水开采量占比较小。

平原区和山丘区各类地下水二级功能区开采量比例分别如图 5.5、图 5.6

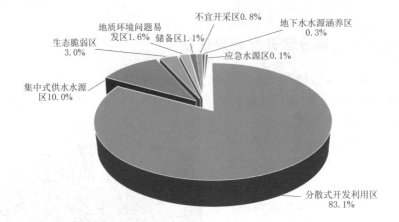

图 5.5　平原区各类地下水二级功能区开采量比例

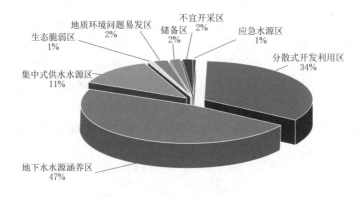

图 5.6　山丘区各类地下水二级功能区开采量比例

所示。

5.5　地下水管控分区与管控阈值

本节基于地下水功能分区状态评价结果和目前存在的问题，按照水资源配置总体要求以及环境保护的需求，研究并提出地下水管控阈值。

针对各分区地下水现状与外部系统需求，提出各分区地下水五维要素的五相特征，包括自然特征、现状状况、问题程度、功能要求和行动影响，根据各要素间的关联关系，考虑经济技术有效性，确定全国地下水分区管控阈值。全国地下水分区管控阈值确定思路方法如图 5.7 所示。

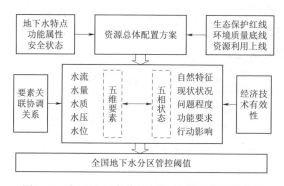

图 5.7　全国地下水分区管控阈值确定思路方法

5.5.1　主要管控指标

在地下水功能区划的基础上，针对各分区地下水功能属性，基于"水流、水量、水质、水压、水位"五维功能要素，提出地下水管控指标及基本阈值。水流要素主要根据各地区各类河流最小生态流量需求，考虑地下水对河川基流量的贡献以及地表水补给对维系地下水自然循环通量的重要性，以分区"基流留存比""地表水体补给维系比"作为水流要素管控指标；水量要素主要考虑地下水保护优先的原则，根据分区地下水主导功能定位，在地下水资源可开采量的基础上，提出分区"地下水宜开采量"作为水量要素管控指标；水位要素的指标包括"生态水位""污染防治水位"和"调蓄水位"；水压要素的指标包括"地质安全水压"和"建筑物安全水压"；水质要素指标包括"功能目标水质"和"污染通量消减"。

地下水主要管控指标见表 5.3。

表 5.3　　　　　　　　　　地下水主要管控指标

项目	要素				
	水流	水量	水质	水压	水位
指标	基流留存比 地表水体补给 维系比	地下水宜开采量	功能目标水质 污染通量消减	地质安全水压 建筑物安全水压	生态水位 污染防治水位 调蓄水位

5.5.2　管控阈值

按照各分区地下水主导功能优先发展，其他功能保障健康的要求，根据分区地下水现状及未来管控方向，针对各项管控指标，定量化提出满足各分区地下水健康的基本阈值，建立全国地下水管控阈值体系。

（1）水流要素。水流要素是地下水循环调蓄功能的控制性要素，是保障水资源良性循环，维持必要的地下水自然循环通量、地表水与地下水交互通量的表征性指标。针对不同地区、不同类型地下水功能区提出了地下水水流要素阈值。地下水水流要素阈值要求见表5.4。

表5.4　　　　　　　　　　　　地下水水流与水量要素阈值要求

分区	功能区类型	水流要素		水量要素	
		基流留存比/%	地表水水体补给维系比/%	平原区宜开采量/总补给量	山丘区宜开采量/总补给量
东北	开发区	≥50	≥50	≤0.60	≤0.30
	保护区	≥60	≥60	≤0.50	≤0.15
	保留区	≥80	≥80	≤0.10	≤0.15
华北	开发区	≥50	≥50	≤0.75	≤0.30
	保护区	≥60	≥60	≤0.55	≤0.25
	保留区	≥60	≥60	≤0.10	≤0.15
西北	开发区	≥50	≥50	≤0.40	≤0.20
	保护区	≥70	≥70	≤0.10	≤0.02
	保留区	≥80	≥80	≤0.05	≤0.10

（2）水量要素。在地下水资源可开采量的基础上，根据保护优先的原则，提出地下水宜开采量。

研究提出全国地下水宜开采量为1184亿 m^3，其中平原区为868亿 m^3，山丘区为316亿 m^3。地下水水流与水量要素阈值要求见表5.4。

（3）水位-水压要素。根据分区地下水水位与水压要素要求，合理确定分区地下水最大埋深和最小埋深要求，见表5.5。

表5.5　　　　　　　　　　　　地下水水位-水压要素阈值要求

指标	要　求
最小埋深要求	• 不小于污染团最大埋深＋污染团中污染物最大渗透深度＋土壤毛细水上升高度，预防包气带污染团的浸润次生污染； • 不小于超过积盐临界深度，预防土壤次生盐碱化及地下水咸化； • 保障地下水调蓄能力； • 满足建筑物稳定需求
最大埋深要求	• 满足维系河道基流、泉水排泄量、湖泊湿地补给的需求； • 维持干旱地区植被生长（地下水埋深不大于根系埋深＋土壤毛细水上升高度）； • 不大于引发地面沉降、海水入侵、地面塌陷等环境地质灾害的临界深度； • 维持单位涌水量不下降的区域（一般埋深不应大于含水层厚度的1/3）

（4）水质要素。不同的功能区对地下水的水质需求和敏感性不同，水质标准有较大差异，而且考虑水质保护和修复的现实可行性，也应兼顾地下水水质的特

点，合理确定合理的水质保护要求。水质保护的标准原则上不低于现状，例如，水质现状为Ⅰ类、Ⅱ类的应以Ⅰ类、Ⅱ类标准进行保护。

不同类型区地下水水质保护要求见表5.6。

表 5.6　　　　　　　　　　不同类型区地下水水质保护要求

功能区类型	水质标准	附 加 条 件
集中式供水水源区	Ⅲ类	天然水质劣者需要更换水源或深度处理
分散式开发利用区	Ⅲ类-灌溉用水标准	水质不适宜饮用的地区按灌溉用水保护
水源涵养区	Ⅲ类	天然劣质影响因子除外，禁止人为污染
生态脆弱区	Ⅲ～Ⅴ类	以不发生地下水污染为基准
地质环境问题易发区	Ⅲ～Ⅴ类	以不发生地下水污染为基准
不宜开采区	Ⅲ～Ⅴ类	以不发生地下水污染为基准
应急水源区	Ⅲ类	天然水质劣者需要更换水源或深度处理
储备区	Ⅲ类	以不发生地下水污染为基准，天然水劣质者除外

第6章

地 下 水 资 源 配 置

水资源配置的概念最初来源于河道外经济社会用水的供水规划中对水资源在空间和时间上的安排和调配。传统水资源配置是指在流域或特定的区域范围内，遵循一定的原则和准则，通过各种工程与非工程措施，对需水和供水措施进行规划，对多种可利用的水源在区域间和各用水行业间进行调配，以期达到水资源供需平衡的目的。随着对水资源开发利用和调配问题的重新思考和研究，对水资源配置理论的研究不断发展、实践不断深入。根据国内外关于水资源配置的理论研究和实践经验，水资源配置理论与技术的发展大致历经了基于自然承载能力以需定供的水资源配置、基于多目标和多约束条件的水资源配置、基于二元水循环理论的水资源配置等阶段。地下水的配置通常是与地表水、再生水等其他水源一起纳入水资源总体配置框架进行研究，从人工地下水取用量的角度研究，将地下水作为重要的自变量影响水资源整体配置，并将地下水作为重要约束倒逼其他配置要素和分量，最终形成了水资源整体配置格局。从已有的地下水配置研究和实践来看，目前有关地下水配置的研究大多集中在分析地下水生态水位、地下水可开采量、地下水控制水位等指标上，未能将地下水配置过程贯穿地下水的补、径、排的过程及水循环全过程，也未能反映地下水与水循环过程、水文地质过程、生态水文过程、环境地质过程的交互作用与效应，未能同时嵌入地下水的水流、水量、水质、水压、水位等要素，不能反映地下水资源配置过程中水循环、地下水和生态的演变过程。水资源配置是对水循环转化时空分布格局的重新调整，进而影响水循环过程和路径，地表水资源、地下水资源赋存形式及其数量、质量也将发生变化，自然生态环境相应地也将发生演变。因此，应按照国家建设生态文明的要求，拓展地下水配置内涵，丰富地下水配置模型技术。

6.1 配置思路

地下水与水循环过程、陆面过程、生态水文过程、水文地质过程存在强烈的交互作用，地下水的"水流、水量、水质、水压、水位"五维功能要素贯穿于系统之间的交互过程。气候变化、下垫面条件改变、水资源开发利用、地下工程建设等自然和人为因素影响使得地下水与外界系统之间交互作用更为复杂。地下水资源配置涉及经济社会、生态环境、地下水本身等诸多复杂系统，需要综合考虑各方面的因素，使得各方面因素都尽可能得到发展。为此，基于大系统分解协调理论，按照有序、有度、有备、有效的地下水调控准则要求，可按照"维系良性循环–平衡人与自然需求–平衡常态与非常态需求–优化用途与管制"四层递进的地下水配置思路，上一层配置是下一层配置的基础，通过层层递进，实现地下水在人与自然之间、常态与非常态需求之间、地下水行业间的优化配置。

6.1.1 维系良性循环

水循环是水资源形成、转化、运移以及演变的基础。地下水是自然水循环的重要环节之一，是自然水循环各环节之间相互联系的重要纽带。良性的水循环是实现地下水资源可持续利用的前提，地下水配置应以维护良性循环为基础。近年来，随着气候变化、下垫面变化以及人类活动干扰影响日趋加剧，地下水补排结构发生了较大变异，良性的水循环遭受破坏，进而改变了地下水形成、转化、运移过程以及数量、质量的时空分布。因此，在水循环整体系统中，考虑地下水与水循环过程、水文地质过程、生态水文过程、环境地质过程的交互作用，通过对水循环要素进行合理配置，维护好自然补给量、潜水蒸发量、地表水体排泄量等地下水自然循环通量，促进地下水系统良性循环。

6.1.2 平衡人与自然需求

自然资源利用是人与自然物质交换的重要环节，也是人类干预自然和改造自然的过程。自然资源的合理配置就是对自然资源进行合理开发利用的具体体现。地下水既体现了水资源特性，又体现了生态环境特性。地下水作为自然界的重要环境敏感因子之一，地下水的改变往往会打破原有的环境平衡状态，使环境发生变化。为保障生态环境安全和满足经济社会发展需求，有限的地下水资源要在自然生态环境和人类之间进行合理配置，必须寻求合理的地下水利用方式。因此，在维系良性水循环，维护自然水循环通量的基础上，合理平衡人与自然对地下水的需求，优先满足自然需求，为生态系统和环境地质稳定保留足量的地下水量，其余为人类可利用的地下水量。通过平衡人与自然对地下水的需求，实现地下水在人与自然之间的最佳分配，保障与地下水有关的生态环境健康和安全，充分体现地下水的资源特性和生态环境特性，发挥地下水资源经济效益、社会效益和生态效益。

6.1.3　平衡常态与非常态需求

我国特殊的地理、气候条件决定了干旱灾害将长期存在，进而影响经济社会可持续发展。同时随着经济社会的快速发展，化肥、农药等过度使用、工厂污水不达标排放，地表水水质面临不断恶化的风险，遭遇重大水污染事件的概率增大。相较于地表水而言，地下水分布广泛、水质水量相对稳定、便于开采且不易受人为污染影响，具有较大的调蓄空间和多年调节功能，具备较强应对严重干旱灾害和突发地表水污染威胁的能力。因此，要根据区域水文地质条件、水资源条件、经济社会发展情况以及区域水资源战略储备体系建设安排，平衡人类对地下水的常态需求（即满足未来经济社会对地下水的日常需求）和非常态需求（即具有应对极端气候变化和重大地表水污染等突发事件的能力），合理确定区域地下水战略储备量，涵养和保护地下水资源，加强地下水战略储备和应急管理，以有效应对极端气候事件、重大自然灾害以及突发地表水污染事件的威胁，保障饮水安全，维护社会安全稳定。

6.1.4　优化地下水用途与管制

地下水分布广、可靠性高、易于开发、投资少、成效快，是人类发展的重要日常供水水源，在支撑经济社会发展方面具有十分重要的作用。统筹经济社会各个环节和各方面的关系，综合平衡不同行业间用水关系；统筹流域内不同区域之间、不同用水行业之间的需求与流域可分配的水量进行配置，宜地表水则地表水、宜地下水则地下水；确定合理地表水与地下水供水结构与配置方式，严格控制日常开发总量和开发强度，将可供人类日常利用的地下水在不同行业之间进行合理分配；优质的地下水优先作为城乡生活用水，人工生态环境用水使用地下水供水的应尽快改为地表水或非常规水源供水，合理为农业生产、工业生产安排地下水。在确定分行业地下水配置量的基础上，要进一步分到用水户，保障用户地下水使用权。通过地下水在不同行业之间的优化配置，实现地下水优水优用，提高地下水利用的水平和效益，保障经济社会用水安全，促进区域经济社会可持续发展。

"四层递进"的地下水配置思路如图 6.1 所示。

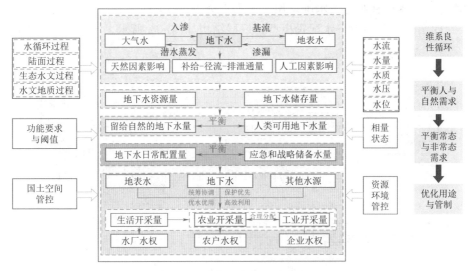

图 6.1 "四层递进"的地下水配置思路

6.2 配置方法

地下水配置最终通过构建和求解配置模型实现。根据地下水配置总体思路和要求,按照水循环过程健康,地下水与水循环过程、陆面过程、生态水文过程、水文地质过程全链条交互与作用,"水流、水量、水质、水压、水位"五维要素有序,以及循环调蓄、资源供给、生态维持、环境地质功能协同的调控要求,以地下水动态模拟为基础,综合集成地下水模型、河湖水文模型、陆面生态模型以及多目标优化模型、单目标优化模型等,力争建立一个整体的模型框架,将配置的各种要素通过内生变量和协变量进行连接,通过计算结果传递来描述地下水五维功能要素、地下水与水循环过程、陆面过程、生态水文过程、水文地质过程全链条交互作用,通过层层递进、逐步细化的模拟和优化方法以及数据聚合和分解技术,构建了"维系良性循环-平衡人与自然需求-平衡常态与非常态需求-优化用途管制"的四层递进地下水配置模型。

6.2.1 第一层配置模型

第一层地下水优化配置是为了维系良性水循环,维护好循环通量,其优化配置方法是:构建贯穿四个交互过程、嵌入五维功能要素的地下水模型、河流水文模型、陆面生态模型和多目标优化模型的综合集成配置模型,以"水流、水量、水质、水压、水位"五维要素的本底值与阈值为约束,以基流留存比和地表水体补给地下水维系比为优化目标，通过模拟和优化，合理确定良性循环下的基流留存比、地表水体补给地下水维系比、地下水资源量等。

"四层递进"的地下水配置模型第一层结构如图 6.2 所示。

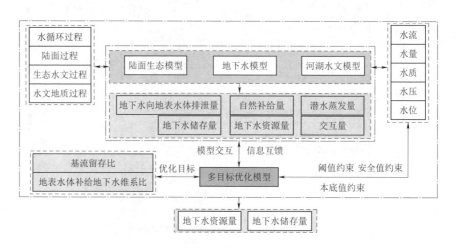

图 6.2　"四层递进"的地下水配置模型第一层结构

6.2.2　第二层配置模型

第一层配置合理确定了地下水资源量、地下水储存量，为地下水资源量在人与自然之间合理配置提供了基础。第二层地下水配置方法是：构建地下水模型与优化模型的动态耦合模型，地下水数值模型和多目标优化模型通过信息进行双向、交互式传递，两个模型之间实现动态耦合；基于建立的模型，以资源、环境状况等为约束条件，按照优先留足自然需求量的要求，以满足各分区地下水循环调蓄功能、生态维系功能、环境地质功能健康的要素要求为目标，通过模拟与优化，确定留给自然的地下水量（$Q_{自然}$）和人类可用地下水量（$Q_{人}$）之间的最优比例。

主要约束条件如下。

（1）水量平衡约束：$Q_{自然} + Q_{人} = Q_{资源}$。

（2）水位、水压等要素满足分区管控的阈值要求，水位、水压通过地下水模型计算得到；环境状况、资源状况约束。

（3）对于人类需求来说，地下水供水需具有一定的持续供水能力才有意义，地下水开采条件也是重要约束。

（4）非负约束。

"四层递进"的地下水配置模型第二层结构如图 6.3 所示。

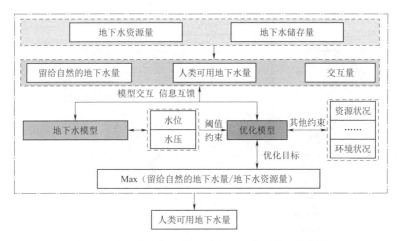

图 6.3 "四层递进"的地下水配置模型第二层结构

6.2.3 第三层和第四层配置模型

第二层配置确定的人类可用水量是进行第三层配置的基础，第三层地下水配置方法是：①根据区域水资源战略储备体系建设总体安排和分区功能属性，依据地下水功能区划成果，将地下水应急水源区和储备划分为地下水战略储备区，战略储备区内的人类可用水量作为地下水战略储备量；②根据区域资源配置方案，在开发区内保留一定比例的人类可用水量作为地下水战略储备量；③在明确地下水战略储备量的基础上，合理确定地下水日常配置量。通过合理平衡人类对地下水的常态需求和非常态需求，维持其地下水补给通量，保障战略储备水量。

第三层地下水配置确定的地下水日常配置量是第四层配置的基础。第四层地下水配置方法是：①构建多目标优化模型和地下水模型的集成模型，多目标优化模型将地下水配置量等输入地下水模型，地下水模型输出水位、水压等作为多目标优化模型的输入条件，多目标优化模型和地下水模型通过内在信息进行交互与反馈；②基于建立的多目标优化模型和地下水模型集成模型，根据经济社会用水需求，以区域水资源可利用量、地下水水位、水压、供水能力等约束条件，以缺水率最小、供水效益最大等为优化目标，按照统筹协调、保护优先、优水优用、高效利用的配置原则，严格控制地下水开发总量和强度，对地下水、地表水、其他水源进行统一配置，模拟优化确定地下水分行业配置量。为落实地下水配置控制指标，同时也为维护用水户权益，进一步将确定的地下水分行业配置开采量分配到用水户，明确地下水用户使用权，为确权登记和地下水用途管制提供基础。

"四层递进"的地下水配置模型第三、第四层结构如图 6.4 所示。

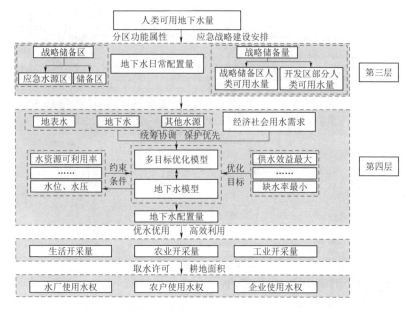

图 6.4 "四层递进"的地下水配置模型第三、第四层结构

6.3 配置原则

地下水配置具有多层次、多目标、多阶段特点，与水循环、生态环境、经济社会等系统密切相关，涉及国家、流域、区域多个层次、多个部门、多个领域、多个学科。为了科学合理的配置地下水资源，应遵循以下原则。

（1）统筹协调、合理开发。统筹考虑不同用水户（生产、生活、生态）和不同水源（地表、地下、其他水源等）之间、需求与供给之间的关系，对地表水与地下水进行合理配置与联合调度，优先利用地表水，充分利用其他水源（拦蓄雨水、污水处理回用、海咸水利用等），统筹考虑地下水开发利用现状、存在问题和未来一定时期内经济社会发展对地下水的需求，严格控制地下水开发总量和强度。

（2）保护优先、优水优用。地下水系统对外界破坏活动的响应具有一定滞后性，遭到破坏后治理修复难度大，甚至无法修复，地下水应以保护为主。对有开采潜力的区域，结合当地水资源供需态势，在维持地下水补排平衡的前提下进行地下水资源开发利用，充分发挥地下水资源的经济社会效益。地下水在形成过程中，受含水层介质的过滤作用，水质优良，同时地下水具有就地开采的特点，将水质良好的地下水优先安排用于城乡居民饮水，保障居民饮水安全，并兼顾工业、农业和生态环境用水，做到优质优用，提高供水效益。

（3）常备结合、留有余地。由于地下水系统含水介质巨大空间的存在，通过源汇的变化，即输入的激发或输出的变化可使系统内物质（水、岩石颗粒）的体积、密度因响应而产生一定的变化，对所储存的地下水起到调节作用，例如，降水多的年份，地下水补给量大于排泄量，水位抬升；而到枯水季节和枯水年份，地下水排泄量大于补给量，地下水水位下降并腾出更多的储水空间。地下水系统这种调节能力在供水安全保障和应对极端气候以及突发水污染事件中具有重要的价值。在进行地下水配置过程中，要在保障人类日常供水需求的基础上，将部分地下水作为应急和战略储备水源。

6.4 全国地下水配置方案

基于"四层递进"的地下水配置模型，以 1956—2016 年的全国范围、长系列地下水相关动态数据台账、水文数据库、水资源及其开发利用数据库、水文地质数据库等海量数据为支撑，遵循统筹协调、合理开发、保护优先、优水优用、常备结合、留有余地等配置原则，在进行大量长系列、多目标、多要素、多情景、多方案地下水综合平衡分析的基础上，提出了维护自然循环通量、留足自然需求量、保障战略储备量、高效利用水权分配量的地下水配置方案和控制指标。

6.4.1 维护自然循环通量

为促进地下水循环良性发展，维护循环通量，到 2030 年，在满足各分区基流留存比管控阈值的基础上，全国山丘区基流留存比（留存基流量与 1956—2000 年系列基流量的比值）总体上达到 97.5%，其中，东北地区山丘区基流留存比达到 91.1%，华北地区山丘区达到 62.5%，西北地区山丘区达到 93.9%，南方地区山丘区达到 98.6%；全国平原区基流（河道排泄量）留存比达到 78.2%，其中，东北地区平原区基流留存比达到 57.1%，华北地区平原区达到 50.8%，西北地区平原区达到 78.3%，南方地区平原区达到 93.4%。

2030 年维护自然通量的地下水配置方案见表 6.1。

表 6.1　　　　　　　2030 年维护自然通量的地下水配置方案　　　　　　　　%

分区	基流留存比阈值	基流留存比 2030 年控制指标	
		山丘区	平原区
全国	≥65	97.5	78.2
东北地区	≥50	91.1	57.1
华北地区	≥50	62.5	50.8
西北地区	≥50	93.9	78.3
南方地区	≥80	98.6	93.4

到 2030 年，在维护良性循环的前提下，全国地下水总补给通量为 8587.0 亿 m³，其中，山丘区地下水总补给通量为 6676.0 亿 m³，占全国的 78%；平原区地下水总补给通量为 1911.0 亿 m³，占全国的 22%。按区域分，东北地区地下水总补给通量为 737.8 亿 m³，其中山丘区占 48%，平原区占 52%；华北地区地下水总补给通量为 726.7 亿 m³，其中山丘区占 41%，平原区占 59%；西北地区地下水总补给通量为 1426.4 亿 m³，其中山丘区占 57%，平原区占 43%；南方地区地下水总补给通量为 5696.1 亿 m³，其中山丘区占 91%，平原区占 9%。

2030 年地下水总补给通量见表 6.2。2030 年平原山丘地下水补给通量所占比例如图 6.5 所示。

表 6.2　2030 年地下水总补给通量　单位：亿 m³

分　区	山丘区	平原区	小计
全国	6676.0	1911.0	8587.0
东北地区	355.0	382.8	737.8
华北地区	297.8	428.9	726.7
西北地区	818.6	607.8	1426.4
南方地区	5204.6	491.5	5696.1

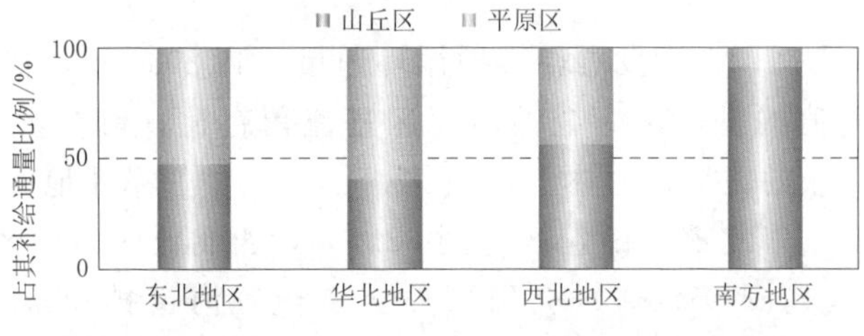

图 6.5　2030 年平原山丘地下水补给通量所占比例

6.4.2　留足自然需求量

通过综合平衡人与自然对地下水的需求，到 2030 年，在全国地下水总补给通量 8587 亿 m³ 中，配置留给自然的地下水量为 7426.7 亿 m³，占全国地下水总补给通量的 86%，其中，平原区配置留给自然的地下水量为 1101.1 亿 m³，占平原区地下水总补给通量的 58%；山丘区配置留给自然的地下水量为 6325.6 亿 m³，占山丘区地下水总补给通量的 95%。到 2030 年，全国配置人类可用地下水量为 1160 亿 m³，占全国地下水总补给通量的 14%，其中，平原区人类可用地下水量为 810 亿 m³，占平原区地下水总补给通量的 42%；山丘区人类可用地下水量为 350 亿 m³，占山丘区地下水总补给通量的 5%。

东北地区水资源丰富，人类对地下水的需求相对适中，到 2030 年，在 738 亿 m³ 的地下水总补给量中，配置留给自然的地下水量为 478.5 亿 m³，占其地下水总补给量的 65%，其中，山丘区配置留给自然的地下水量为 311.4 亿 m³，平原区配置留给自然的地下水量为 167.1 亿 m³。到 2030 年，东北地区配置人类可用地下水量为 259.3 亿 m³，占其地下水总补给量的 35%，其中，山丘区配置人类可用地下水量为 43.6 亿 m³，占其山丘区地下水总补给量的 12%；平原地区配置人类可用地下水量为 215.7 亿 m³，占其平原区地下水总补给量的 56%。

华北地区地表水资源短缺严重，但其地下水赋存、开采条件好，人类经济社会对地下水资源的需求程度高，综合平衡自然和人类需求，到 2030 年，在 727 亿 m³ 的地下水总补给量中，配置留给自然的地下水量为 351.3 亿 m³，占其总补给量的 48%，逐步修复超采严重的地下水环境，其中平原区留给自然的地下水量为 146.5 亿 m³，山丘区留给自然的地下水量为 204.8 亿 m³；配置人类可用地下水量为 375.4 亿 m³，占其总补给量的 52%，其中，平原区配置人类可用地下水量为 282 亿 m³，同时为保障山丘区供水安全，山丘区配置人类可用地下水量为 93 亿 m³。

西北地区水资源短缺，水资源开发利用程度较高，生态环境脆弱，土地沙化严重，天然植被及湿地萎缩退化明显，地下水在维护生态环境稳定和安全方面具有突出作用，在保障人类经济社会需求的同时，尽可能地将地下水留给自然。到 2030 年，在 1426.4 亿 m³ 的地下水总补给量中，配置 85% 的地下水量留给自然，其中山丘区留给自然的地下水量为 799.8 亿 m³，平原区留给自然的地下水量为 417.3 亿 m³。到 2030 年，在 1427 亿 m³ 的地下水总补给量中，配置人类可用地下水量占地下水总补给量的 15%，西北地区山丘区的人类经济活动强度相对较弱，对地下水需求相对较低，配置人类可用地下水量为 18.8 亿 m³，占其山丘区地下水总补给量的 2%，主要分布在甘肃、陕西、内蒙古等省（自治区）山丘区；西北地区人类经济社会活动基本上都处在各内陆闭合盆地平原区、陕西省关中盆地平原区及河套平原，平原区配置人类可用地下水量为 190.5 亿 m³，占其平原区地下水总补给量的 31%。

南方地区地下水赋存、开采条件总体上比北方地区差，地表水资源丰富，人类经济社会发展对地下水的需求较低，到 2030 年，南方地区在 5696.1 亿 m³ 的地下水总补给量中，南方地区配置留给自然的地下水量为 5379.8 亿 m³，占其地下水总补给量的 94%，其中，平原区配置留给自然的地下水量为 370.2 亿 m³，山丘区配置留给自然的地下水量为 5009.6 亿 m³；南方地区配置人类可用地下水量为 316.3 亿 m³，仅占其地下水总补给量的 6%，其中，平原区配置人类可用地下水量为 121.3 亿 m³，山丘区配置人类可用地下水量为 195 亿 m³。

2030 年自然与人类配置地下水方案见表 6.3。2030 年自然与人类配置地下水量示意图如图 6.6 所示。

表 6.3			2030 年自然与人类配置地下水方案						单位：亿 m³
分区	总补给量			留给自然的地下水量			人类可用地下水量		
	山丘区	平原区	小计	山丘区	平原区	小计	山丘区	平原区	小计
全国	6676.0	1911.0	8587.0	6325.6	1101.1	7426.7	350.4	809.9	1160.3
东北地区	355.0	382.8	737.8	311.4	167.1	478.5	43.6	215.7	259.3
华北地区	297.8	428.9	726.7	204.8	146.5	351.3	93.0	282.4	375.4
西北地区	818.6	607.8	1426.4	799.8	417.3	1217.1	18.8	190.5	209.3
南方地区	5204.6	491.5	5696.1	5009.6	370.2	5379.8	195.0	121.3	316.3

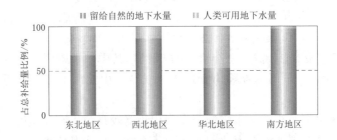

图 6.6　2030 年自然与人类配置地下水量示意图

6.4.3　保障战略储备量

为加强地下水战略储备，遵循常备结合、留有余地的原则，根据区域水资源战略储备体系建设安排等，合理平衡人类对地下水的常态和非常态需求，根据分区功能属性，划分一部分地区作为地下水战略储备区，应急水源区和储备区面积为 34 万 km²，在开发区内留存约 15% 补给通量作为年度战略储备水量。到 2030 年，在以上设置地下水战略储备水源的地下水开发区以及应急水源区和储备区内，全国配置其年平均补给通量为 204.9 亿 m³，占地下水总补给通量的 2%，其中平原区配置年平均补给通量为 125.1 亿 m³。按分区，东北地区保留战略储备地下水量为 19.9 亿 m³，其中平原区配置战略储备地下水量为 12.9 亿 m³，山丘区配置战略储备地下水量为 7.0 亿 m³；华北地区保留战略储备地下水量为 33.1 亿 m³，其中平原区配置战略储备地下水量为 29.5 亿 m³，山丘区配置战略储备地下水量为 3.6 亿 m³；西北地区保留战略储备地下水量为 24.6 亿 m³，其中平原区配置战略储备地下水量为 24.0 亿 m³，山丘区配置战略储备地下水量为 0.6 亿 m³；南方地区保留战略储备地下水量为 128.2 亿 m³，其中平原区配置战略储备地下水量为 59.6 亿 m³，山丘区配置战略储备地下水量为 68.6 亿 m³。2030 年战略储备地下水配置方案见表 6.4。

表 6.4				2030 年战略储备地下水配置方案				单位：亿 m³	
分区	人类可用地下水量			战略储备地下水量			地下水日常配置量		
	山丘区	平原区	小计	山丘区	平原区	小计	山丘区	平原区	小计
全国	350.4	809.9	1160.3	79.8	125.1	204.9	270.6	684.8	955.4
东北地区	43.6	215.7	259.3	7.0	12.9	19.9	36.7	203.7	240.4
华北地区	93.0	282.4	375.4	3.6	29.5	33.1	89.4	252.9	342.3
西北地区	18.8	190.5	209.3	0.6	24.0	24.6	18.2	166.5	184.7
南方地区	195.0	121.3	316.3	68.6	59.6	128.2	126.4	61.7	188.1

第7章

地下水治理修复与保护

　　基于地下水多维协同调控理论的基准层、状态层、管控层"三层"嵌套地下水功能与管控区划体系以及四层递进地下水配置模型，本书已经提出了当前以及未来一段时期我国地下水开发利用的合理控制指标，明确了我国实施地下水精准化及网格化管理的方向，形成了全过程、全覆盖、全方位、全要素的地下水管控图景。其中，尤其是针对已经产生地下水问题的地区，因地制宜地采取地下水管控手段，开展地下水治理修复是不可缺少的一环。

　　近几十年来，地下水的持续高强度开发利用造成我国地下水相关问题日益突出，开展综合治理迫在眉睫。由于历史欠账多，治理任务重，采取单一的地下水管控和修复技术无法解决地下水长期累积的问题。因此，本书从地下水开发利用与保护不当引起的地下水动力场、径流场、化学场、应力场以及水流、水量、水质、水压和水位中一个或多个功能要素的变异入手，分析评判变异对地下水功能状态的影响，划分地下水循环健康状态、生态维持状态、环境地质状态和资源供给状态为临界或不安全的地区，即临近或突破了地下水五维功能要素阈值的单元，作为地下水修复治理的重点区域。在水流或水量要素发生变异的地区，可初步判断存在地下水超采问题；在地下水水压要素发生失衡的地区，可以考虑是否发生了地面沉降灾害；在水质、水位要素发生变异的沿海地区，发生海水入侵的风险极高；水质要素的变异，尤其是受人为影响较大的水质指标的恶化，可以直接指征地下水污染的发生。此外，由于地下水的任意功能要素在补给、径流、排泄交互过程中的任何环节都可能发生损害，因此需要从要素修复、系统治理的角度，提出不同问题区的全过程全链条的地下水治理修复思路与框架，重塑地下水营运场，修复地下水环境，实现地下水良性循环。同时，根据地下水功能定位要求、要素管控阈值、配置控制指标等，针对地下水敏感、脆弱的地下水超采区、地面沉降区、海水入侵区、地下水污染区等重点区域，制定分类分区的治理修复保护模式及行动路线与方案。

需要注意的是，本书提出的地下水治理修复与保护技术，并不是针对某个水源地等局部地区的保护，也并不仅仅是对地下水水质的修复，而是在深入研究各类微观治理技术与实际管理需求的基础上，研究解决区域性、较大尺度背景下，地下水水流、水量、水质、水压、水位全要素的系统性治理修复策略，提出能够持续性、根本性解决问题的措施与政策，目的是帮助和指导决策与管理者在实践活动中形成有针对性、操作性的高效地下水治理修复模式。

综上，提出基于功能安全导向、要素修复的地下水治理修复保护总体思路如下：

（1）通过对地下水高强度开发引发的一系列地下水相关问题进行全方位解析、功能诊断和要素辨析，将问题解构为地下水水流、水量、水质、水压、水位中一个或多个要素发生了变异或损害，并基于损害发生机制的关键环节，结合地下水参与的水循环过程、陆面过程、生态水文过程和水文地质过程中各环节的交互与响应特征，进行系统诊断和成因分析。

（2）划定地下水重点问题区范围，包括地下水超采区、地面沉降区、海水入侵区、地下水污染区。根据问题的核心评价技术指标，按照问题的发展程度、危害程度等，划定优先治理防控区域，明确实施治理或防控措施。

（3）从要素修复的角度，在地下水重点问题区，通过保障供给、需求管控、重点修复等措施实施治理修复与防控：在地下水超采区，主要针对水流和水量要素进行治理修复；在地面沉降区，主要针对水压要素进行管控；在海水入侵区，主要针对水位要素进行管控及治理修复；在地下水污染区，主要针对水质要素进行修复。

（4）以地下水资源配置控制指标为治理修复目标，作为衡量各项治理修复措施及其组合的有效性、可行性的标准，并可作为制定分阶段目标的依据。

（5）基于地下水治理修复的总体与分阶段目标，采用宏观调控手段与微观治理技术相结合的方式，形成因地制宜的治理修复模式。

地下水治理修复与保护总体思路如图 7.1 所示。

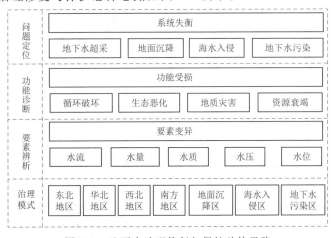

图 7.1　地下水治理修复与保护总体思路

下面将针对存在地下水超采、地面沉降、海水入侵、地下水污染等问题的地区，提出地下水治理修复的思路、模式与技术。

7.1　地下水超采治理修复

7.1.1　总体理念

地下水系统失衡的重要体现之一是地下水超采，其表现为地下水超采突破某一临界值会进一步引发较严重的生态环境地质问题。虽然地下水系统失衡也可能由天然因素导致，但从修复治理的角度来说，本书主要针对人工干扰下的地下水系统失衡问题进行研究。

随着经济社会快速发展，人类活动（包括灌溉、水利工程、河道整治、城镇建设、土地利用、水土保持、矿山开发等）对自然环境的影响越来越大。人类活动不同程度地改变了下垫面条件、流域水资源格局以及天然地下水文过程。综上，人类活动是导致地下水系统失衡的诱因，且是在一系列机理机制的支配下发生的，要解决问题，就必须明确问题产生及地下水相应的响应机制，才能有的放矢。而这一系列动态演变机制均是在地下水循环运动中发生的。

地下水是水循环的重要环节。地下水的形成、迁移与转化，以及四大功能的正常发挥，与其他系统的交互作用，都是在地下水参与水循环的过程中完成的。通过超采问题诊断与成因分析可知，地下水超采表面上是地下水采大于补，开采量大于可开采量，只是人工排泄的环节出了问题，实质是地下水循环过程中各个环节，包括补给、径流、排泄等综合作用的结果。尤其是在地下水超采治理修复时，补给、迁移、排泄环节的合理治理与修复，往往决定了治理的可持续性。因此，建立起循环过程治理修复的理念非常必要。

地下水补给环节包括降水入渗补给，河流、湖库、湿地等地表水体补给以及灌溉等人工补给。对补给环节进行保护与修复，可以增加地下水入渗补给量，促进地下水涵养。地下水补给环节的修复治理可以结合海绵城市建设，加强下垫面透水改造，减少硬化路面面积，增加降水入渗补给量；通过建设河湖库渠蓄水工程，存蓄外调水和雨洪资源，增加外调水和当地雨洪资源利用量，对现有河湖库渠进行清淤疏浚、扩容整治，恢复其调蓄能力，以及适当建设蓄水坑塘等调蓄工程，构建布局合理、蓄泄兼备、引排得当、丰枯调剂、循环通畅的水网体系，确保外调水、过境水和雨洪水的充分利用，均可有效地增加地下水补给量。此外，在适宜地区还可适时进行人工回灌。

地下水在迁移运动过程中，非常重要的过程就是与地表水的交互作用。天然状态下，在山丘区，地下水向地表水转化形成了基流，在平原区，地表水向地下水转化形成了地下水资源，以上过程的健康稳定对河流生态系统健康，生物多样性意义重大。在山丘区，生态基流修复主要是控制人工开采对基流的袭夺量。在平原区，上游山区水利工程建设造成河流水文情势改变，一些地区地表水与地下水交互特征发生了逆转，地表水断流，根本无法补给地下水，因此需要通过水利工程生态调度进行修复治理。

地下水的排泄环节主要包括潜水蒸发、人工开采等。对于某一具体地区，地下水补给量是相对稳定的，地下水的采补失衡主要是由于不合理的地下水排泄造成的。在地下水排泄量中，人工开采是唯一可以进行干预的分量，减少地下水人工开采也是最有效、最直接的修复手段。控制人工排泄，一是靠直接减少地下水开采量，转而采用其他水源代替的方法，替代水源包括外调水、当地地表水等常规水源以及再生水等非常规水源；二是节水，包括工业城镇生活中利用节水技术或器具减少用水量，农业灌溉通过高效节水改造减少用水量，直接降低对地下水的需求。此外，在部分地区，考虑水热条件及农业种植格局，可以通过蒸腾蒸发管理，从排泄环节考虑减少地下水的消耗，包括实行退耕、轮耕、休耕以及调整产业和种植结构等措施，减少蒸腾蒸发排泄，充分利用当地雨热自然资源，种植高产量、低耗水的农作物。

地下水系统的失衡不是单一因素造成的，而且在形成、迁移、转化任何一个环节中的任何一个要素都可能发生损害。因此，考虑地下水的禀赋特征，通过对动力场、径流场、化学场、应力场中地下水与大气系统、地表水系统、生态环境系统、地质系统、经济社会系统的交互特征以及对驱动的响应特征分析，从增源-减荷-降耗的角度，研究提出地下水综合治理修复模式："保、控、节、退、替、管"。

地下水超采治理修复总体思路如图 7.2 所示。

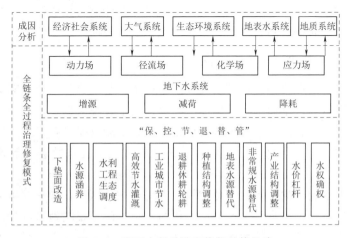

图 7.2　地下水超采治理修复总体思路

7.1.2　治理模式

7.1.2.1　地下水超采问题诊断

超采问题的诊断是制定超采治理方案的发端。对于制订地下水超采治理方案来说，首先要对超采问题的发生原因进行诊断，只有发现问题，才能研究问题，最终提出问题解决方案。因此，超采问题诊断是制定超采治理方案的首要任务。各地由于经济社会发展水平、水资源条件等不同，引发超采的原因也不尽相同，超采的原因大致可分为以下几种情况：

（1）当地地表水资源短缺，为支撑经济社会发展，不得不长期过量开采地下水。

（2）受水利工程条件、水质问题以及水价等经济因素的影响，再加上地下水水质优良、易于开采、开采成本相对低等，存在地表水资源（包括外调水）利用不足，而地下水过量开采的问题。

（3）一些地下水超采区还存在水资源浪费现象，水资源利用效率有待提高，还具有较大的节水潜力和空间。

（4）对地下水认识不足、地下水监控能力薄弱，地下水开发长期处于无序状态，地下水处于长期超采状况。

对于一个具体地区来说，引发地下水超采的原因可能是多种情况并存的。因此，针对一个地区的超采问题，应通过详细调查和评价，弄清超采区所在地区的经济社会状况、水资源条件以及地下水变化动态、地下水超采状况等，深入分析超采区内的经济结构、供用水结构和特点、地下水供用水情况、用水效率（节约用水情况）以及地下水监控和管理现状等，系统梳理，从中发掘地下水超采的深层次原因，抓住引发地下水超采的主要因素和重点环节，才能提出精准的治理措施。因此，超采问题诊断是精准提出地下水超采治理模式的关键环节。

7.1.2.2　地下水超采治理目标制定

地下水超采治理目标是超采治理方案的灵魂。制定超采治理方案首先要确定前进的方向和目标，全面了解目标提出的背景及主客观依据，才能使治理方案具有针对性和可行性。地下水超采区治理目标的确定涉及因素较多，如国家对地下水超采治理的总体部署要求、区域水资源配置方案、经济社会发展水平、规划期等。

（1）地下水超采的区域性治理目标。在我国一些地区，如华北平原，地下水超采问题已经不仅仅是自然生态环境恶化的问题，而是影响地区可持续发展，需要花力气解决的复杂的系统性的社会管理问题，反映了目前人类活动方式和强度是与当地自然生态承载能力，至少是水资源承载能力不相匹配的。而在我国的其他地区，如东北、西北的广大平原，地下水超采问题也初步显现，如何治理区域性地下水超采，如何防止华北式的地下水超采再度上演都需要高屋建瓴的考量。近年，中央有关文件逐渐出现了"地下水超采治理"内容，党中央、国务院对地下水超采区治理和管理不断提出的更高的要求，一方面说明了地下水超采问题的突出，治理修复的迫切；一方面也反映了地下水超采治理的综合性、系统性特点。2011年中央一号文件要求到2020年基本遏制地下水超采。2012年《国务院关于实行最严格水资源管理制度的意见》明确要求"严格地下水管理和保护，逐步削减地下水开采量"。2013年《中共中央关于全面深化改革若干重大问题的决定》明确要求"调整严重污染和地下水严重超采区耕地用途"。2015年《中共中央 国务院关于加快推进生态文明建设的意见》提出"实施地下水保护和超采漏斗区综合治理，逐步实现地下水采补平衡"；《水污染防治行动计划》提出"到2020年，地下水超采得到严格控制"。《"十三五"规划纲要》提出要"严格控制地下水开采、开展地下水超采区综合治理"。因此，地下水超采治理方案的制定应贯彻落实国家最新治水方针，紧密结合国家对地下水超采治理的总体部署要求，根据本地区实际，合理确定治理目标。

（2）区域水资源配置方案。地下水超采很大原因在于区域供用水不协调。超采治理目标与区域水资源配置方案密切相关。通过统筹不同水源（外调水、地表水、地下水、非常规水源）、不同用水户（生产、生活、生态）之间的水资源配置方案，调整供用水矛盾，实现水资源的科学、优化配置，削减超采区地下水开采量。超采治理目标的确定应以区域水资源配置方案为依据。因此，区域水资源配置方案是确定超采治理目标应考虑的关键因素。

（3）经济社会发展水平。技术进步与经济社会发展水平密切，经济社会发展带动技术进步，技术进步又促进经济社会发展。经济社会发展引起某些技术或管理措施的变化，比如随着节水技术的进步，用水效率得到提高，进而用水减少需求。地下水超采治理的实施需节流、替代水源等工程措施保障。节流工程、替代水源工程尤其是跨流域调水工程，需要大量的投资，也就是说，没有一定数量的超采治理投资，使相应的工程措施得到落实，就不可能实现超采治理目标。据江苏省苏锡常地区限采、禁采工作的测算，与把水送到河网的部分工程相比，把水送到用水户的自来水管网建设工作量更大、成本更高。投资能力与超采区所在地的经济社会发展水平密切相关，经济实力强的地区在替代水源工程建设投资方面相对压力较小，而经济实力较弱地区在替代水源工程建设投资方面则压力较大。因此，确定超采治理目标应考虑到经济社会发展水平因素的影响。

（4）规划期。地下水超采治理是长期的系统工程，不可能一蹴而就，应科学规划、突出重点、有序推进。方案的成功与否很大程度上取决于设定的目标与选取的措施，既着眼于当前的需要，又考虑到长远治理要求。由于治理方案制定时对经济社会发展和替代水资源条件等分析均属于对未来的预测，时间越久，不确定因素也就越多。治理方案只能限于规定的规划水平年，才具有相对可靠性，方案一般也只能在这一期限内起指导作用。因此，治理目标应按近期、中期、远期总体考虑，以近期、中期治理为重点，远期治理属于远景展望，由于离现状较远，未来可根据经济社会发展、水利工程建设等进行相应调整。各规划期治理目标的确定可参考以下建议：

1）近期目标。考虑到替代水源工程的规划建设有相应周期，近期主要是通过调整工业产业结构和农业种植结构、强化节约用水、挖掘当地水资源供水潜力等措施，严格控制超采区地下水开采量，超采区范围不再扩大，地下水水位下降趋势以及地下水开采引发的生态和环境地质问题基本得到遏制。

2）中期目标。随着替代水源工程建成并逐步达效以及节水型社会建设力度进一步加大，通过优化升级产业结构、节水、水源替代、强化地下水监督管理等措施，大幅削减超采区地下水超采量，超采区范围逐步缩小，地下水水位有所回升，地下水开发利用引发的生态与环境地质问题有明显好转趋势。

3）远期目标。随着产业结构布局的完善、区域水资源优化配置格局的完善和水资源统一调度，地下水补排关系基本达到均衡状态，地下水系统得到良性循环，地下水应急和储备能力显著增强。

7.1.2.3　治理修复总体模式

引发地下水系统失衡的原因是非常复杂的，直观看来是地下水超采，实质是当地经济社会用水需求大于可供水量，由于供需不平衡，用水需求缺口只能依赖超采地下水来解决。因此，治理地下水超采最直接的方法是削减和控制地下水开采量，逐步达到采补平衡，但是削减和控制地下水开采量不是简单地通过封闭开采井就能达到，涉及不同地区、不同水源、不同用水户之间水资源的科学调配与合理开发、高效利用。一些地区由于水利工程条件、水质问题以及水价等经济因素的影响，存在着地表水利用（包括外调水）不足，而地下水过量开采的问题；一些地下水超采区还存在水资源浪费现象，水资源利用效率有待提高。因此，地下水的修复治理应综合考虑，既要开源节流，也需要法制、经济方面的管理措施配合，才能实现地下水的采补平衡。综合地下水修复治理各项措施，提出了"保、控、节、退、替、管"的地下水超采治理修复总体模式。

（1）"保"，即维持地下水自然循环通量。维持地下水自然循环通量是保持地下水获得持续稳定补给、资源不枯竭的基本保障，主要措施包括水源涵养、下垫面改造、水利工程生态调度等。

（2）"控"，即依据分区、分类、分层、分级的地下水五维控制指标，严格控制地下水重点问题区的地下水开发。地下水五维控制指标是在充分考虑地下水功能协同、四大场平衡、水资源以及地下水资源承载力的基础上制定的。地下水超采区地下水状态分量已突破阈值，须以控制指标为目标，制定治理修复分阶段计划。地下水超采区内制定年度用水计划和发放审批取水许可时，尤其需要注意与相应的地下水开采总量和开采强度指标相协调，具备替代水源条件的严重超采区应实行禁采或限采地下水，防止地下水系统失衡问题持续恶化。

（3）"节"，即鼓励并发展工业、生活、农业节水。节水是抑制地下水不合理需求的重要手段，可以直接减少地下水开采量。我国地下水大量用于农业灌溉，农业灌溉效率相对较低，解决地下水超采问题的最大潜力也来自农业，节水的最大潜力也在农业。因此，应大力推广节水技术，全面实施区域规模化高效节水灌溉。

（4）"退"，即根据水资源承载力控制耕地灌溉面积。以"以水定地"的理念，调整农业种植结构，科学退减超采区的耕地面积。尤其是一些地区以小麦等高耗水作物为主要种植作物，需水量大，地下水主要以蒸发蒸腾的形式散失。根据区域雨热条件分析，调整农业种植结构，减少高耗水作物的种植面积、推广抗旱品种和旱作农业，最终目标是形成与水土资源条件相匹配的农业生产布局。

（5）"替"，即最大限度地寻找地下水的替代水源。梳理与挖掘一切可能提供替代水源的外调水源、当地地表水，并通过再生水、微咸水等非常规水源利用技术等，替代一部分地下水开采量。水源替代是解决地下水超采最直接和有效的措施，但是，在考虑设计地下水综合修复治理方案时，需同时论证其工程建设及供水的可行性，尤其是要注意配套工程建设的同步设计与论证，以保障地下水顺利压采。

（6）"管"，即创新各项体制机制政策，保障各项治理修复措施顺利实施、落实到位并能够持续发挥作用，包括农业水价、水权、水管体制改革和基层水利服务体系建设；严格地下水超采区及禁采区、限采区管理；地下水水位、水量监控体系建设等。

7.1.2.4 分区治理修复模式与重点

我国 95% 以上的地下水超采区分布在华北、东北、西北地区，是超采治理的重点地区。南方局部地区地下水问题特征明显，也形成了一套较为成熟的治理模式。本节分别针对华北、东北、西北、南方地区突出的地下水相关问题，以"全链条"的地下水治理修复思路为指导，在地下水超采区综合治理修复模式的基础上，根据各地区地下水禀赋特征、实施条件及管理需求，分别提出地下水治理修复模式以及关键治理措施。

（1）东北地区。东北地区包括黑龙江、吉林、辽宁以及内蒙古东部地区（含赤峰和通辽市），平原区面积约占 40%，是新中国工业的摇篮和重要的农业基地，是全国经济的重要增长极，也是我国重要商品粮基地、重要经济区、老工业基地，现状除黑龙江、鸭绿江等跨界河流水资源尚有一定开发潜力外，腹地嫩江、松花江基本无开发潜力，辽河流域水资源已开发过度，开发利用程度已超过70%。东北地区存在供水不足、地下水超采和生态用水被挤占等问题，现状缺水总量65亿 m³。到2030年，该地区城镇化率将进一步提高，人口将进一步有所增加，农田灌溉面积增加约4500万亩。

东北地区区域间水资源时空分布与用水需求不协调，7—9月径流量占全年径流量的60%～80%，而该区50%以上的农业灌溉用水集中在4—6月；水资源空间分布呈现出"东多西少""边缘多、腹地少"的特点，周边的国际河流水资源丰富且需求低，松嫩平原、三江平原、吉林省中部城市群和辽河流域水资源量相对较少但用水需求大。近年来，为满足经济社会与农业灌溉发展需求，加大了地下水的开采，虽然区域总体上地下水开采量并未超过地下水可开采量，但地区间开采程度不平衡导致局部地区过量集中开采，造成区域性地下水位下降。东北地区平原区地下水超采区面积1.4万 km²，地下水超采量11亿 m³，主要分布在辽河中下游平原以及松嫩平原。辽河中下游平原主要由于城镇生活及工业超采地下水，并引发了较严重的海水入侵问题；辽宁沿海城市经济比较发达，城镇生产生活用水需求大，因地表水资源不足，大量取用地下水造成海水入侵问题不断加重；松嫩平原局部地区由于农业灌溉超采地下水，并造成了河湖湿地萎缩；开荒种田，以及气候变化等影响造成河湖湿地萎缩严重。根据《吉林省水利现代化规划》，吉林省24块重要湿地中有8块处于轻度受威胁的状态，有2块处于重度受威胁的状态。

结合东北地区局部地区超采现状以及农业灌溉发展需求，研究提出"开源节流，科学调控"的治理模式，采用"控-节-替"组合措施治理地下水超采：

1）"控"：控制各层各类各级地下水开采总量和开采强度。

2）"节"：节水增效，削减地下水超采量。

3）"替"：科学合理配置区域地表水、地下水资源，增加各超采分区的地表水供给，替代地下水。

（2）华北地区。华北地区是我国的政治、文化中心，是首都经济圈、环渤海经济带所在地。华北地区经济发达、人口稠密，是我国重要粮食主产区，人均水资源量不足全国平均水平的1/4，水资源开发过度问题突出。由于地表水资源短缺，工农业发展供水主要依靠地下水，地下水占总供水比重超过60%，而地下水开采量中超过60%用于农业，部分地区甚至开采深层承压水用于农业灌溉。其主要原因一是农业生产用水超过当地水资源承载能力，亩均水资源量少，但大面积种植高耗水农作物，需水量巨大，在降水量连年下降、地表水短缺的情况下，地下水超采逐步严重。二是水土资源条件与农业生产布局不匹配，近年地表水资源大幅减少，进一步加剧了超采地区水资源供需矛盾，只能依靠超采地下水解决。此外，对于用于置换农业灌溉地下水的调水工程，因调水水源区干旱缺水，外调水量难以保障，加之由于设计引调水保证率偏低、引水渠线长、蒸发渗漏损失大等，造成部分地区使用外调水困难，地表水不能满足灌溉需求，引调水工程难以充分发挥效益，地下水超采问题无法得到解决。

华北地区是我国地下水开发利用历史最为悠久的地区，也是全国地下水开采最集中的地区，但地下水长期处于无序开采状态，用水效率低下、用水方式粗放地下水管理方式粗放，使得超采问题进一步恶化。以 2015 年为基准，华北地区地下水超采面积为 17.5 万 km^2，占全国超采区面积的 61%；地下水超采量 101 亿 m^3，占全国地下水超采量的 62%，是全国地下水超采的主要分布区。同时，华北地区也是全国深层承压水超采最为严重的地区，其超采量占全国深层承压水超采量的 80%，深层承压水超采区面积占全国深层承压水超采区面积的 88%。地下水超采的广泛性和严重性给华北地区带来了区域性的生态环境恶化、地质灾害和经济社会问题，地面沉降、地裂缝、海（咸）水入侵并存，生态系统严重恶化，白洋淀、衡水湖、大浪淀、南大港等湖泊湿地主要靠调水补水维持，著名的邢台百泉、保定一亩泉、邯郸黑龙洞泉已断流 20 多年。常年有水河流不断减少，平原河道大多干涸，据统计，20 世纪 70 年代以来大部分河道年平均河干天数都在 300 天以上。中、下游河道已失去了有源之水，相继枯竭，平原大片土地受到干化和荒漠化的威胁；平原干化还会引起生物链变化，破坏生物多样性。

华北地区经济发达、人口稠密，随着京津冀协同发展战略的实施，山东半岛等经济区的较快发展与人口聚集，预计到 2030 年该地区城镇人口将有较大幅度增长，城镇化率将略高于全国平均水平。区域资源性短缺与经济快速发展造成的水资源供需矛盾突出，仍然是华北地区地下水超采治理面临的最严峻挑战。华北地区地下水问题由来已久，历史欠账多、治理任务重，结合上述地下水相关问题与成因分析，必须采用跨专业跨学科的综合治理修复模式——"节引蓄调，多管施治"，关键治理措施包括：

1）"控"：严格按照总量控制指标、强度控制指标控制地下水开发利用。

2）"节"：实施农业高效节水，削减地下水超采量。

3）"替"：科学合理调配分区内外调水、当地地表水、地下水、再生水等多种水源，增加其他水源供给，替代地下水开采。

4）"退"：调整农业种植结构以及退耕、轮耕、休耕部分农田，减少地下水开采量。

5）"管"：建立地下水开采管控制度体系，多管齐下，保障治理修复的顺利实施。

（3）西北地区。西北地区包括陕西、宁夏、甘肃、青海、新疆以及内蒙古中西部地区（除赤峰、通辽外），经济社会发展相对落后，农业仍是当地居民的主要收入来源。西北地区农业的发展关系到我国农业现代化目标的实现，是我国现代农业战略格局的重要组成部分。西北地区气候干旱，降水稀少，生态环境十分脆弱，地下水在维系生态安全方面具有十分突出的作用。现状水资源开发不均衡，河西内陆河、天山北麓诸河、吐哈盆地、塔里木河等流域水资源开发过度，周边跨界河流水资源开发程度不足 30%，尚有一定潜力。西北地区地下水资源量缺乏，总体来说地下水开采量相对较少，开采模数不高，但局部地区开采量集中、开采强度大，以 2015 年为基准，地下水超采区面积为 6.6 万 km²，占全国地下水超采区面积的 23%，分布于陕西、宁夏、甘肃、新疆、内蒙古、青海等省（自治区），地下水开发利用程度较低，现状地下水不超采；地下水超采量近 43 亿 m³，占全国地下水超采量的 30%。

地下水超采造成地下水水位持续下降，引发了地裂缝、地面沉降等地质灾害、河道断流、泉水枯竭、湖泊萎缩、荒漠化等地质与生态环境问题，内蒙古呼和浩特市区以北多条河流断流，大青山山前泉水大都消失，湿地面积出现大幅萎缩、植被明显退化，艾丁湖、柴窝堡湖、盐湖、艾比湖、甘家湖、博斯腾湖等湖泊退化；疏勒河流域由于地下水开发利用程度的提高，使安西、敦煌盆地地下水位呈下降趋势，泉水湖泊萎缩，植被退化；乌鲁木齐和塔额盆地草场退化，塔里木盆地、准噶尔盆地南缘和吐哈盆地南缘土壤沙化严重；河西走廊平原地下水开发利用程度已接近极限，农业用水比例过大，挤占了生态用水，导致植被死亡、土地沙化严重。此外，西北地区宁蒙河套引黄灌区、塔里木河盆地存在严重的土壤盐碱化问题。内蒙古包头、乌海、乌兰察布、巴彦淖尔以及鄂尔多斯等地市由于开采地下水过量增加了周围劣质地下水的补给，致使地下水水质整体变差。西北地区水资源紧缺与浪费并存，农田灌溉水的利用系数仅为 0.52，存在严重的浪费现象，水资源利用效率和效益都有待提高。

结合西北地区地下水开发利用现状以及生态保护要求，研究提出"以水定地，内节外引"的治理模式，采取"控-节-替-退"组合措施治理地下水超采：

1)"控"：严格地下水开采总量和强度控制，留足生态需水量。

2)"节"：实施农业高效节水，削减地下水超采量。

3)"替"：统一调配区内外调水、当地地表水、地下水、再生水等各种资源，增加其他水源供给，替代地下水开采。

4)"退"：根据区域水资源承载能力，合理确定耕地规模，退减耕地面积。

(4) 南方地区。南方地区主要包括长江流域、珠江流域及东南诸河流域。南方地区水资源丰富，地表水基本上可以满足经济社会发展需求，对地下水需求较低，地下水大部分用于工业生产、服务业供水，很少用于农业灌溉。由于开采区域集中、开采层位集中、开采时间集中的"三集中"开采现象，造成局部地下水超采，开采强度较高时也引起生态环境地质问题，部分地区由于地表水、浅层地下水水质较差还存在承压水开采，地下水超采区主要分布在安徽、江西、广东、广西、江苏等省（自治区）。安徽省阜阳市集中大量开采深层承压水，引发了地面沉降，淮北煤矿区大量疏排或集中开采喀斯特水引发了喀斯特地区地面塌陷。广东湛江因过量开采中、深层承压水，已形成 3 个不同规模的降落漏斗。江苏沿海平原地面沉降严重，沿海平原地区地面累计沉降量大于 200mm 的区域超过 4000km²，沉降中心最大累计沉降量已超过 1m。广西北海由于地下水开采造成海水入侵。南方地区经济社会发展迅速，工业发达，一些重污染行业生产排放的废水、废渣等，给地下水带来了巨大威胁，串层开采的现象时有发生，导致含水层局部污染。

根据南方地区地下水开发利用程度低、深层承压水超采相对严重、地下水污染风险较大的问题特点，提出了"优水优用，节水减污"的治理模式：

1)"保"：实施节水减污，防止地下水污染，保护地下水水质。

2)"控"：严格按照各层级各类地下水五维管控指标控制地下水开发利用。

3)"替"：充分利用地表水资源，合理配置地表水与地下水资源，减少局部超采区地下水开采量，并将优质地下水用于城乡生活。

7.1.3　治理措施

7.1.3.1　工程措施

地下水超采治理工程措施可分为节流、开源和补源三类措施。节流措施（或节水措施），是指通过大力推广工业、农业、生活等各种先进节水技术，建设节水型社会，抑制用水需求，减少地下水开采量。开源措施（或水源替代措施）是指为地下水用水户建设和提供新的供水水源，具体来说就是通过建设替代水源工程，为地下水用水户提供满足生活、生产需求的新水源，让地下水用水户转换水源，减少地下水开采量，从而实现地下水超采治理，主要的工程措施包括跨流域（区域）调水工程、当地地表水工程、再生水利用工程、微咸水利用工程、矿坑排水利用工程、海水淡化工程等。补源措施是指在适宜地区以适当的形式实施地下水人工回灌，增加地下水补给量，提高地下水资源可开采量，修复地下水环境。

（1）节水工程。针对地下水超采区用水效率和节水潜力，考虑地下水压采需要，进行节水工程建设，开展节水工作，建设节水型工业和节水型农业，减少地下水开采量。

（2）跨流域（区域）调水及配套工程。考虑超采区治理需要，结合已有（或新建）的跨流域调水工程，制定配套的工程建设方案，通过跨流域调水置换当地部分地下水开采量。由于很多地区地下水超采的主要原因是当地地表水资源短缺，跨流域（区域）调水工程成为解决地下水超采问题的重要措施。

（3）当地地表水开发利用工程。在地表水开发潜力较大的地区，应优先开发利用当地的地表水资源，建设地表水开发利用工程，适度增加地表水拦蓄能力和雨洪资源的利用能力，减少地下水开采。

（4）再生水利用工程。再生水是指城市污水或生活污水经处理后达到一定的水质标准，可在一定范围内重复使用的非饮用水。通过建设再生水利用工程，为超采区内工业、市政和河湖环境以及农田灌溉提供符合水质标准的再生水，减少地下水开采量。

（5）其他水源工程。通过建设微咸水、海水利用工程，直接使用或经工艺处理后的微咸水、海水等劣质水作为地下水替代水源。

（6）地下水人工回灌工程。地下水人工回灌是防治区域地下水位下降、海水入侵、地面沉降等环境地质问题的有效措施之一，也是直接增加地下水资源量的有效手段。因此，大力发展地下水人工回灌工程，在非用水季节将河道、池沼、沟渠里的水引入地下，储存起来，补充地下水源的不足，保证地下水永续利用。

7.1.3.2　管理措施

地下水超采治理是一项极其复杂和艰巨的系统工程。实现地下水超采治理目标，不仅需要具备替代水源及配套工程措施，也需要强有力的管理措施来保障，才能确保治理方案的有效实施。通过制定地下水超采治理和管理方面的法律、经济、行政管理等方面的配套政策，落实最严格水资源管理制度，强化各项监管措施，保障地下水超采治理目标顺利实现。

7.1.4　治理技术

从地下水超采治理的工程措施和管理措施出发，借鉴典型地区地下水超采治理经验，对地下水超采治理技术进行了系统梳理，提出了地下水超采治理技术框架及分类体系，地下水超采治理技术分为节流技术、开源技术、修复技术、监管技术四类。

7.1.4.1　节流技术

节流技术按用水部门分为生活节水技术、工业节水技术和农业节水技术。

（1）生活节水技术。生活节水主要针对城镇生活用水。城镇生活节水主要是通过全面推广节水器具，降低供水管网漏损率，提高用水效率。通过推广供水管网的检漏和防渗技术、预定位检漏技术和精确定点检漏技术、管网查漏检修决策支持信息化技术，减少输水损失。

（2）工业节水技术。工业节水技术是指可提高工业用水效率和效益、减少水损失、可替代常规水资源等技术，包括直接节水技术和间接节水技术。直接节水技术是指直接节约用水，减少水资源消耗的技术，间接节水技术是指本身不消耗水资源或者不用水，但能促使降低水资源消耗的技术。工业节水技术大致可分为采用省水新工艺、采用无污染或少污染技术、推广新的节水器具等。工业节水技术主要包括工业用水重复利用技术、冷却节水技术、热力和工艺系统节水技术、洗涤节水技术；工业给水和废水处理节水技术、工业输用水管网设备防漏和快速堵漏修复技术、工业用水计量管理技术。通过大力推广工业节水技术，降低工业用水需求，减少地下水开采量。

（3）农业节水技术。农业是地下水的用水大户。我国农业用水方式还比较粗放、用水效率还比较低下。通过推行农业节水技术，发展节水型农业，有效地提高水的利用率，降低农业用水需求，减少地下水开采。农业用水技术体系分为工程节水技术、节水农业技术、管理节水技术等。工程节水技术包括渠道防渗技术、低压管道输水浇灌技术、喷微灌技术及各种地面浇灌改进技术；节水农业技术包括抗旱育种技术、耕作保墒技术、水肥耦合调控技术、化学节水技术等；管理节水技术包括灌溉自动化控制技术等。

7.1.4.2 开源技术

开源技术包括水资源优化配置技术、水资源实时调度技术、再生水利用技术、微咸水利用技术、矿井水利用技术、海水淡化技术等。

（1）水资源优化配置技术。水资源优化配置是指在一个特定流域或区域内，以有效、公平和可持续的原则，对有限的、不同形式的水资源，通过工程与非工程措施在各用水户之间进行科学分配。从满足地下水超采治理需求和严格地下水资源保护角度，运用水资源优化配置技术，合理配置区域内各种水源，为地下水压采创造水源条件。

（2）水资源实时调度技术。水资源实时调度是指根据监测的水量、水质、供用水等信息，通过所建立的水资源系统模拟模型，进行评价与预报，并根据评价和预报的结果，按照事先制定的调度规则对水资源的供、用、耗、排等过程进行科学调配，以确定未来时段水资源的管理运行策略。通过实施水资源调度，将替代水源及时送到压采地下水的用水户，确保地下水压采顺利实现，维护生产生活稳定。

（3）再生水利用技术。再生水是指污水经适当处理后，达到一定的水质指标，满足某种使用要求，可以进行有益使用的水。再生水可作为农灌灌溉用水、工业用水、河湖生态环境用水。

（4）微咸水利用技术。合理开发利用微咸水、咸水资源是缓解水资源短缺的有效途径，在微咸水分布地区，通过推广微咸水利用技术，减少对新鲜地下淡水的取水量。微咸水主要用途是灌溉农田，主要有微咸水直接灌溉、咸淡水混灌、咸淡水轮灌等利用方式。微咸水直接灌溉是指在控制灌溉后土壤中的盐分积累达到限制作物生长水平的前提下，直接利用微咸水进行灌溉。咸淡水混灌技术是指淡水与咸水按一定比例混合进行灌溉，克服原咸水的盐危害及碱性淡水的碱危害。咸淡水轮灌技术是根据水资源分布、作物种类及其耐盐特性和作物生育阶段等交替使用咸水灌溉的一种方法。

（5）矿井水利用技术。矿井水利用技术是指根据矿井水所含污染物的不同，采取相应的处理方法和工艺，对矿井水进行处理后排入地表水系或直接利用，减少新鲜淡水取用，主要包括一般悬浮物的矿井水利用技术、矿井水的综合利用技术、酸性矿井水的利用技术、高 TDS 矿井水的利用技术、含特殊污染物的矿井水利用技术以及人工湿地法等。

（6）海水淡化技术。海水淡化是指利用海水脱盐生产淡水，实现水资源利用的开源增量技术，不受时空和气候影响，水质水量稳定，为保障沿海地区生活、生产用水起到重要辅助作用。《国务院办公厅关于加快发展海水淡化产业的意见》（国办发〔2012〕13 号）要求："沿海淡水资源匮乏或地下水严重超采地区新建、改建和扩建高耗水工业项目，要优先使用海水淡化水作为锅炉补给水和工艺用水水源。"因此，在有条件地区，可以通过实施海水淡化，为超采区内工业用水户等提供海水淡化水，减少地下水开采量。

7.1.4.3　修复技术

地下水修复是指以改善地下水系统现状，恢复其原先良好功能为目的，以适宜的地下水位为目标，以地下水量水位调控为主要技术手段，辅以积极管理措施，对现有地下水系统及其相关要素采取的人工主动干预行为，主要是指地下水人工补给技术。

地下水人工补给是指将水从外部加进饱和含水层或直接注入岩层，或取道另一岩层间接注入目标岩层的过程。按照补给方式的不同，地下水人工补给可分为地表补给和地下补给两大类，常规的地表补给方式包括入渗池、入渗渠、挡水坝等，地下补给方式包括包气带井（或渗滤井）、注水井等。

（1）入渗池补给。利用或改造已有的水盆地、水库、洼地、池塘等，或在高渗透性土层上人工挖掘修建。通过在入渗池内注水，借助地表水和地下水之间的水头差，补给水向下运移，进入含水层。

（2）入渗渠补给。利用渗透性好的天然冲沟或人工引水渠进行地下水人工补给。

（3）灌溉补给。合理采用过量灌溉方式，对地下水进行补给。

（4）挡水坝补给。在河道内修建橡胶坝，或河床就地取材修建小型挡水坝，拦蓄季节性河流洪水，抬高河水位，增加地下水补给。

（5）包气带井。当地表存在低渗透性黏土层时，可挖掘大口井或竖井穿透低渗透性地层，井内一般填充多级滤料，对补给水源起到过滤作用。

（6）注水井。在地表土地资源有限，包气带渗透性差或补给含水层较深时，可采用钻孔将补给水源直接注入目标含水层，可分为单一注水井、含水层储存回采、含水层储存运移与回采等。

7.1.4.4　监管技术

（1）地下水监测。地下水监测是水资源管理的重要基础工作，地下水监测信息是水资源优化配置、分析评价和监督管理的科学依据，是合理开发利用和保护地下水、科学管理水资源的工作基础。地下水监测是指采用人工监测和自动监测相结合的手段采集数据源，利用现代化通信传输、计算机网络、数据库、系统管理等技术手段，对地下水水位、水温、水质等变化情况进行完整监测，为及时掌握地下水超采区地下水动态提供支撑。

（2）地下水开采量计量技术。地下水开采量是编制地下水规划和实施地下水资源管理的基础。目前，城市和水源地的地下水开采基本实现计量，而在广大农村地区，受开采井分布多、分布范围广且开采时间不确定、管理相对混乱等影响，地下水开采量一般由调查估算取得。

地下水开采量调查统计技术是指为了规范地下水开采量调查，对地下水开采量调查内容、调查统计方法和校正方法等进行规定，以保证数据更为可靠。

（3）地下水模拟技术。地下水模拟是地下水管理的重要工具和手段。地下水模拟模型是指根据区域地形、地貌、地质、水文地质等进行概化，建立地下水数学模型并进行数值求解，经严格的参数率定和验证后，作为地下水动态变化的仿真工具。地下水模拟模型可以模拟不同天然条件或人为开采条件下地下水系统的动态演变趋势，分析评价不同地下水开发利用方案下的系统响应，为地下水超采区治理和管理提供决策依据。

（4）地下水预报预警技术。地下水预报是指结合 GIS、遥感、网络等现代化特色技术手段，自动监测与预报地下水状况，预报地下水不正常状态的时空范围和危害程度，并提出防范措施。

地下水预警可分为水质预警与水位预警两个方面，根据地下水水质、水位各自不同的特点建立地下水水质和水位的预警的指标体系。选择与地下水系统密切相关的一系列指标，作为地下水预警的指标，并且根据相关的标准，确定地下水水质、水位预警的警度。地下水预报预警技术可以大幅度提高工作效率，及时产生预案和采取必要的应急措施，避免由于时间拖延导致突发事件而产生更严重的后果。

（5）地下水开采井封填技术。地下水开采井封填技术是指为规范封填开采井行为，对封井对象、封井方式和封井程序做出具体规定，以及明确封存、封填井的详细技术要求。对超采区内纳入封填规划的开采井实施封填，防止井被违法启用和地下水污染，确保地下水压采落到实处，有效保护地下水资源。地下水开采井封填包括封存备用和永久填埋两种处置方式。封存备用是指对水源条件好、出水量大、配套设施完好的水井进行封存，作为备用水源井。永久填埋是指对年久失修、水源条件差、出水量不大或由于混合开采导致越流污染的水井进行永久封填。

（6）地下水管理信息系统。地下水管理信息系统是指利用先进的网络通信、遥测、数据库、地理信息系统等技术，以及决策支持理论、系统工程理论、信息工程理论，建立一个能提供多方位、全过程的管理信息系统，提高地下水管理的信息化水平和决策能力。

7.2　地面沉降与海水入侵防治

7.2.1　地面沉降防治

地面沉降是在自然和人为因素作用下，由于地壳表层土体压缩而导致区域性地面标高降低的一种环境地质现象，是一种不可补偿的永久性环境和资源损失，是地质环境系统破坏所导致的恶果。地面沉降具有生成缓慢、持续时间长、影响范围广、成因机制复杂和防治难度大等特点，是一种对资源利用、环境保护、经济发展、城市建设和人民生活构成威胁的地质灾害。过量抽取地下水是当前产生地面沉降的最主要的原因。我国地面沉降区主要分布在苏锡常地区、杭嘉湖地区、渭河盆地等。针对地面沉降区，本书研究提出了"禁深-控浅-回补-监控"的综合防治模式：依据近五年平均沉降速率或历史累计沉降量为主要指标，划定地面沉降控制分区，禁止用于规模化集中生产经营的深层承压水开采，严格控制一层或多层黏性土弱透水层的浅层含水层的开采。对地面沉降区和深层承压水头下降明显的区域实施人工回灌，采取"以禁为主、采少补多、同质同层、注水增压"的人工回灌措施，恢复应力场，同时实施全面全方位的地面沉降动态监控，建立健全以基岩标、分层标、GPS、水准点等为主要监测设施的地面沉降监测网络，与区域分层地下水监测网络，以及辅以 InSAR 监测技术手段的全方位地面沉降区域控制监测网。具体的修复治理技术措施包括以下几个方面。

7.2.1.1　地面沉降区、地面沉降控制分区核定

按照划分标准核定地面沉降区；在此基础上，综合考虑地面沉降发育程度、防护对象重要性等，划定一级、二级和三级地面沉降控制分区，并按照一级、二级、三级的优先次序，设置地下水超采治理的优先区域。

（1）地面沉降区划分标准。将近五年平均沉降速率大于等于 10mm/a 或自开展监测以来累计沉降量（以下简称历史累计沉降量）大于等于 50mm 作为地面沉降区划分标准。近五年平均沉降速率小于 10mm/a 或历史累计沉降量小于 50mm 的暂不考虑。

（2）地面沉降控制分区。为了突出治理的重点，有针对性地安排和落实压采措施，需综合考虑地面沉降发育程度、防护对象重要性等，划定地面沉降控制分区，提出沉降控制级别。

1）地面沉降发育程度分区。按照近五年平均沉降速率或历史累计沉降量划分地面沉降发育程度。近五年平均沉降速率不小于50mm/a或历史累计沉降量不小于800mm为强；近五年平均沉降速率在30～50mm/a之间或历史累计沉降量在300～800mm之间为中等（下限含本数，上限不含本数，下同）；近五年平均沉降速率在10～30mm/a之间或历史累计沉降量在50～300mm之间的为弱。

2）地面沉降危害程度分区。根据土地或规划功能类型，调查统计地面沉降区内土地功能分区、已规划的重要城市带和地标性建筑等，分析用地类型历史和现状，确定地面沉降敏感对象，进行地面沉降危害程度分级，划分为大、中、小三个级别（表7.1）。

表7.1　　　　　　　　　　　　地面沉降危害程度分级表

项目	危 害 程 度		
	大	中	小
土地或规划功能类型	中心城区	规划新城	农村建设用地
	重要城市规划区		
	机场、高速铁路等重要交通设施	县（市）级城镇及建制镇建设用地	农田
	防洪排涝、引调水工程等重要水利设施		
	油气输送管道等重要基础设施	其他比较重要的基础设施	林地、绿地等
	其他重要基础设施		

3）地面沉降控制分区。将地面沉降发育程度分区和危害程度分区叠加，分析形成地面沉降控制分区分级表（表7.2），将地面沉降区划分为一级控制区、二级控制区和三级控制区。为便于地面沉降控制管理，将地面沉降控制分区明确到各地级行政区或县级行政区。在制定地下水压采目标和措施时，应当按照一级控制区、二级控制区和三级控制区的优先次序，在时间和措施安排上部署地下水超采治理的优先区域。

表7.2　　　　　　　　　　　　地面沉降控制分区分级表

控 制 区		危 害 程 度		
		大	中	小
发育程度	强	一级	一级	二级
	中	一级	二级	二级
	弱	二级	三级	三级

7.2.1.2　合理调配水源，优化调整供水结构

人为造成地面沉降的根本原因是超采深层承压水，因此控制地面沉降的主要措施就是要减少深层承压水开采量。积极兴建引水调水工程，合理调配地表水、地下

水、再生水等各种水源，将地表水、再生水等作为地下水的替代水源，减少地下水开采量；加强地表水污染治理，提高地表水供水能力和利用率；调整开采层位，充分利用浅层地下水，减少深层承压水开采量；加快供水结构调整，工业用水和农业灌溉用水应以地表水为主，兼用浅层地下水或水质较差的含水层中的水。

7.2.1.3　增加地下水补给

地面沉降区治理直接有效的方法是实施地下水人工回灌，在地面沉降区有计划地建设注水井，在水质符合回灌标准的前提下，向含水层注水补源，增加补给量；在深层承压水的补给区内修建拦水设施，拦截降雨径流或地表水，补给承压区地下含水层；利用农田滞留雨水入渗补给、河湖水域补给、城市透水区补给等天然补给方式增加地下水的补给；开展地下水专门回灌试验以及地下水资源调查评价，积极探索不同地区的有效地下水回灌方案。

7.2.1.4　加强地下水动态监测

地下水动态监测网络可以为地面沉降区内实施地下水管理与保护提供具体资料，使管理人员能够及时了解沉降区内的地下水状况，并能够尽快采取相应的治理措施。因此，需要进一步完善沉降区地下水动态监测体系，尤其是加强对沉降区内的地下水位的动态监测，将水位监测装置安装在观测井内，对地下水位进行实时监测，使水位控制在设定的变幅范围内，防止沉降面积继续扩大。当水位下降至设计水位以下时，采取有效措施予以控制。在地面沉降调查的基础上，健全完善以基岩标、分层标、GPS、水准点等为主要监测设施的地面沉降监测网络，结合地下水监测网建设，并辅以 InSAR 监测技术手段，构建地面沉降区区域控制监测网，实现对地面沉降区域的有效监控。

7.2.1.5　严格取水许可管理，加强封填井管理

对于容易引发地面沉降的深层承压水原则上只能用于生活用水，作为应急和战略储备水源限制开发。除经严格审批的应急供水、生活及特种需求供水外，深层承压水原则上作为应急和战略储备水源，其他供水应通过替代水源、强化节约用水等措施，逐步减少深层承压水开采量。同时，对批准的深层承压水开采井，要强制安装合格的计量设施且实现远程实时监控，要按照批准的开采量进行开采，对于超量开采的用户，要进行处罚或需要采取禁采措施。深层承压水水质良好，要按照封井规范进行封存，防止污染地下水；对封存井要进行定期检查，防止私自偷开。

7.2.1.6　利用经济杠杆调节

大幅提高地面沉降区内地下水资源费征收标准，使地下水资源费远高于地表水资源费，并对超计划用水采用累进式加价收费等措施，使其付出高额的代价，

以经济手段引导用水户自觉减少地下水取用量。

结合各地区实际情况，综合施策，重点实施水源置换、节水、种植结构调整、非常规水源利用和管理措施等，确保地下水压采目标实现。其中在地面沉降区内应优先考虑一级、二级地面沉降控制区。

7.2.2　海水入侵防治

海水入侵是沿海地区由于地下水过量开采而导致海水倒灌的现象。海水入侵地下淡水含水层，将导致地下水环境逐渐恶化，开采井中的水由淡变咸，大大降低地下水的可用性。我国首次于1964年在大连沿海发现海水入侵，20世纪70年代后期，又在莱州湾发现海水入侵现象，其后又相继在其他沿海城市发现了海水入侵。近年来，我国的沿海地区海水入侵程度逐渐加剧，严重地污染了地下水水质，破坏了当地的生态环境。根据最新一轮的超采区评价成果，海水入侵区主要分布在辽宁省大连、营口、锦州、葫芦岛，河北省沧州、唐山、秦皇岛，山东省东营、潍坊、烟台、威海，广东省湛江，海南省儋州等地，海水入侵面积超过2000km^2。针对我国海水入侵地区，本书研究提出了滨海地区"防控结合，维护地下潜流通量，控制咸水入侵来源通道"的海水入侵综合防治模式：建立了以Cl$^-$浓度的海水入侵程度多目标识别指标体系，在环渤海等泥质海岸带，合理布设咸、淡水界面附近的抽水井，严控海水养殖和引潮晒盐等经济活动；在黄海和南海等砂质海岸带，考虑海岸带水循环过程，维持地势低平、埋藏较浅的沿海平原地下水合理水位。修建橡胶坝、渗井、渗渠回灌、实体帷幕等综合工程防控措施，有效防治海水入侵。具体治理修复技术措施包括以下几个方面。

（1）海水入侵区分区核定。依据海洋环境状况公报及其他相关监测资料，核定现状年海水入侵区范围、面积、入侵程度等，调查分析海水入侵影响与采取的防控措施。

1）海水入侵区划分标准。参照《中国海洋环境状况公报》中海水入侵水化学观测指标与入侵程度等级划分标准，以Cl$^-$浓度大于等于250mg/L作为划分海水入侵区的标准。

2）海水入侵程度分区。按照Cl$^-$浓度小于250mg/L为海水无入侵，Cl$^-$浓度在250~1000mg/L之间为海水轻度入侵，Cl$^-$浓度大于1000mg/L为海水严重入侵。

（2）合理调控开采量和地下水水位。海水入侵的根本原因是由于地下水位低于海平面水位时，导致了海水倒灌，因此最有效的治理措施就是控制沿海地区的地下水开采量，维持合理的地下水水位；科学调整海水入侵区内的地下水开采井布局，不断完善海水入侵区供水管网；严格地下水取水许可管理，依法限期关闭禁采区和供水管网覆盖的企事业单位自备井。同时，在有条件地区，适度兴建海水淡化工程，为工业用水户提供替代水源，逐步减少地下水开采量。

（3）加强节约用水。运用各种手段，例如，在海水入侵区内实行超定额、超计划用水累进加价制度，对于超采部分追加高额水费，号召用水单位注意节约用水；建立奖惩制度，鼓励企业直接利用海水冷却和采用节水新技术、新工艺，提高水的循环利用率及回用率；在海水入侵区内全面推广节水器具，强制淘汰不合技术规范的用水器具；开展多种形式的宣传活动，让广大群众充分认识加强地下水管理的重要性，以及认识继续超采地下水造成地下水位下降、海水入侵的危害性和防治的紧迫性。提高广大群众的自觉节水意识，减少对地下水的开采量。

（4）调整产业结构。积极调整海侵地区的产业结构，积极发展生态农业，依法取缔不合理的工业企业，对海水入侵区内不合理的工业企业依法取缔。例如，引用海水的高位养殖场，由于其引用的海水很容易渗入地下进而造成地下水污染，所以要对这类企业依法进行取缔，防止海水入渗，有效地保护地下水。

（5）实施人工补源。充分利用各种水利工程、水库拦河闸坝、自然洼地、人工湖泊、地下水库等蓄水工程拦蓄洪水，以及延长洪水在河道、蓄滞洪区等的滞留时间，恢复河流及湖泊、洼地的水面景观，最大可能地补充地下水，抬高地下水位，改变海水入侵区内地下水咸淡水界面的水力条件，缓解和改善区域内海水入侵的强度，缩小海水入侵区范围。积极开展人工回灌，增加对含水层的补给，对于经济条件允许的地区，可以尝试开展开挖抽水槽和注入隔水帘幕措施，防止地下水海水入侵。

（6）加强地下水动态监测。加密海水入侵区监测站网，沿地下水流向、垂直岸边或咸淡水界面布设剖面监测线；在因强烈开采中深层地下水而导致上层咸水下移的地区，选择代表性地段，布设地下水监测站点；加密海水入侵区陆地边界以及地下水水位降落漏斗中心地区站点；建立和完善海水入侵区内的地下水动态监测网络，加强对区域内的地下水动态监测，及时掌握区域内的地下水位、水质及水环境状况，确保地下水水位高于海水水位。对已经被海水污染地区，应尽快采取措施进行治理修复，提高该区域内的监测力度，防止其继续污染其他区域的地下水。同时，要完善地下水信息发布机制，定期向社会发布地下水动态信息，使居民能够及时掌握当前的地下水资源状况。

（7）开展海水入侵区调查研究。开展海水入侵区调查，重点对海水入侵区的分布、入侵通道、入侵方式等进行调查，分析海水入侵基本特征，研究海水入侵与地下水位及开采量的关系，分析海水入侵机理，为海水入侵区地下水治理和保护提供支持。

7.3　地下水污染防治

7.3.1　总体思路

目前，对地下水污染比较公认的定义是 1993 年沈照理等编写的《水文地球化学基础》中的论述：地下水污染是指人类活动影响下，地下水质变化朝着恶化方向发展的现象，且不管地下水水质恶化是否达到了影响使用的程度，只要水质发生了恶化，就应视为污染。需要注意的是，由于地下水赋存于地下，在循环更新过程中，在某些自然条件下，经过长期演化，地下水中逐渐富集某种物质，使得地下水质变差的现象不能称为污染。本书仅对人类活动影响下地下水的水质要素在循环径流条件变化的情况下受到不同程度影响，水盐平衡被打破，从而发生变异，进而引发的地下水污染问题进行研究。如地下水的污染和超采互相作用，形成恶性的循环，对地下水的可持续开发非常不利。地下水的污染会引起优质水源的减少，从而一定程度了加重了超采问题，造成地下水的降落漏斗的面积越来越大，导致地下水的水位持续下降。地下水位的降低改变原来的水动力状态，会导致污水向降落漏斗倒灌，造成深层地下水污染，对地下水的水质产生严重不利影响。严峻的地下水污染问题将是社会、经济、自然可持续发展最强的制约因素之一。

人类活动的强度直接影响地下水的污染程度。由于地下水运动相对较为缓慢，因此，其污染面积大小和程度与污染源的程度及其分布状况关系密切。地下水污染主要受非点源污染和污染的地表水体的入渗影响，特别是城市生活污水及垃圾、工业"三废"等的排放，农业大量使用农药、化肥等，导致地下水污染问题日益突出。我国地下水污染严重的区域主要分布在大城市、城镇周围地区、排污河道两侧、地表污染水体分布区及引污水灌溉地区，已有很多地区的浅层地下水已不能直接饮用。我国平原区地下水中，污染因子检出和超标数越来越多，而且污染程度也在不断加重，有些地区深层地下水中已有污染物检出。海河和淮河区平原以及太湖水网区、松嫩平原等重要农业地区，浅层地下水已出现面状污染的态势。地下水的污染正由点状污染、条带状污染向面状污染扩散，由浅层向深层渗透，从城市向周围蔓延。由于地下水运动缓慢，一旦遭到污染，恢复是十分困难的。

治理已污染的地下水是比较困难的。本书在以预防为主的前提下，提出"点源阻断、线源清洁、面源控制、串层防止、原位清理、循环净化"的治理模式。水污染后的治理措施，需根据污染状况、范围、性质、水文地质条件和使用要求，通过经济技术比较确定。发现地下水污染后，首先应当切断污染源，然后立即采取防止污染物进一步扩散的补救措施。清除点污染源，对于已被污染的地下水重点区实施原位污染物清理。阻断已污染地表水对地下水的污染通道，净化或清除已污染的地表水、衬砌防止地表水渗漏、抬高地下水水位等。严控面源污染地下水，减少农药化肥的使用量、农村生活生产垃圾无害化处理。

由于地下含水介质的隐蔽性和埋藏分布的复杂性，要合理解决不断出现的地下水污染问题，需要采取"以防为主、防治结合"的方针。地下水脆弱性评价是区域地下水资源保护的重要基础，通过地下水脆弱性研究，区别不同地区地下水的脆弱程度，识别出地下水易于污染的高风险区，才能对水质恶化区按照脆弱性分区，并进一步安排地下水污染防控措施。

7.3.2 脆弱性评价

在本书提出的地下水污染治理模式下，地下水污染预防是最基本的前提，不仅由于地下水具有运动和更新缓慢、对外界响应滞后和不可逆等特点，导致地下水污染的治理修复难度很大，而且从水资源管理的角度，预防性的管理往往可以更好地结合法律和相关部门的职责，使得管理更有抓手和可操作性，同时也能保证较高地投入产出比。因此，基于"以防为主、防治结合"的基本原则，本书也认为通过以地下水脆弱性评价和风险评估研究作为区域地下水污染防治以及地下水水质保护的基础，圈定区域地下水污染的高风险区的方法，是预防地下水污染以及更加精准的制定防治和修复对策的有效方式。

"地下水脆弱性"的概念最早是由法国学者 Marjat 提出的，Marjat 将其定义为在天然情况下，地表污染物渗透、扩散至地下水的可能性。国际水文地质学家协会出版的《地下水系统脆弱性编图指南》一书中给出的定义为："脆弱性是地下水系统的固有特性，它取决于系统对人类和自然影响的敏感性"。

地下水脆弱性评价主要是通过分析浅层地下水脆弱性的影响因素，根据不同类型地区地下水的形成、分布、埋深和补给条件，以及地下水循环系统的空间结构特点，评价地下水被污染或影响的可能性或倾向性，是对地下水污染风险的评估，一般需要对孔隙水、裂隙水、喀斯特水等不同类型地下水的脆弱性进行评价。目前地下水脆弱性评价的主要方法有叠置指数法、过程数学模拟法、统计方法、模糊数学方法等。不同时期、不同学者都对不同尺度的地下水脆弱性进行了深入的研究和应用，出于对地下水资源系统性、前瞻性的管理需求，本书主要针对区域性地下水脆弱性进行研究。

在区域浅层地下水脆弱性评价方法的确定上，选取最为广泛利用及较易理解应用的方法，即参数系统法中的计点系统模型（PCSM）。PCSM 是考虑不同的评价指标，根据每个评价指标的变化范围或其内在属性划分为若干的范围，构建评分评价体系；根据每个评价指标对地下水脆弱性影响的相对重要程度给予一个合理的权重，构成权重评判体系；各指标评分的加权和为地下水脆弱性综合指数。依据综合指数对地下水脆弱性进行分类，如高、中和低。

根据孔隙水区、裂隙水区和喀斯特水区地下水赋存条件和运移特征，对三种类型的地下水脆弱性分别提出评价体系：孔隙水和裂隙水脆弱性，参照 DRASTIC 方法建立评价评判体系，根据研究区水文地质特征以及相关数据的数量和质量来确定评价指标和权重；喀斯特水则是通过对喀斯特发育机理和脆弱性特征分析，采用EPIK 法进行改进，并分别建立适合南北方喀斯特水的评价体系。

7.3.2.1 孔隙水脆弱性评价体系

（1）指标体系。通过分析孔隙水脆弱性的影响因素，结合我国实际情况，本书提出了孔隙水脆弱性的评价指标，如表7.3所示，各地区可根据自己的实际情况，建立适合本区的评价指标体系。

表7.3　　　　　　　　　孔隙水脆弱性评价指标体系

评价指标	数据来源	说　　明
地形坡度（T）	用 DEM 数据计算	污染物运移路径中的地表。以大气降水为区域潜水补给最主要来源时，净补给量可近似用降雨入渗补给量代替；在有其他主要的补给途径时，要综合考虑各种补给来源对潜水的补给量。在南方水系发育的地区，要考虑河网密度
净补给量（R）	收集水资源评价中的所有垂向补给数据	
河网密度（N）	按河长/面积计算，可收集河道管理方面的资料	
土壤介质（S）	收集土壤资料	污染物运移路径中的包气带，包气带岩性和包气带黏土层厚度二选一
地下水位埋深（D）	收集地下水水位统测资料	
包气带介质（I）	按钻孔资料分析或收集包气带岩性图	
含水层厚度（H）	按钻孔资料分析或收集水资源评价资料	污染物运移路径中的含水层
含水层渗透系数（C）	从经验值或野外抽水试验得到，可以从水资源评价中收集水文地质参数	

孔隙水脆弱性指数的计算公式如下：

$$DI = T_W T_R + R_W R_R + N_W N_R + S_W S_R + D_W D_R$$
$$+ I_W I_R + H_W H_R + C_W C_R \tag{7.1}$$

式中：下标 R 为指标值；W 为指标的权重。

（2）指标等级划分及赋值。参考 DRASTIC 方法指标等级划分标准，根据孔隙水特点，对每个评价指标进行全面了解和研究，进而对孔隙水评价指标等级进行划分，见表7.4。

表7.4　　　　　　　孔隙水脆弱性评价指标等级划分及赋值

地形坡度（T）		净补给量（R）		河网密度（N）			土壤介质（S）	
范围/%	评分	范围/mm	评分	分级	范围/(km/km²)	评分	类型	评分
（0，2]	10	＞250	10	极密区	＞3.0	10	薄层或缺失	10
（2，4]	9	（230，250]	9		（2.0，3.0]	9	砾石	10

续表

地形坡度（T）		净补给量（R）		河网密度（N）			土壤介质（S）	
范围/%	评分	范围/mm	评分	分级	范围/(km/km²)	评分	类型	评分
(4, 7]	8	(210, 230]	8	稠密区	(1.0, 2.0]	8	中砂、粗砂	9
(7, 9]	7	(180, 210]	7	中等密度区	(0.7, 1.0]	7	粉砂、细砂	7
(9, 11]	6	(150, 180]	6		(0.5, 0.7]	6	胀缩或凝聚性黏土	6
(11, 13]	5	(120, 150]	5		(0.3, 0.5]	5	砂质壤土	5
(13, 15]	4	(90, 120]	4	较稀区	(0.2, 0.3]	4	壤土	4
(15, 17]	3	(70, 90]	3		(0.1, 0.2]	3	粉质壤土	3
(17, 18]	2	(50, 70]	2	极稀区	(0.05, 0.1]	2	黏质壤土	2
>18	1	(0, 50]	1		(0, 0.05]	1	非胀缩和非凝聚性黏土	1

地下水位埋深（D）		包气带介质（I）				含水层厚度（H）		含水层渗透系数（C）	
范围/m	评分	类型	评分	黏土层厚度范围/m	评分	范围/m	评分	范围/(m/d)	评分
(0, 1]	10	卵石砾石	10	(0, 1]	10	(0, 10]	10	>150	10
(1, 2]	9	粗砂	9.5	(1, 2]	9	(10, 15]	9	(100, 150]	9
(2, 4]	8	中砂	9	(2, 3]	8	(15, 20]	8	(80, 100]	8
(4, 7]	7	细砂	8	(3, 4.5]	7	(20, 25]	7	(60, 80]	7
(7, 10]	6	粉细砂	7	(4.5, 6]	6	(25, 30]	6	(45, 60]	6
(10, 15]	5	粉砂	5.5	(6, 8]	5	(30, 35]	5	(30, 45]	5
(15, 20]	4	粉土	4	(8, 10]	4	(35, 40]	4	(20, 30]	4
(20, 30]	3			(10, 13]	3	(40, 50]	3	(10, 20]	3
(30, 40]	2	粉质黏土	2.5	(13, 17]	2	(50, 60]	2	(5, 10]	2
>40	1	黏土	1	>17	1	>60	1	(0, 5]	1

（3）权重体系（表 7.5）。各地区可根据实际情况对指标权重进行适当调整，但要求指标权重和等于 20，以便进行评价结果的对比。

表 7.5　　　　　　　　　孔隙水脆弱性评价指标权重体系

指标	权重	指标	权重
地形坡度（T）	1	地下水位埋深（D）	5
净补给量（R）	4	包气带介质（I）	4
河网密度（N）	1	含水层厚度（H）	2
土壤介质（S）	2	含水层渗透系数（C）	1

（4）评价标准。根据上述各指标的评分和权重值，可知地下水脆弱性综合指数取值范围为 20～200。通常情况下，地下水脆弱性级别与综合指数对应关系见表 7.6。

表 7.6 孔隙水脆弱性评价标准

地下水脆弱性综合指数值	[20, 70]	(70, 100]	(100, 120]	(120, 150]	(150, 200]
地下水脆弱性级别	低	较低	中等	较高	高

7.3.2.2 裂隙水脆弱性评价评判体系

（1）指标体系。裂隙水脆弱性评价指标为：净补给量（R）、地形坡度（T）、土壤介质（S）、包气带介质（I）、包气带裂隙发育程度（F）、地下水位埋深（D）、含水层富水性（A）。各地区可根据自己的实际情况，建立适合本区的评价指标体系。

裂隙水脆弱性指数的计算公式如下：

$$DI = R_W R_R + T_W T_R + S_W S_R + I_W I_R + F_W F_R + D_W D_R + A_W A_R$$

(7.2)

式中：下标 R 为指标值；W 为指标的权重。

（2）指标等级划分及赋值。根据裂隙水特点，参考相关资料文献，对裂隙水评价指标进行等级划分，见表 7.7。

表 7.7 裂隙水脆弱性评价指标等级划分及赋值

地形坡度（T）		净补给量（R）		土壤介质（S）	
范围/%	评分	范围/mm	评分	类型	评分
(0, 2]	10	>250	10	薄层或缺失	10
(2, 4]	9	(230, 250]	9	砾石	10
(4, 7]	8	(210, 230]	8	中砂、粗砂	9
(7, 9]	7	(180, 210]	7	粉砂、细砂	7
(9, 11]	6	(150, 180]	6	胀缩或凝聚性黏土	6
(11, 13]	5	(120, 150]	5	砂质壤土	5
(13, 15]	4	(90, 120]	4	壤土	4
(15, 17]	3	(70, 90]	3	粉质壤土	3
(17, 18]	2	(50, 70]	2	黏质壤土	2
>18	1	(0, 50]	1	非胀缩和非凝聚性黏土	1

续表

包气带			地下水位埋深（D）		含水层富水性（A）	
包气带介质（I）		裂隙发育程度（F）				
类型	评分	裂隙发育程度	评分	范围/m	评分	范围/（m³/d）	评分
玄武岩	9	高度发育	10	（0，1］	10		
粉粒和黏粒少的砂砾石	8	中度发育	8	（1，2］	9		
裂溶隙少的灰岩、中粗砂	7	轻度发育	5	（2，4］	8	＞3000	8
粉粒和黏粒多的砂砾石、细粒砂岩、风化的火成岩和变质岩	6	不明显发育	3	（4，7］	7	（2000，3000］	7
火成岩、变质岩	5	基本不发育	1	（7，10］	6	（1000，2000］	6
粉砂、页岩	4			（10，15］	5	（500，1000］	5
粉土、泥质页岩	3			（15，20］	4	（200，500］	4
黏土、淤泥	2			（20，30］	3	（0，200］	3
亚黏土、泥岩	1			（30，40］	2		
				＞40	1		

（3）权重体系（表7.8）。各地区可根据实际情况对指标权重进行适当调整。

表7.8　　　　　　　　　裂隙水脆弱性评价指标权重体系

指标	权重	指标	权重
地形坡度（T）	1	包气带介质（I）	4
净补给量（R）	3	裂隙发育程度（F）	2
土壤介质（S）	2	含水层富水性（A）	3
地下水位埋深（D）	5		

（4）评价标准（表7.9）。

表7.9　　　　　　　　　裂隙水脆弱性评价标准

地下水脆弱性综合指数值	[18，70]	（70，100]	（100，120]	（120，150]	（150，197]
地下水脆弱性级别	低	较低	中等	较高	高

7.3.2.3 喀斯特水脆弱性评判体系

（1）南方喀斯特水脆弱性评价评判体系。

1）指标体系。岩溶水脆弱性影响因素包括覆盖层、径流特征、降水条件和喀斯特网络系统发育程度。通过对 EPIK 方法的改进，选取土壤介质（S），包气带介质（I），包气带厚度（H），表层喀斯特发育程度（E），降水强度（P），喀斯特管道网络系统发育程度（K）作为南方喀斯特水脆弱性评价指标体系，见表 7.10。

表 7.10 南方喀斯特水脆弱性评价指标体系

影响因素	表征指标	数据来源
覆盖层	土壤介质（S）	钻孔或土壤取样器进行野外分析测定。从已出版的地质图、土壤图和地形图、地质和区域研究等资料可以确定流域是否存在上覆保护层。野外调查、遥感像片也可确定一定尺度范围内土壤存在与否及厚度
	包气带介质（I）	
	包气带厚度（H）	
径流特征	表层喀斯特发育程度（E）	发育强度用垂直相交小形态或溶蚀通道在特定尺度内的平均深度和频率表征。相交小形态或溶蚀通道包括喀斯特节理、溶蚀裂缝、小溶沟、溶隙、溶管以及小溶坑或竖井。表层裂隙发育程度通过野外调查时统计的裂隙率表征
降水条件	降水强度（P）	气象资料
喀斯特管道网络系统发育情况	喀斯特管道网络系统发育程度（K）	由地质、地貌、喀斯特与洞穴发育图件、地下水示踪结果、抽水试验、泉水化学分析、遥感与地球物理勘探、钻探和地球物理记录、基岩取样和实验室测试以及模拟结果校正

南方喀斯特水脆弱性指数的计算公式为

$$DI = S_W S_R + I_W I_R + H_W H_R + E_W E_R + P_W P_R + K_W K_R \qquad (7.3)$$

式中：下标 R 为指标值；W 为指标的权重；$P_R = r_d \times s_e / 10$，$r_d$ 为大于 80mm/d 每年平均天数评分；s_e 为 20～80mm/d 每年平均天数。

南方喀斯特水脆弱性指标等级划分及赋值相对复杂，可根据覆盖层的土壤介质、包气带岩性与厚度、径流特征、降水条件、喀斯特管道网络系统发育程度进行取值，北方喀斯特区亦同。

2）权重体系（表 7.11）。与孔隙水权重体系一样，各地区可根据实际情况对指标权重进行适当调整。

3）评价标准（表 7.12）。

（2）北方喀斯特水脆弱性评价评判体系。

1）指标体系。北方喀斯特水脆弱性评价思路与南方喀斯特水相同，指标选取上与南方喀斯特水不同的是：北方喀斯特水不存在集中入渗的情况，坡度-植

表 7.11　　　　　　　　　南方喀斯特水脆弱性评价指标权重体系

指　标	权　重	指　标	权　重
土壤介质（S）	2	表层喀斯特发育程度（E）	4
包气带介质（I）	3	降水强度（P）	3
包气带厚度（H）	3	喀斯特管道网络系统发育程度（K）	5

表 7.12　　　　　　　　　南方喀斯特水脆弱性评价标准

地下水脆弱性综合指数值	[20，70]	(70，100]	(100，120]	(120，150]	(150，200]
地下水脆弱性级别	低	较低	中等	较高	高

被条件（T）是影响入渗条件的主要因素；北方喀斯特水含水介质多以溶蚀裂隙网络为主，选取富水性（A）作为表征喀斯特裂隙发育程度的指标，见表 7.13。

表 7.13　　　　　　　　　北方喀斯特水脆弱性评价指标体系

影响因素	表征指标	数　据　来　源
覆盖层	土壤介质（S）	钻孔或土壤取样器进行野外分析测定。从已出版的地质图、土壤图和地形图、地质和区域研究等资料可以确定流域是否存在上覆保护层。野外调查、遥感影片也可确定一定尺度范围内土壤存在与否及厚度
	包气带介质（I）	
	包气带厚度（H）	
径流特征	坡度-植被条件（T）	DEM 坡度提取
		遥感影像解译
降水条件	降水量、降水强度（P）	气象资料
喀斯特饱和带	富水性（A）	水文地质资料

北方喀斯特水脆弱性指数的计算公式为

$$DI = S_W S_R + I_W I_R + H_W H_R + T_W T_R + P_W P_R + A_W A_R \qquad (7.4)$$

式中：下标 R 为指标值；下标 W 为指标的权重；$P_R = r_d \times s_e / 10$，$r_d$ 为大于 80mm/d 每年平均天数评分；s_e 为 20～80mm/d 每年平均天数。

2）权重体系（表 7.14）。

表 7.14　　　　　　　　　北方喀斯特水脆弱性评价指标权重体系

指　标	权　重	指　标	权　重
包气带介质（I）	3	土壤介质（S）	2
包气带厚度（H）	4	降水强度（P）	4
坡度-植被条件（T）	3	富水性（A）	4

3）评价标准（表 7.15）。

表 7.15 　　　　　　　　北方喀斯特水脆弱性评价标准

地下水脆弱性综合指数值	[20，70]	(70，100]	(100，120]	(120，150]	(150，200]
地下水脆弱性级别	低	较低	中等	较高	高

第8章

地 下 水 管 控

8.1 地下水管控总体思路

地下水是整个水循环的必要组成部分，为地表河流、湖泊、湿地甚至含水层本身（例如，溶洞和喀斯特管道）提供了基本径流并供养其中的水生物。地下取水会影响到地表径流和水质，反之亦然。某些地方的地表水可变为地下水，在流经地下水系统一定距离和时间后又可重新出露成为地表水。上游（指地表水）或上梯级（指地下水）用户、分流和排污等会影响到下游用户的可用水量和水质。因此，应从流域或区域层面将地下水管理纳入水资源综合管理整体框架内。水资源综合管理涉及水的再分配、资金的分配和环境目标的实现，其目前和今后面临的最大挑战都是解决两个看似相互矛盾的需求：生态系统需求和不断发展的人类

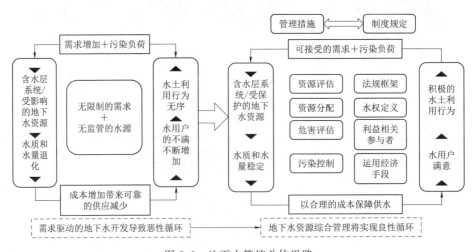

图 8.1　地下水管控总体思路

社会需求。两者共同依赖于水，使得水资源综合管理中必须对生态系统予以高度关注。

多年来，我国一些地区大量无序的地下水开发利用活动已经造成含水层枯竭、开采井产量下降，以及水质污染等问题。如果任由地下水抽取和污染无节制地发展，就会形成恶性循环，严重危害地下水资源。这就需要对地下水进行全面系统地管控，将这种恶性循环转变为良性循环。地下水管控既是对水（含水层资源）的管控，更是对人（水和土地使用者）的管控。换言之，在地下水管理中，社会经济维度（需方管理）和水资源维度（供方管理）同等重要，二者要相互结合。地下水管控总体思路如图 8.1 所示。

8.2 地下水开采量与水位控制

8.2.1 地下水开采量控制

地下水开发利用总量控制是地下水实现管控的关键环节，也是最严格水资源管理工作的一部分。根据我国当前的实践，地下水总量控制是针对行政区域（包括省、市、县、乡镇等）地下水开采量的控制，具体工作措施包括地下水开采量控制指标的制定、地下水开采量监测统计、开采指标控制达标情况的监督考核等。地下水开采量控制除了区分浅层地下水和深层承压水以外，一般不考虑水文地质条件分区，而只按行政区进行统计与管控。

为促进地下水资源可持续利用，维持地下水开采处于合理开发水平，地下水开采量指标通常应小于行政区（或开采区）在维持地下水位平衡状态下允许的地下水最大开采控制量。因此地下水开采量控制指标的制定应包括地下水可开采量的确定，地下水开采量控制指标的确定，地下水开采量年度指标的确定等工作。由于山丘区与平原区地下水循环规律和补给、径流与排泄特点相差都较大，地下水超采区与未超采区的管控要求标准不同，因此需要分别对待处理。

8.2.1.1 地下水可开采量确定

在地下水开采量控制指标的确定过程中，作为地下水取用水管控环节中的最低控制标准，准确可靠的地下水可开采量，尤其是更精细单元，如县级行政区、超采区的地下水可开采量的确定尤其重要。

1. 平原区浅层地下水可开采量确定

（1）实际开采量调查法。在浅层地下水实际开采量统计资料较完整准确、浅层地下水开发利用程度较高且潜水蒸发量不大的地区，可应用本方法。若某研究单元的研究期较长，研究期初和期末的地下水水位基本相等，则可以将该期间年均浅层地下水实际开采量近似确定为该研究单元多年平均浅层地下水可开采量。

（2）可开采系数法。在浅层地下水含水层的岩性组成、厚度、渗透补给性能等含水层水文地质条件研究程度较高及单井涌水量、单井影响半径等开采条件掌握比较清楚的地区，可应用本方法。所谓可开采系数是指某地区地下水可开采量与同一地区地下水总补给量的比值，常将区域地下水补给量乘以一个小于 1.0 的经验可开采系数求得该区地下水可开采量。降水入渗补给量、河道渗漏补给量、渠系渗漏补给量、山前侧向补给量、人工回灌补给量等各补给项可分别根据评价区所属水文地质单元确定的参数方法进行计算，加合即得总补给量大小；有条件的也可参照研究单元所在区域年均地下水总补给量等值线图加以确定；最后依照所处水文地质单元特性，逐项计算潜水蒸发量、河道排泄量、侧向流出量以及实际开采量等各排泄量总和，以校验补给量评价成果的合理性。湿润半湿润地区一方面有河渠渗漏和田间灌溉水的补给，另一方面又有降水入渗，地下水的可开采系数较高，有时可达 0.7～0.9；干旱地区降水量稀少，农田和非耕地天然植被及含水层腾发旺盛，会消耗一大部分地下水资源量，地下水的可开采系数远小于湿润半湿润地区；除了考虑研究单元气候条件外以单井涌水量所表征的开采条件也是率定可开采系数重要参考内容。

（3）多年调节计算法。在已求得不同岩性、地下水埋深的各个水文地质参数，且具有为水利规划或农业区划制订的井灌区、渠灌区的划分以及农作物组成和复种指数、灌溉定额和灌溉制度、连续多年降水过程等资料的地区，可应用多年调节计算法。

地下水的调节计算，是根据一定的用水需求、开采条件和地下水补给量，将历史资料系列作为一个循环重复出现的周期，并在多年总补给量与总排泄量相平衡的原则基础上，分析地下水的排泄与补给的平衡关系。多年调节计算法有长系列和代表周期两种：前者选取多年长系列作为调节计算期，以年为调节时段，并以调节计算期间的总补给量与总废弃水量之差作为可开采量，具体可参阅安徽省水科院金光炎的相关研究；后者选取包括丰、平、枯在内的 8～10 年一个代表性降水周期作为调节计算期，以补给时段和排泄时段为调节时段，并以调节计算期间的总补给量与难以夺取的总潜水蒸发量之差作为可开采量。

（4）类比法。缺乏资料地区，可参照水文及水文地质条件类似地区可开采量计算成果，采用类比法估算可开采量。

2. 山丘区年均浅层地下水可开采量确定

（1）泉水年均流量不小于 0.5m³/s 的喀斯特山区。对于在近 20 年期间以凿井方式开采喀斯特水数量较小（可忽略不计）的喀斯特山区，可以将近 20 年期间最小年泉水实测流量确定为该喀斯特山区的年均地下水可开采量；对于以凿井方式开发利用地下水程度较高，近期泉水实测流量逐年减少或已断流的喀斯特山区，可以将近 20 年期间地下水水位动态相对稳定时段（时段长度：平水年时不少于 2 年或包括丰、平、枯水文年时不少于 5 年）所对应的年均实际开采量，作为该评价计算区的年均地下水可开采量。

（2）一般山丘区及泉水年均流量小于 $0.5\mathrm{m}^3/\mathrm{s}$ 的喀斯特山区。以凿井方式开发利用地下水程度较高的地区，可根据近 20 年期间地下水实际开采量，并结合相应时段地下水水位动态分析，即某段时期地下水水位动态过程线中地下水水位相对稳定时段（时段长度同上）所对应的年均实际开采量作为该评价计算区年均地下水可开采量；以凿井方式开发利用地下水的程度较低，但具有以凿井方式开发利用地下水前景，且具有较完整水文地质资料的地区，可采用水文地质比拟法，估算评价计算区的年均地下水可开采量。

（3）山间河谷松散岩类孔隙水。对未开采的山间河谷区，选定可开采区的河谷松散层范围，率定河流入渗及降雨入渗补给系数及可开采系数，估算地下水补给量及可开采量；对已开采区，分析归纳历史水位动态及开采量监测资料，可采用补偿疏干法计算河流渗漏及降雨入渗补给量与开采条件下向下游潜流量之差，并考虑河谷含水层最大调蓄量，综合确定可开采量。

（4）一般山丘基岩裂隙水。在补给和开采条件较好、当地农村居民生活主要依靠基岩裂隙水的地区，可以规划增加开采量加上现状开采量作为可开采量；在裂隙水开发利用程度较高的地区，可直接采用已有水资源评价或水源地勘探成果，也可通过对当地水量水位的综合分析，修正校核可开采量。

8.2.1.2　区域水资源配置法

1．平原未超采区

（1）水资源开发利用情况分析。在对各平原未超采区研究单元作供需水预测分析前，需要对其现状水资源开发利用情况进行调查分析，以服务于今后的供需平衡分析。需要收集各研究单元供水基础设施现状及其供水能力、供用水量、当地水资源开发利用程度及进一步开发潜力、当地用水结构、用水部门及其节水潜力等资料，并对现状供用水存在的问题进行总结归纳。

（2）供、需水预测。

1）确定基准年和规划水平年，预测各研究单元人口及城镇化率、GDP 及产业结构变化等国民经济发展指标、耕地、林果地、有效灌溉面积以及作物组成等经济社会发展指标以及相应的用水定额，预测结果可对比参考相关主管部门的预测成果。

2）依据不同水平年节水目标与要求、各用水部门节水潜力等，按生活、生产和生态用水三类口径，区分城镇和农村，依次对不同节水模式下的各研究单元不同水平年不同年型的河道外需水情况进行预测。

3）在综合调查总结水资源开发利用程度以及现有供水设施分布、供水能力以及存在问题等，综合考虑不同水平年的用水需求，分析水资源开发利用的潜力，拟定多种可能增加供水方案：对于以浅层地下水为单一水源的研究单元，考虑增加开发利用地表水及外调水等其他水源；对于多水源联合利用的研究单元，考虑提高区域地表水开发利用率及增加非常规水源利用，最终提出不同水平年不同年型不同供水方案的可供水量成果。为了不使平原未超采区变成超采区，浅层地下水可供水量不得超过当地浅层地下水可开采量。

（3）研究单元水资源配置。在优先使用外调水，充分开发利用地表水资源及全面考虑各规划水平年非常规水源利用率及使用范围的变化等原则下，根据各水平年供需水预测成果，进行研究单元内供需水量平衡分析，得出推荐方案。考虑到各水平年会存在不同程度的缺水量，供需分析中的需水量建议采用最优节水模式下的需水量预测成果，河道内需水量原则上不参与河道外水资源供需分析。

通过对推荐方案中需水量和可供水量的调整，进一步压缩需水量或增加可供水量，提出使研究单元供需平衡的配置措施，得到各平原未超采区研究单元的浅层地下水配置水量。

2. 平原超采区

各研究单元浅层地下水配置水量分析确定原则、步骤及方法同平原未超采区部分。但不同的是，超采区现状浅层地下水资源已经是不合理利用，有些地区地下水开采量已远远超出了当地可开采量，超采区面积不断扩大。为了完成既定压采目标，改善目前超采局势，实现地下水资源的永续利用，配置过程中应着重考虑节水和替代水源两方面，对平原超采区规划年各研究单元浅层地下水配置水量进行匡算，通过规划年减少需水以及增加可供水量，以实现超采区压采目标，逐步恢复超采区为未超采区。配置过程中浅层地下水可供水量方面暂不考虑可开采量上限，待确定控制开采量指标后进行合理性分析。

（1）节水。浅层地下水主要消耗途径为生产用水，且一般以农业生产用水消耗量最大。以河北省为例：2013 年河北全省地下水开采量为 154 亿 m^3，其中农业开采量占总开采量 80％以上。在充分保障规划年居民生活和工业发展的基础上，主要考虑农业节水。综合考虑各种因素，可计算得到规划年平原超采区各研究单元发挥最大节水潜力下可节约的浅层地下水资源量：

$$W_{节水} = W_{调} + W_{压} + W_{节} \tag{8.1}$$

1）$W_{调}$ 为通过调整种植结构所能压减的浅层地下水开采量。在我国浅层地下水超采严重的北方地区作物种植结构中，2012 年西北地区小麦等粮食作物占地区总播种面积的 66％，大田经济作物及瓜果园占 34％；而华北地区、黑吉辽内蒙古等东北地区均是国家粮食生产重要基地，粮食作物播种面积占比稳定在70％以上，是保障我国粮食安全的重要地区。

在现有品种和种植技术条件下，主要粮食作物小麦一般年份全生育期需要灌溉 4～5 次水，且雨热不同期，蔬菜全生育期需要经常浇灌，二者是农业用水的大户。因此首先应大力推广研发小麦等旱作节水品种替代种植，实施农艺节水，发展旱作农业，以在充分保证粮食供应基础上减少灌溉需水量；其次在不影响区域粮食供应、保障社会民生的基础上适当减少小麦种植面积，适当控制蔬菜面积，改种耐旱农作物或与当地雨热同期的农作物，例如种植一季春玉米、棉花、牧草等；还可实施非农作物替代种植，例如推广林果种植节水技术或退耕还湿，湖滨洼淀周边种植水生生态植物，发展生态农业，在提升农民收入的同时节约保护水资源，恢复周边生态环境。

2）$W_压$ 为通过压缩现有农业灌溉面积所能减少的浅层地下水开采量。充分考虑不同水平年该研究单元社会经济发展及其对粮食、经济等作物的需求，以及耕作技术提高所带来的粮食等作物亩均增产现象，在不影响民生及社会经济发展前提下，在现有灌溉面积有压缩空间的情况下，在浅层地下水严重超采区退减部分井灌面积，适当休灌，发展旱作雨养农业。各研究单元应对计划压减灌溉面积规模、压减灌溉面积对应作物种类以及压减计划实施保证程度三方面综合分析后，确定所能减少的浅层地下水开采量。

3）$W_节$ 为在保留现有灌溉面积基础上，通过在井灌区发展高效节水灌溉所能压减开采的浅层地下水资源量。具体包括逐步普及高标准的管灌、滴灌、喷灌及微灌等高效节水灌溉技术，推广并提高节水灌溉设备普及率，避免大水漫灌等现状农业灌溉用水方式，减少水资源浪费。

华北地区节水压采高效节水灌溉发展总体方案（2014—2018 年）指出：计划 2014—2018 年在地下水超采区发展高效节水灌溉 2000 万亩，其中管道输水灌溉面积 1205 万亩，喷灌面积 340 万亩，微灌面积 455 万亩，分别占 60.3%、17.0%、22.7%；西北地区节水增效高效节水灌溉发展总体方案（2014—2018 年）指出，到 2018 年按照地块相对集中连片、规模化推进的原则，新建高效节水灌溉面积 2850 万亩，其中 19% 为低压管道输水灌溉面积、6% 为喷灌面积、75% 为微灌面积。在确定规划年研究单元通过发展高效节水灌溉所能压采的浅层地下水资源量时，要在对研究单元现状灌溉模式及用水、规划发展高效节水灌溉方案以及方案实施保证程度三方面综合分析后加以确定。

（2）替代水源。北方超采区气候干旱，地表水源不足，社会生产生活很大程度上依赖于对地下水资源的开发利用，从而造成现状愈发严峻的超采局势。若规划年研究单元存在外调水工程，加上充分利用当地地表水以及其他水源用于生产生活，便可压减一部分超采地下水，缓解超采局势。综合考虑各种因素，可计算得到规划年平原超采区各研究单元通过修、整、调等措施拓展供水水源并可置换当地超采浅层地下水的地表水资源量：

$$W_{替代} = W_{地表} + W_{其他} + W_{外调} \tag{8.2}$$

1）$W_{地表}$为规划年通过整、修、建等措施，充分利用当地地表水所能置换的超采浅层地下水资源量。在地表水资源开发利用程度较高的地区，通过扩容整治河渠坑塘淤积现象，修建河湖渠库水系连通工程，建设平原调蓄水库，增强规划年相应研究单元蓄存利用外来水和雨洪资源的能力，充分合理调配当地地表水资源，提高当地地表水使用效率及农业利用当地地表水的能力，从而置换一部分超采浅层地下水；在地表水开发利用程度很低，而地下水又超采严重的地区，如东部沿海地区，修建必要的地表水利用工程，为地下水压采提供替代水源，减少地下水的超采量。

2）$W_{其他}$为规划年通过增加再生水及微咸水等其他替代水源利用量所能置换的超采浅层地下水资源量。各研究单元应在本地区水利中长期规划基础上，积极规划发展建设再生水回用及微咸水利用工程、雨水集蓄利用工程等其他替代水源工程，实行推广咸、淡水混浇灌溉及将污水处理后达标的再生水用于灌溉或工业冷却等，准确合理地确定规划年可用于替代农业、工业地下水开采的其他类型替代水源利用总量。

3）$W_{外调}$为通过南水北调工程及引黄工程等跨流域调水工程建设所带来的外调水所能置换的超采浅层地下水资源量。南水北调东中线工程是目前我国规模最大的跨流域调水工程，规划年可为超采严重的受水区海河区和淮河区大部分城市提供优质的生活生产用水；除南水北调东中线工程外，根据水利部中长期规划，在东北、华北、西北、长三角地区等地相继开展若干项跨流域调水工程。这些工程包括辽宁大伙房二期调水、吉林引松二期、辽宁的北水南调、陕西引汉济渭、新疆伊犁河跨流域生态补水等工程。

对于规划年有引入外调水规划的研究单元，应以水资源综合规划确定的水资源配置和工程跨流域调水方案为依据，合理确定跨流域调水可用于地下水超采治理的替代水量；同时还应积极建设跨流域调水骨干工程和输配水管网、地表水厂、灌区配套等配套工程，以充分有效利用外调水资源。

3. 山丘区

(1) 水资源开发利用情况分析。山丘区水资源开发利用情况较特殊。相对平原区而言，山丘区通常无自来水厂等地表供水水源工程设施，现状条件下大多仅靠开采浅层地下水来满足当地居民生活与社会生产发展，水源结构较单一。收集分析当地近年来各行业取用地下水情况，各行业节水潜力以及地下水开发利用程度等资料，并对现状供用水存在的问题进行总结归纳。

(2) 供、需水预测。供、需水预测原则和方法同平原非超采区部分。通过对规划年山丘区各行业需水的指标、定额以及可供水量的合理分析，得出各研究单元规划年浅层地下水配置水量。

在需水方面，目前我国城镇化率迅猛增加，山区人口迁往城镇生活工作的趋势逐年增强，使得山区常住人口逐年减少；山丘区地形复杂，不具备平原区宜于开展大面积农业耕作的地势条件，且农业高效节水应用难度大不宜推广，也限制了农耕规模在山丘区的发展；山丘区水源水质较好，大多成为城镇供水水源，故对其采取了较大力度的保护措施，限制了当地工业的发展。综上可知，山丘区规划年人饮等居民生活用水以及工农业耗水总量在很大程度上会低于现状浅层地下水开采量。

在可供水量方面，重点分析在规划年当地有无外调水、非常规水源利用等替代水源工程。因山丘区供水水源结构单一，规划年若无替代水源工程投产，只能继续依靠取用浅层地下水来满足各行业用水需求。

（3）研究单元水资源配置。山丘区可供水量只有浅层地下水与未来可能替代水源，为了在充分发挥各行业节水潜力的情况下满足规划年当地用水需求，在水资源配置过程中浅层地下水可供水量方面暂不设上限。根据供需水预测成果，对山丘区各研究单元按照下式进行供需水量平衡分析，进而得出各山丘县浅层地下水配置水量：

$$W_{配置} = W_{需} - W_{替代} \tag{8.3}$$

式中：$W_{配置}$为规划年山丘区各研究单元浅层地下水配置水量；$W_{需}$为规划年山丘区各研究单元总需水量；$W_{替代}$为规划年山丘区各研究单元替代水源工程供水量。

4. 平差分析

若研究区已有规划水平年浅层地下水控制开采量，且不等于研究区内各研究单元浅层地下水配置水量之和，考虑到资源分配的公平性，就需要进行平差计算，对不同研究单元浅层地下水配置水量进行同比例缩放，计算公式如下：

$$W_i = \frac{W_0}{\sum_{i=1}^{n} w_i} \times w_i \tag{8.4}$$

式中：W_i为不同水平年研究区内各研究单元浅层地下水控制开采量；W_0为相应水平年研究区浅层地下水控制开采量；w_i为相应水平年各研究单元浅层地下水配置水量；i为相应的研究单元。

有规划水平年区域水资源配置的研究单元，可直接利用浅层地下水配置结果参与平差计算以及合理性分析。

8.2.1.3 倒算法

通过考虑不同情况，对各研究单元规划年水资源进行供需分析及配置后，可得到相应研究单元浅层地下水配置水量，采取倒算法可完成各研究单元浅层地下水控制开采量指标的划分。考虑到水资源配置工作任务繁重，技术难度较大，资料依赖性强，配置周期较长，进而使得浅层地下水控制开采量指标分配工作可实际操作性不强。鉴于此，考虑研究区规划年用水总量的增长情况，按照优先选用外调水，其次使用当地地表水及污水处理回用水、雨水、微咸水等非常规水源，最后使用地下水的水资源配置原则，考虑南水北调受水区替代水源工程建设情况及在各研究单元实施的可能性，按照严格地下水管理的要求，基于区域水资源配置的准则与技术体系，本着可应用操作性强的原则，本书提出基于用水总量控制的倒算法对待划定省（自治区、直辖市）浅层地下水控制开采量指标进行分配。该方法对不同浅层地下水超采情形的研究区均适用，划定方法如下。

首先明确待划定省（自治区、直辖市）所辖各研究单元规划年用水总量控制考核目标，该用水总量目标值考虑了规划年发挥各行业最大节水潜力下社会经济发展所带来的可能需水增长情况，可近似地理解为规划年各研究单元强化节水后的需水量预测成果，是各地规划年全口径用水量的上限控制值；其次通过区域水资源公报、水资源综合规划等，仔细核对并确定各研究单元现有工程地表水可供水量、开源工程地表水可供水量、规划跨流域调水可调入量、深层承压水规划开采量、污水处理回用量、规划微咸水及雨水利用量等规划水量，以上各规划水量再加上浅层地下水控制开采量便可理解为规划年各研究单元可供水量预测成果，是各地规划年可供生产、生活、生态全口径用水的上限控制值；最后将规划年各研究单元用水总量控制目标依次扣除现状及规划地表水可供水量、深层承压水规划开采量、外调水量及中水回用等其他水源可利用量等规划水量，即可得到规划年待划定省（自治区、直辖市）所辖各研究单元浅层地下水控制开采量初值：

$$W_i^{控制} = W_i^{总} - W_i^{现地表} - W_i^{规地表} - W_i^{承压} - W_i^{外调} - W_i^{其他} \tag{8.5}$$

式中：$W_i^{控制}$ 为研究单元规划年浅层地下水控制开采量初值；$W_i^{总}$ 为研究单元规划年用水总量控制考核目标值；$W_i^{现地表}$ 为研究单元现有地表水供水工程可供水量；$W_i^{规地表}$ 为研究单元规划年开源工程地表水可供水量；$W_i^{承压}$ 为研究单元规划年深层承压水规划开采量；$W_i^{外调}$ 为研究单元规划年跨流域调水可调入量；$W_i^{其他}$ 为研究单元规划年污水处理回用、雨水及微咸水等其他水源可利用量；i 为待划定省（自治区、直辖市）所辖相应研究单元。

确定规划年待划定省（自治区、直辖市）所辖各研究单元浅层地下水控制开采量初值后，若控制开采量初值之和不等于该省（自治区、直辖市）规划年浅层地下水控制开采总量，考虑到资源分配的公平性，就需要进行平差计算，计算公式见式（8.4）。

8.2.1.4　简化法

当研究区内无浅层地下水超采现象时，可通过收集整理待划定各市、县研究单元现状年以及近十年生活、生产以及生态三类口径浅层地下水取用量情况，确定浅层地下水开采量控制指标。若各研究单元逐年浅层地下水取用量占全部研究单元取用总量的比例在一定范围内合理波动，基本保持不变时，便可假定该省

（自治区、直辖市）已形成较稳定的浅层地下水利用格局，在一定时期内各研究单元浅层地下水取用比例不会发生大的变化；或因受资料、时间等条件限制无法通过区域水资源配置法或倒算法准确对浅层地下水开采量控制指标进行划定。满足以上条件时，可采用简化法对待划定省（自治区、直辖市）浅层地下水控制开采量指标进行分配，方法如下。

1. 研究单元待求占比确定

因本书研究对象为浅层地下水，其与大气降水及地表水有着较密切的水力联系，故应根据该研究区域水文系列资料翔实程度及实际情况的不同，选取不同途径求取各研究单元规划年浅层地下水控制开采占比：若研究区降水系列资料丰富，研究区内各市、县具有逐年（月、日）降水系列，为了最大程度上削减丰水或枯水年降水量的变化所引起的浅层地下水不合理利用所产生的影响，可取各研究单元包含丰、平、枯水年的最近五年（可不相邻，但与现状年不能相差太久）浅层地下水取用量的平均值占整个研究区各研究单元浅层地下水取用量平均值总和的比重，即为该研究单元待求占比；也可将各研究单元近 20 年降水量进行频率分析计算，分别取位于 37.5%～62.5% 平水年降水频率区间内的最近五年浅层地下水取用量的平均值，并求出相应研究单元待求占比；若研究区降水系列资料不充足，区内个别研究单元无降水资料或缺测年份较多，不能可靠地通过对降水量的分析计算来考虑降水因素对浅层地下水开采的影响，可仅取各研究单元最近五年浅层地下水取用量的平均值，并求出相应研究单元待求占比。

2. 各研究单元浅层地下水控制开采量确定

求得研究区内各研究单元待求占比 η 后，将其与不同水平年研究区浅层地下水总控制开采量相乘，即可得相应水平年该研究单元浅层地下水控制开采量 W_i'，公式如下：

$$W_i' = \frac{W_i}{\sum W_i} \sum W_i' \qquad (8.6)$$

式中：W_i' 为某研究单元分得的相应水平年下浅层地下水控制开采量；$\sum W_i'$ 为相应水平年下研究区浅层地下水总控制开采量；W_i 为按照不同方法计算得到的某研究单元近五年浅层地下水取用量平均值；$\sum W_i$ 为各研究单元近五年浅层地下水取用量平均值总和；$W_i / \sum W_i$ 为某研究单元分得的浅层地下水控制开采量待求占比 η。

8.2.1.5　分区控制法

当研究区内既存在浅层地下水平原超采区，又包含非超采区，且不具备相应资料条件以采取区域水资源配置法或倒算法对研究区浅层地下水控制开采总量指标进行合理划定时，考虑到《全国水资源综合规划》及《全国地下水利用与保护规划》中所明确的 2030 年我国浅层地下水实现全面压采的要求，本着操作简便实用的原则，研究提出分区控制法，用于对浅层地下水超采非超采区域并存的研究区的浅层地下水开采量控制指标进行划定。

1. 适用性判定

应用该方法对研究区开采量控制指标进行划定前，需根据研究区域的不同对该方法的合理可行性进行研讨，以保证划定结果真实有效。

当研究区位于递增型控制开采量变化趋势类型的大部分南方省份时，该区域地表水、地下水资源丰富，浅层地下水可开采量大、规划年有着较大的开发利用潜力，远期规划年超采区研究单元浅层地下水全面压采可行性高，以此方法所得划定结果具有一定的准确合理性。

当研究区位于递减型控制开采量变化趋势类型的大部分北方省份时，研究区地表水资源匮乏，浅层地下水超采局势严峻，浅层地下水压采难度大。远期规划年超采区研究单元若实现全面压采，需同当地替代水源工程结合起来考虑分析，以确保在远期规划年有充足的水源补充来确保超采区研究单元压采目标的顺利实现；考虑到该方法缺乏一定的理论依据及物理机制，为了对浅层地下水超采局势严峻的北方地区的开采量控制指标进行准确划定，在具备相应资料条件时，应优先选用区域水资源配置法或倒算法。

2. 平原超采区

为了保证 2030 远期规划年超采区浅层地下水全面压采，直接选取各平原超采区研究单元当地地下水可开采量作为其 2030 年浅层地下水开采控制量，2020年浅层地下水开采控制量依据基准年浅层地下水实际开采量与 2030 年浅层地下水开采控制量，通过线性内插法进行求解，即可求得研究区内所有平原超采区研究单元 2020 年、2030 年浅层地下水开采控制量。

3. 未超采区

鉴于基准年非超采区各研究单元浅层地下水取用的合理性及必要性，考虑简化法的适用性及指标划定方法，首先基于研究区不同水平年浅层地下水开采控制总量，将其扣除超采区各研究单元相应的水平年浅层地下水开采控制量之和，即可得到非超采区各研究单元浅层地下水开采控制总量；其次采用简化法，依照各研究单元基准年浅层地下水开采情况，求取待求占比并最终求得非超采区各研究单元不同水平年浅层地下水开采控制量。

8.2.1.6　合理性分析

在采用不同方法完成研究区浅层地下水开采控制总量指标划定后，为了确保各研究单元开采控制量指标真实有效，满足现实及政策要求，具有可执行性，需对指标划定结果进行合理性分析，将各研究单元浅层地下水开采控制量同当地可开采量及近年浅层地下水开采量整体变化趋势进行对比分析，必要时进行适当修正。

1. 平原未超采区

对于平原未超采区研究单元，为了避免非超采区变成超采区，其规划年浅层地下水控制开采量需小于当地浅层地下水可开采量，需将其同当地浅层地下水可开采量评价成果进行对比校验，取二者之中的较小者作为该研究单元通过该方法最终分得的浅层地下水控制开采量；因超过可开采量而多余的部分控制开采量指标，可合理分配给近年来浅层地下水需求增长较快的研究单元。各平原未超采区研究单元规划年最终浅层地下水控制开采量确定公式如下：

$$W_i^{控制} = \min\{W_i, W_i^{可开采量}\} \tag{8.7}$$

2. 平原超采区

对于平原超采区研究单元，为了缓解超采区地下水降落漏斗的扩散，原则上求得的规划年各研究单元浅层地下水控制开采量指标不得高于该区域浅层地下水可开采量。若近期规划年某研究单元在发挥最大节水潜力以及拓展所有可能水源后，所需浅层地下水量仍大于可开采量且超出的水量对支撑社会经济发展至关重要，则允许其近期规划年浅层地下水控制开采量在合理范围内超过当地可开采量；依照《全国水资源综合规划》及《全国地下水利用与保护规划》，2030 年我国实现全面压采浅层地下水，若远期规划年某研究单元浅层地下水控制开采量指标高于当地地下水可开采量，应以可开采量对其进行控制并合理分配多余的浅层地下水控制开采量指标。

3. 山丘区

对于山丘区研究单元，将各山丘区研究单元浅层地下水开采控制量初步划定结果同当地可开采量或 1980—2000 年年均浅层地下水实际开采量值进行对比分析。由于考虑到其供水水源存在单一性的特点，不明确要求各研究单元开采控制量小于当地可开采量或 1980—2000 年年均浅层地下水实际开采量，但要控制在一定合理范围内，以尽可能少地袭夺地表水资源。若研究单元控制开采量指标划定结果大于当地可开采量或 1980—2000 年年均浅层地下水实际开采量，表示在规划年由于加大开采浅层地下水而袭夺了部分地表水资源，在评估周边地区地表水资源量时应将这部分水量扣除出去；且应控制这部分超出量在一定范围内，以防止造成山丘区浅层地下水不合理利用。

4. 整体趋势分析

在将确定的各研究单元浅层地下水控制开采量同当地地下水可开采量进行对比分析后，为了确保该值可行、有效且具有政策可执行性，能够在一定程度上依照近年来研究单元本地区经济社会发展和各行业用水需求增长的趋势来保障相应水平年本地区取用浅层地下水的最低需求，使得人民生活社会发展同顺利实现该地区浅层地下水压采目标。若可收集到各研究单元近年来浅层地下水开发利用资料，可选取该市（县）研究单元近十年浅层地下水取用量的整体变化趋势与确定的该市（县）近期（远期）规划水平年浅层地下水控制开采量指标进行综合分析讨论；尤其对于超采区研究单元，结合当地规划年替代水源工程建设情况，进一步检验所得开采控制量指标的合理性。本书尝试依次从三大情形九种情况出发（图 8.2～图 8.4），规划水平年以 2020 年为例，定性讨论所确定浅层地下水控制开采量指标的合理性：

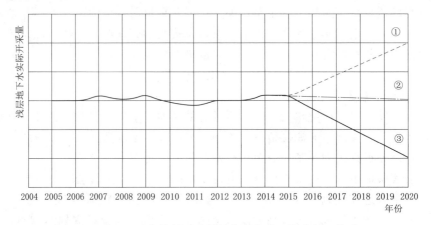

图 8.2　浅层地下水控制开采量趋势变化合理性分析（情形一）

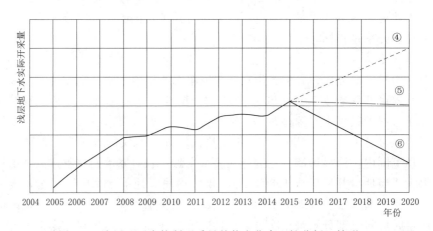

图 8.3　浅层地下水控制开采量趋势变化合理性分析（情形二）

（1）稳定上升型：如图 8.2 中①号曲线所示，该情况常见于我国南方大部分非超采区市县。该曲线走势显示，研究单元近年来对浅层地下水取用量基本保持不变，以很小的幅度上下波动，确定的规划水平年控制开采量普遍高于近年来的实际开采量。一方面考虑到经济社会发展所可能产生的浅层地下水需求量增加，另一方面也为了防止地下水位上升过快造成土壤盐渍化，威胁城区建筑物稳定，故在规划水平年加大对浅层地下水的开采，既具有生态维系价值，又可促进经济社会发展，此时需注意增大的控制开采量指标不得超过当地地下水可开采量，以防止超采的发生。

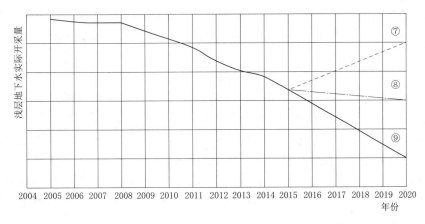

图 8.4　浅层地下水控制开采量趋势变化合理性分析（情形三）

（2）持续平稳型：如图 8.2 中②号曲线所示，该情况在超采区及非超采区均可见。该曲线走势显示，在非超采区，近年来持续不变呈小幅波动的开采量显示出该研究单元现状对浅层地下水需求的稳定性，且该种趋势可延续到规划水平年；在超采区，虽然不同水平年需要完成不同的地下水压采目标，但为了保证经济社会和居民生活的持续发展，在无其他替代水源的情况下，允许近期水平年保持现状开采条件，但远期水平年控制开采量指标需控制在当地地下水可开采量范围内以实现地下水的全面压采。

（3）平稳下降型：如图 8.2 中③号曲线所示，该情况在超采区及非超采区均可见。该曲线走势显示，由于在规划水平年用水效率的提高以及常规、非常规替代水源的出现，使得研究单元浅层地下水的开采得到了压缩，符合优先利用地表水资源，涵养地下水以及实现超采区地下水压采治理的政策要求。但若该研究单元在规划水平年无外调水等替代水源或水量极小，在发挥最大节水潜力的情况下较小的浅层地下水开采控制量可能还无法满足当地正常的社会生产生活，具体合理与否还要对其进行综合水资源供需分析，以对划定结果合理性进行检验。

（4）持续上升型：如图 8.3 中④号曲线所示，该情况常见于非超采区市县研究单元。该曲线走势显示，由于该地社会经济的大力发展所带来的近年地下水取用量逐年增加，且考虑到用水持续增长现象，这种趋势会一直持续到规划水平年。较大的控制开采量能满足未来社会各行业用水需求，保障经济与生活的持续进步，此时需注意未来水平年持续增长的浅层地下水控制开采量不得超过当地地下水可开采量。

（5）上升平稳型：如图 8.3 中⑤号曲线所示，该情况见于非超采区现状开采量接近可开采量的市县研究单元。该曲线走势显示，虽然近年来当地地下水开采量持续增加，但考虑到未来各行业用水效率的提升以及其他替代水源的计划供给，在规划水平年维持现状最大开采量已经足够满足当地社会对地下水的需求。本着未超采区控制开采量不得超可开采量的原则，以及考虑未来供用水结构，综合分析延续开采量持续增加趋势的必要性及确定控制开采量指标的合理性。

（6）陡涨陡落型：如图 8.3 中⑥号曲线所示，该情况在超采区及非超采区均可见。该曲线走势显示，虽然在近年来浅层地下水开采量保持较强劲的增长态势，但规划水平年却没有延续这种趋势而是以较大幅度回落。若在非超采区地表水资源丰富的区域，未来通过加大地表水开发利用程度可实现在压减浅层地下水开采的同时满足社会发展需求；超采区即使面临着地下水压采的任务，若规划年无相应替代水源工程建设或替代水量供给不足，陡减的浅层地下水控制开采量很大程度上不能满足该水平年当地各行业对浅层地下水的需求，会影响居民生活和经济社会进步。

（7）陡落陡涨型：如图 8.4 中⑦号曲线所示，该情况常见于非超采区市县研究单元。该曲线走势显示，近年来该地因工业结构转型升级、用水效率提升以及地表水资源利用量增加等原因，导致浅层地下水取用量逐年持续下降，但在规划水平年却没有延续这种趋势而是以较大幅度抬升。划定的较高浅层地下水控制开采量既是对未来可能出现取用地下水依赖性较强的产业做准备，以最大程度保障经济社会高速发展所对应的不断增加的浅层地下水需求量，也是为了防止地下水位上升过快而影响表层土壤水盐均衡状态，形成土壤盐渍化并危及城区建筑物稳定。需以可开采量为上限对其进行控制。

（8）下降平稳型：如图 8.4 中⑧号曲线所示，该情况在超采区及非超采区均可见。该曲线走势显示，因用水结构调整、用水效率提升、替代水源等原因，近年来该地地下水取用逐年减少，但规划水平年没有持续这种趋势而是保持了现状最低开采量。保证现状最低浅层地下水开采量，可从根本上避免规划水平年地下水需求不足的情况，指标划定合理性需结合当地未来需水增长情况与地表水资源开发、替代水源工程建设进行综合分析。

（9）持续下降型：如图 8.4 中⑨号曲线所示，该情况在超采区及非超采区均可见。该曲线走势显示，规划水平年延续了现状逐年浅层地下水开采量持续下降的趋势，开采曲线整体保持下降态势。虽然超采区需要压采地下水，但规划水平年控制开采量已较大幅度低于现状地下水年均开采量，保护涵养地下水资源还需对未来替代水源工程建设规模、可供水量以及建设进度进行准确把握，判定陡减的浅层地下水控制开采量在一定程度上能否满足当地各行业生产生活对浅层地下水的需求，维持正常社会发展。

8.2.1.7　年度地下水开采控制指标确定

在具体的管理实践中，当确定了某一行政单元某一规划年的地下水开采控制指标后，还需要确定现状年和规划年之间每一年度的控制指标，作为每一年度的管控目标，以最终达到规划年目标。通常采用的方法包括内插法、趋势分析法等。

1. 内插法

依据已经确定的某一规划年的地下水开采控制以及现状年地下水开采量，可采用内插法计算不同年度的地下水开采量控制指标。

（1）线性内插。区域水资源条件变化不显著，地下水开采量主要受人口增加、灌溉面积发展、城市发展和节水措施的逐步实施等渐变性因素影响。可以假定地下水开采量由现状年线性变化到某规划年的开采量，采用线性内插法确定年度地下水开采量控制指标。

（2）非线性内插。受地下水压采替代水源工程和其他相关建设项目等因素的影响，地下水开发利用会在某时段发生显著变化，未来地下水开采量不是时间上的线性变化。采用非线性内插，需要分析地下水压采替代水源情况，根据替代水源工程建设进展以及通水情况，确定替代水源工程通水时点的替代水源量及地下水开采量，结合已知的现状开采量和某规划年开采量，采用以上三点数值进行曲线拟合，确定某一年度的地下水开采量控制指标。地下水开采量两种非线性变化趋势如图8.5所示。

1）抛物线型（Ⅰ型）。地下水处于超采状态，需计算地下水开采量控制指标的年份在替代水源工程通水时间之后，则地下水开采量变化曲线为抛物线型。替代水源工程通水前，只能通过节水、提高水价、宣传教育等措施，逐步削减地下水开采量；替代水源工程供水后，随着替代水量的不断增加，地下水开采量下降迅速。根据现状年、通水时点和

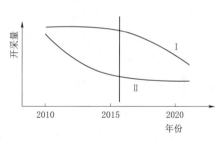

图8.5　地下水开采量
两种非线性变化趋势

规划年三个点的地下水开采量，拟合出抛物线型的地下水开采量变化趋势。该曲线在某一年度的数值即为该年度地下水开采量控制指标。

2）双曲线型（Ⅱ型）。地下水处于超采状态，需计算地下水开采量控制指标的年份在替代水源工程通水时间之前，则地下水开采量变化曲线为双曲线型。由于替代水源工程逐步发挥作用，替代水源量快速增加，地下水开采量显著下降，水源置换后，地下水开采量缓慢下降。根据现状年、通水时点和规划年三个点的地下水开采量，拟合出双曲线型的地下水开采量变化趋势。该曲线在某一年度的数值即为该年度地下水开采量控制指标。

2. 趋势分析法

趋势分析法是根据地下水开发利用历史和现状变化趋势，合理确定某一年度地下水开采量控制指标。趋势分析法又称趋势曲线分析、曲线拟合或曲线回归。

具体操作是根据已知的历年地下水开采量拟合一条曲线，使得这条曲线反映地下水开采量随时间变化的趋势，然后按照这条曲线，估算出某一年度地下水开采量。

8.2.2　地下水水位控制

制定了地下水开发利用控制总量之后，可以对区域性地下水开采强度进行总体管控。但从微观层面来讲，一定时段内某地区地下水开采量统计获取需要较长周期，存在滞后性，不能依据控制开采指标实时管控地下水开采。此外，由于地下水深埋地下，不受地域限制的优势使其开发利用较分散，对其开采量的计量存在客观上的困难。目前，我国开采井计量设施普及率很低，计量设备测算精准度不达标，尤其是对于农业灌溉等用水大户的开采量大多是依靠定额法估算出来的，与真实值存在较大差距，无法满足管控需求。因此，需要通过另一个能够更加直观反映地下水状态的要素——地下水位控制。

地下水位是水文地质要素的综合反映，与地下水开采量有着紧密联系，可以通过监测井实现动态的监测及反馈，而且当机井布设满足一定的标准及密度时，获取区域地下水埋深值真实性好，具有一定代表性。所以，以水均衡理论为基础，在地下水总量控制的基础上，开展相应于总量控制的地下水水位控制研究，在水位、水量两方面双重控制管理地下水资源，可实现开采量增减和水位变幅的相互验证，便于地下水精细化管理。

8.2.2.1　地下水水位控制指标体系

（1）地下水水位控制指标内涵。地下水水位控制的核心工作之一是科学制定地下水水位控制指标。地下水水位控制指标是指具有明确物理概念和功能属性的一系列水位值的总称。

地下水不仅是维持其社会经济发展不可替代的重要资源，而且是稳定生态环境系统的重要因素。人们对水资源的不合理开发利用，不仅造成水资源的大量浪费，而且引起了一系列生态环境问题。针对我国地下水位升降所导致的资源枯竭、地面沉降、地面塌陷、地裂缝、海（咸）水入侵、土壤沙化和荒漠化以及土壤次生盐渍化等问题，将我国地下水水位控制类别细划分为资源型水位、环境型水位和生态维系水位。

（2）水位控制指标制定原则。控制水位是用来表征地下水所处状态的，因此划分时需要综合考虑当前地下水所处状态、经济社会发展对地下水资源的需求、地下水系统特征等因素。总体来讲，确定地下水水位控制指标时需要遵循以下原则：

1）符合自然规律。地下水资源是自然资源的一部分，人为的开发利用必然会对自然环境造成一定的干扰。当这种扰动符合自然规律和在地下水系统的可承受范围之内时，是不会对环境造成严重危害的；反之，不加科学、合理地对地下水资源进行开发利用，必然会引起大自然的惩罚，引起一系列危害环境的后果。

2）因地制宜。应根据地下水功能和存在的相关问题，综合分析用水需求、生态环境、水资源状况和水文地质条件等因素，确定符合当地具体条件和管理需求的地下水控制性关键水位。

3）需要与可能兼顾。对于不同管理阶段不同区域的各类别管理分区，要充分考虑需要与可能的关系，对于条件不具备的区域，确定控制性关键水位要适当放宽限制。如对于贫水地区在无外调水的情况下，确定控制性关键水位要考虑为维持正常的经济社会活动所需要的地下水最小开采规模，并以此确定其管理分区的控制性关键水位。

4）适时调整。根据不同时期的管理目标和阶段性管理需求，以及水资源配置格局的变化等，不同时期的地下水控制性关键水位是可以不同的，是一个动态变化的管理指标。

（3）资源型水位控制。由于地下水的形成机理和赋存条件复杂，虽然很难精确测量地下水可开采量，但很容易实时监测长观井的水位变化。

水位太高，地下水埋深过浅，则潜水无效蒸发增加，且地下水调蓄能力降低，不利于水资源利用。因此，从资源有效利用的角度出发，应提出地下水的上限水位。

地下水水位低于某一限定值时，水位难以维持稳定，导致水位持续性下降，出现资源枯竭。从单井出水能力来说，水位过低会导致单位涌水量下降也是影响地下水资源利用的重要因素。

（4）环境型水位控制。表征地下水处于"环境健康"的地下水循环过程的一系列水位值或水位阈值。在该水位阈值内，地下水的环境功能能发挥正常作用，不会产生环境问题（地下水水质变劣、土壤次生盐渍化、沼泽化和地面沉降、塌陷、海水入侵等地质环境问题等）。

地下水水位过高易引发的环境问题，包括包气带次生污染、超过积盐临界深度导致土壤次生盐碱化及地下水咸化、城市人防等工程安全等。因此，应针对不同地区存在的环境问题，确定合理的上限水位。

地下水水位持续下降引发地面沉降、海水入侵、地面塌陷等环境地质灾害。因此，应针对不同地区存在的环境问题，确定合理的下限水位。

（5）生态型水位控制。地下水与河道基流、泉水、湿地和湖泊、绿洲等生态系统的相互作用关系密切，一般来说，地下水的生态功能不存在上限水位问题，地下水水位越高，对河道基流补给、泉水排泄量、湖泊湿地的补给等更有益处，但也存在过高会引发植被群落变异等问题。

地下水水位过低时，可能对河道基流产生显著袭夺，对绿洲植被生长产生影响，湖泊湿地发生显著萎缩，且水质水温等也发生变化，从而引起生态系统的退化。为了保护这些生态系统，需要设定的最低水位即地下水的下限生态水位。

（6）地下水水位控制指标体系。资源型、环境型、生态型控制水位是为地下水保护需要的功能性水位，属于地下水保护的最严格约束条件，是控制性水位。

1）控制水位。控制水位是综合考虑上述三类功能保护及社会经济用水需求基础上，根据需求和潜力，提出的上限和下限水位。在这两个水位的阈值外，应禁止地下水开采。

当地下水位跨入控制水位以外时，表明当前的地下水开发利用格局肯定存在不合理因素，已导致或将导致地下水的资源功能、生态功能和地质环境功能等问题，已产生或将会产生不良的灾难性后果。

2）临界水位。临界水位濒临控制水位，从主动预防和事前管理的原则出发，应在控制水位外一定范围设定临界水位，当到地下水位达到临界水位时，应限制地下水开采（接近下限）或鼓励开采（接近上限）。

一般来说，临界水位内的水位值都属于常规水位，可根据水资源开发需求和丰枯变化，允许地下水位从常规水位上下变动，甚至在干旱年份，临时突破临界水位。

3）常规水位。常规水位指地下水采补平衡即地下水开采量等于地下水可开采量时的水位值，或者是指为了实现某一时期地下水管理目标而设定的期望水位值或阈值。

水位处于常规水位以下或者以上时，其地下水资源尚有进一步开发利用的潜力，可以按照正常的取水许可制度对地下水实施有效管理；水位处于常规水位和控制水位之间的，其地下水资源已无进一步开发利用的潜力，可以按照取水许可制度对地下水实施积极管理；水位处于控制水位以下或者以上的，其地下水资源已处于超采状态，应按照取水许可管理制度实施危机管理，遏制地下水严重超采的态势。

8.2.2.2　资源型水位控制确定方法

（1）上限水位确定方法。从资源利用的角度，水位过高易增加地下水的无效蒸发甚至引发积盐问题，导致地下水资源质量的下降。同时，包气带厚度过小也导致地下水脆弱性的增加，极易被地表污染源污染，地下水的缓冲过滤能力降低。

从资源量的角度，地下水埋深应控制在潜水蒸发较小的水平，对于粗颗粒包气带，潜水蒸发的极限埋深较小，而对于细粒或黏土性包气带，极限蒸发深度较大，表 8.1 为北方平原区潜水蒸发系数参考值。

表 8.1 北方平原区潜水蒸发系数取值表

包气带岩性	植被情况	年均地下水埋深 z						
		≤0.5m	0.5~1.0m	1.0~1.5m	1.5~2m	2~3m	3~4m	4~5m
亚砂土	有	0.6~0.887	0.2~0.887	0.2~0.57	0.2~0.55	0.05~0.4	0.01~0.1	0.001~0.039
	无	0.24~0.87	0.24~0.87	0.24~0.57	0.04~0.55	0.005~0.4	0.005~0.1	0~0.1
亚黏土	有	0.3~0.78	0.3~0.78	0.1~0.5	0.1~0.5	0.01~0.25	0.005~0.1	0.001~0.01
	无	0.3~0.78	0.3~0.78	0.13~0.53	0.13~0.53	0.01~0.33	0.01~0.1	0.001~0.01
黏土	有	0.15~0.66	0.12~0.60	0.075~0.35	0.04~0.16	0.01~0.15	0.005~0.38	0.001~0.1
	无	0.15~0.35	0.12~0.35	0.075~0.35	0.04~0.35	0.01~0.04	0.001~0.01	<0.001
粉细砂	有	0.4~0.9	0.4~0.9	0.05~0.4	0.05~0.4	0.01~0.1	0	0
	无	0.4~0.81	0.4~0.81	0.02~0.4	0.02~0.4	<0.05	0	0
砂卵砾石	有	0.02~0.79	0.02~0.79	0.005~0.12	0.005~0.12	<0.01	0	0
	无	0.02~0.79	0.02~0.79	0.01~0.55	0.005~0.12	<0.01	0	0

按照表 8.1 的蒸发系数值，地下水上限水位应控制在埋深 2m（粗粒包气带）到 4m（黏土）之间，对于西北蒸发较强烈的干旱地区，应采用较大值。

除考虑蒸发和水分无效消耗外，包气带污染问题、人防工程保护等都应作为确定地下水上限控制水位的影响因素，在其他功能型水位计算中统筹考虑。

综合全国各地潜水蒸发系数研究成果，同一岩性、植被条件和水面蒸发条件，潜水蒸发系数随着地下水埋深的加大而逐渐减小，当地下水水位下降到极限埋深后，潜水蒸发系数即为零。极限埋深随岩性而变，一般而言，土质越细密，极限埋深越大。总体而言，我国东北地区由于冬季寒冷，蒸发能力较小，在其他条件相近时，潜水蒸发系数比其他地区小；西北干旱区，水面蒸发能力一般大于包气带输水能力，潜水蒸发受包气带输水能力的制约，不再随着水面蒸发量的增加而增加；黄淮海地区过去由于地下水埋深较浅，潜水蒸发系数较大，随着地下水开采量的增加，地下水水位逐渐降低，潜水蒸发系数亦逐渐降低；南方地区地下水埋深普遍较小、植被覆盖条件好，因此潜水蒸发系数普遍较高。

（2）下限水位确定方法。

1）开采设计参数法。每一个水源地在建设前都要进行抽水试验和开采方案设计，其中包括过滤管的位置及开采层位和高度等技术参数。地下水的下限水位不应低于设计水位，否则地下水涌水量将受影响甚至出现吊泵现象。

在我国华北等地下水超采地区，因水位持续下降导致机井吊泵和数度更新改造的情况十分普遍，不仅造成很大的经济损失，也影响农业生产，引发水事纠纷。

集中式供水水源区的下限水位可以偏低一些，而分散式开发利用区的下限水位要较高。具体的数值需要根据监测井的位置以及区域的水文地质条件等计算。

2）含水层厚度法。从资源可持续开发利用的角度来说，水位降深超过一个限值后，单位涌水量将显著下降。根据潜水含水层完整井公式 $[Q = 1.365K(2H - S)S/(\lg R - \lg r)]$，井涌水量与渗透系数成正比，与降深成倒抛物线关系，即单位涌水量由开始的逐步增加到最大值后，逐步减小。

理论上，井中的地下水可以被疏干，即降深达到含水层底板，即使在此时，井周边的含水层水位却不会降到含水层底板，因为存在一个"水跃"，这个"水跃"值按下式计算：

$$\Delta h = 0.5(H - h_0)^2/H \qquad (8.8)$$

式中：Δh 为水跃值；H 为静水位（相对底板时则为含水层初始厚度）；h_0 为井中动水位。

当井中动水位等于零时（相对底板标高，含水层被疏干），水跃值为含水层厚度的一半。

因此，理论上，即使井中含水层被疏干，周边含水层中的厚度也会保持在初始厚度的一半。实际开采过程中，完整井的疏干情况较少，非完整井疏干的情况较多，且大多是区域水位下降导致的疏干。经测算，可以按照含水层厚度的 1/3 作为最大合理降深。

3）历史资料法。根据区域或水源地历史开采的水位波动变化，考虑枯水年景的情况，在未出现水事纠纷、地质灾害等问题的条件下，设立一个历史偏低水位值作为下限水位。

4）解析计算法。地下水可开采量主要是降水和地表水补给，按照补给模数等资源评价参数，计算开采量对应的汇水区面积，再反过来利用影响半径计算公式，反求出开采中心的最大降深，作为下限水位。

8.2.2.3　环境型控制水位确定方法

（1）海水入侵区下限水位。在自然状态下，滨海地区含水层与海水之间接触带存在一个动态过渡带。受海平面及含水层内的潜水面及承压含水层的承压水头之间的水动力平衡影响，过渡带会发生迁移。当大量开采滨海地区地下水，导致潜水面下降或承压水头降低，此咸-淡水过渡带将向内陆发生迁移，尤其是当潜水面或承压水头低于海平面时，必然引起海水入侵现象。

海水入侵与地下水开采量大小、开采井的分布及地下水开采利用方式等有密切关系。地下水开采量偏大、地下水补给量偏小将造成地下水位大幅度下降，出现大面积地下水位低于海平面的负值区，海水入侵则沿着负值区发展。海水入侵的分布与强开采中心的位置有关，咸淡水界面沿海岸线逐渐向抽水中心移动，入侵带宽度逐渐增大，直至地下水开采中心为止。如强开采中心向陆地方向移动，海水入侵将继续向前推进，直至形成新的平衡。

　　海水入侵与地下水位的关系，可用吉本-赫尔伯格（Gyben – Herzberg）所给出的静水压力平衡模型予以说明。当陆地含水层伸延到海岸并与海水相通时，由于陆地淡水密度小于海水（咸水）密度，淡水位于两接触界面的上方，海水下伏于底部，呈现如图 8.6 所示。

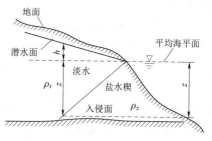

图 8.6　滨海地区淡、咸水静压力平衡示意图

　　根据吉本-赫尔伯格（Gyben – Herzberg）所给出的静水压力平衡模型 $z = 40h_f$，假设浅层含水层厚度为 D，当 $z \geqslant D$，即 $h_f > \dfrac{D}{40}$ 时，淡水压力大于咸水压力，不会发生海水入侵，因此浅层地下水的常规水位定为 $h_{常} = \dfrac{D}{40}$。控制水位定为高程为 0.00 的水位，此时若还未采取措施使地下水位抬升，则区内即会产生负压区，肯定引起海水入侵。

　　（2）地面沉降易发区下限水位。地面沉降是地下水开采后常见的地质灾害之一，尤其是在城市及其周边。据已有研究结果表明，地面沉降的产生与城市工程建设、地层力学性质、水岩应力平衡、地下水动态等因素具有密切的联系，尤其是地下水位的变化。据已有学者研究表明，城市地面沉降速率与地下水呈明显的相关性，地下水累积开采量与累积地面沉降量有较好的正相关性。因此，通过控制地下水位来防止地面沉降成灾具有重要意义和极强的可行性。

　　通常来讲，地面沉降是一种客观存在的自然过程，每年的自然沉降量为 1～3mm，这种程度的沉降是允许并且是不能改变的。但是，大量建筑物使地层载荷加大、地下水大量开采使岩层的有效应力增加及黏性弱透水层释水加剧等因素影响，使地面沉降速率加剧，导致引起建筑物裂缝、倾斜甚至倒塌、地裂缝等灾害。因此，通过地下水控制性关键水位的确定来防止地面的剧烈沉降是地面沉降防治区地下水管理的首要目标。

　　大量学者通过地下水位动态变化与产生地面沉降的面积，或以地下水位下降速率与地面沉降速率进行相关分析后，依据不同地区的统计数据建立了一些不同的线性或非线性模型。如姜晨光等（2003）利用 10 余个城市地下水位变化与地面沉降监测资料，利用计算机模拟的方法总结了地下水位与地面沉降的关系，得出了城市地表沉降数学模型：

$$h = 2.7113 \sqrt{\frac{\ln(d+1)}{E}} \ln\left(\frac{w}{100} + 1\right) + 0.0031 \tag{8.9}$$

式中：h 为地表沉降量，m；w 为地下水位下降量，m；E 为地表到硬岩间土层的加权平均压缩模量，MPa；d 为地表到硬岩间的铅直距离，即地表到硬岩间的土层厚度，m。

另外，针对地下水位与地面沉降相关性较高的地区，有学者直接建立二者的相关模型来估算不同水位下降幅度所对应的地面沉降情况，如利用天津的地面沉降与地下水位的监测资料，可以得出如下非线性统计模型：

$$S_{cj}(h,Q_k) = 133.241\exp(0.0355h) \tag{8.10}$$

式中：S_{cj} 为累计沉降量，mm；h 为漏斗中心地下水位埋深，m；Q_k 为开采量。

利用分析得出的地面沉降与地下水位之间的数学模型，可以根据地面沉降的发展状态来确定相应的地下水控制性关键水位。

影响地面沉降防治区的控制性关键水位的确定因素主要包括地面载荷、岩层固结状态、地下水开采量、地下水动态、地下水位升降变化模式、软弱土层厚度、地面沉降发展状态等。

（3）地下水水质保护水位。

1）上限水位。地下水污染通常情况下包括两方面的污染来源：一是地表污水通过水力联系，进入地下水进而污染地下水；二是地下污水通过地下水的迁移转化规律，水平流动扩散污染。地下水污染包括点源污染及面源污染，但通常来讲由人为活动引起的居多。如企业污水排放、垃圾场滤液渗漏等产生点源污染，大量的施用化肥、农药是引起面源污染的主要原因。

地下水污染易发区的控制水位的影响因素主要包括影响地下水流动及污染物扩散的因子，如地下水动态、地下水流场、地形、污染物种类及浓度的时空分布、含水层吸附能力等。包气带存在污染源或有填埋场时，地下水水位过高会浸泡污染源，增加污染物进入地下水中的数量，加重污染。确定地下水防治污染上限水位的方法需要调查包气带及地表污染源分布及特征。

2）下限水位。地下水水位下降会导致横向污染团进入降落漏斗区，或者诱发污染的河流进入地下水含水层。在一些超采地区，因为地下水水位的持续下降，导致地下水硬度升高的情况也十分普遍。

确定下限水位的方法可以采用污染源分析法和历史资料分析法。对于诱发污染的情形，需要分析漏斗区的污染源分布及地下水污染团的运移等。理论上，地下水埋深越大，越有利于地下水水质的保护，因为包气带厚度越大，对污染物的过滤作用越强。但不同地区情形不同，需要具体问题具体分析。

对于水质恶化型水源地，应采用历史水质资料，确定水质发生显著变化的水位临界值，并采用该值作为下限水位。一般来说，出现水质恶化时，地下水已经超采十分严重，因此，地下水水位下限的确定应再考虑安全系数。

（4）土壤次生盐碱化易发区上限水位。很多研究成果表明，我国干旱半干旱地区地下水埋深与土壤含盐量有明显的相关关系。分布大体一致，一般表现为地下水埋深浅的地区有较多的重盐渍化土壤分布，地下水埋深大的地区仅有少量的重盐渍化土壤分布。

通过对埋深及土壤含盐量分布规律的对比分析，表明地下水埋深越浅，TDS越大，土壤含盐量越高，土壤盐渍化越严重。说明地下水埋深及 TDS 和土壤含盐量有着密切的关系。因此，在地下水管理中，应该控制地下水埋深，减少积盐，合理地取用潜水，以致降低潜水位，减少水分的蒸发，则可实现土壤改良。

8.2.2.4　生态型控制水位确定方法

（1）泉域涵养区下限水位。对于泉域涵养区，主要是从地下水的天然露头——泉域生态系统保护的角度，首先分析和研究泉群断流、泉水位下降与地下水超采量、水位降深之间的关系，通过考虑当前水资源开发利用状况及规划期水资源配置对地下水开发利用的需求、水文地质条件、主要开采层位、地下水埋深、可开采量、实际开采量及其变化过程，地下水动态变化与泉水之间的响应关系等综合因素；最后按照地下水不同阶段的泉域生态功能修复与保护目标等，分别确定不同管理阶段的地下水控制水位。

（2）河流生态涵养区下限水位。对于河流生态涵养区，主要是从地下水-河流生态系统保护的角度，首先分析和研究河流断流、河水位下降与地下水超采量、水位降深之间的关系，通过考虑当前水资源开发利用状况及规划期水资源配置对地下水开发利用的需求、水文地质条件、主要开采层位、地下水埋深、可开采量、实际开采量及其变化过程，地下水动态变化与河流流量之间的响应关系等综合因素，最后按照地下水不同阶段的河流生态系统修复与保护目标等，分别确定不同管理阶段的地下水控制水位。

河流生态涵养区地下水控制性关键水位的影响因素主要为区域的降雨入渗补给、排泄量，地下水流场特征及其水动力条件，地下水与河流的补排关系等。

（3）干旱绿洲区下限水位。西北地区地下水水位对于维系湿地或依靠地下水生长的植被具有重要意义。根据国家"九五"科技攻关项目《西北地区水资源合理配置和承载能力研究》的成果，胡杨林保护区的地下水水位埋深不宜低于 6～8m；湿地保护需要的地下水埋深也需要根据湿地面积，科学计算地下水水位最小值（高于湿地水面高程）。

8.2.2.5　地下水控制监测点设定

地下水控制水位只是针对井的一系列数值，但地下水管理目的是要实现区域的地下水可持续利用和生态环境保护。因此，要合理确定地下水控制水位的观测井空间位置，突出其代表性，以最小的观测井数，实现区域地下水位管理的目标。同时，正如前文所说，地下水水位是不断波动变化的，尤其是丰枯年的变化十分显著，而控制水位一般是正常年景的水位值，在实际考核等工作中，必须考虑时间上的丰枯因素，进行必要的水位修正。

地下水监测井是指为了实施地下水控制性关键水位管理与开采总量控制的需

要而选择出来的具有代表性的监测井，其监测网络能够对管理分区的水位进行全面监控，通过统计分析处理监测信息后，能反映管理分区内的地下水所处状态及变化趋势。通常情况下控制性监测井主要为水位监测井，但在对地下水水质较敏感的管理分区，如地下水污染防治区、海（咸）水入侵防治区、地下水集中开采区等需要对水位、水量、水质进行同步监测。

（1）控制性监测井设置目标。按照控制性关键水位的管理思想，要求以地下水位来体现地下水资源量的变化及防止并修复地下水问题，需要在不同类别、不同级别的管理区内设置一定数量、采用一定空间格局并具有代表性的监测井作为地下水控制性监测井，以一定监测频次及监测项目进行地下水监测，达到控制性水位管理与开采总量控制的双重管理目标。

以不同级别和不同类别管理区的特点，设定具有代表性的水位、水质监测井，以地下水控制性监测井作为掌握不同级别和不同类别控制性管理分区地下水动态水位、水质变化特征，以供决策者分析并决定是否采取相应预案进行地下水资源的动态管理。

（2）监测井选择原则与依据。监测井的选取，既要使监测井尽可能地控制住相应分区的地下水位动态，又要从经济技术条件上可行并节约经费。监测井应按以下原则选取：

1）各分区至少要选取一口监测井。保证每个分区都有监测井，以代表分区地下水状态，以便对分区实施监控与评价。

2）对地下水敏感区，要加密监测井网密度。如在集中式供水水源区，要加密监测井网，以更准确可靠的对地下水降落漏斗进行监测。在地质灾害易发区要根据地质灾害的影响因素，因地制宜地选取能控制住灾害易发区的地下水位变化状态的监测井或井网，以防止地质灾害的发生。对地下水污染区，要污染源及污染区边界要加密监测井网。另外，在管理分区边界，地下水位波动较大，地下水运动交换频繁的地区，要加强监测井密度。

3）充分利用已有监测井。选取代表性监测井时，要充分根据分区地下水监测井分布与管理现状，在不影响地下水监测效果的情况下，尽量选取已有或简单改建即可投入使用的监测井，以节约成本。

4）要选取利于维护和管理的监测井。要从交通、人口分布、经济状况、地下水开发利用情况、水文地质条件等因素综合考虑，既要选择具有代表性监测井，又要使监测井方便维护、监测与管理。

5）针对分区内不同层位地下水系统，选取能对不同层位分别监测的代表性监测井。在具有深层承压水及浅层地下水，并都进行开发利用的地区，要分别选取能同时监测深层承压水及浅层地下水的代表性监测井。对于多层含水层系统，在经济技术可行的情况下，按概化后的含水层组选取不同监测井进行分别监测。

6) 尽量选取使用年限长，能进行长期监测的监测井。特别是在地质灾害易发区、寒区及地震带，尽量避免选取可能发生冰冻、疏干、坍塌、淤积的监测井。

7) 优先选用复合功能监测井。特别是在地下水污染防治区、海水入侵防治区、集中式开采水源区等既关注地下水水位变化，又关注其水质情况的管理区，选用多功能监测井，做到一井多用，既方便管理又节约成本。

8) 根据地形地貌、水文及地下水流向合理选择监测井。监测井网尽量按平行和垂直于地下水流向的方向布置。

代表性监测井的选取涉及因素诸多。从以上原则可以看出，代表性监测井的选择与水文地质条件、地下水功能区类型、经济社会状况、监测项目、地形地貌及交通、监测、维护条件等有关。

通过以上原则选取代表性监测井以后，可根据监测井历史动态资料，一方面分析监测井是否能控制住代表区域的地下水变化，另一方面可对代表性监测井网的监测数据与所有井网的监测数据通过拟合分析其是否具有一致性。利用选取的代表性监测井数据，画出地下水位等值线，从而确定其流场，再与所有的监测井水位或历史地下水等水位线或流场进行对比，分析其拟合程度，评估是否能够反映地下水动态特征。

8.2.3　地下水总量与水位

地下水水位和开采量的关系有两类：一类是某一固定开采布局下的对应水位时空分布；另一类是开采量变化情况下水位的响应变化。

8.2.3.1　水源地尺度的 Q-S 关系

对于稳定开采的水源地（开采条件下，开采井动水位可稳定在一个相对固定的值），可以用解析法，建立函数关系，利用降深估算开采量，或者用开采量估算水位降深。例如，对于潜水完整井流量降深关系，按照裘布依计算方法，水源地稳定开采、均质各向同性条件下，流量与降深的关系方程为

$$Q = \frac{1.365K(2H-S)}{\lg R - \lg r} \tag{8.11}$$

式中：Q 为开采井抽水量；K 为渗透系数；H 为含水层厚度；S 为开采井水位降深；R 为影响半径；r 为开采井半径。

通过上述方程，可以在已知 K、R、H、r 四个值的情况下，根据 S 计算出 Q，也可以根据 Q 计算出 S。将 S 加上静水位埋深即得到开采井处的地下水埋深。如果不是在开采井处测水位，而是在离开采中心 X 距离的观测孔，则 Q-S 也有相应的函数关系。

水源地水文地质条件往往是很复杂的，开采井的分布等条件不一，用解析计

算法，难以反映实际情况。尤其是我国很多水源地存在超采问题，属于非稳定流场，即使开采量稳定，降深也会持续增加。在开采初期，地下水随着补给条件的变化，地下水水位呈波动状态，在高地下水开采强度下，地下水水位难以稳定在一个位置，而是持续下降，即水源地处于超采状态。此时，在地下水开采量和水位降深的函数关系中要引入时间变量。因此，按照稳定流计算的开采量和水位降深函数关系过于理想化。实际上，非稳定是最常见的。1935 年，美国人 C. V. 泰斯（C. V. Theis）在数学家 C. I. 卢宾帮助下，导出定流量抽水时的单井非稳定流计算公式。其假设条件为：①含水层为等厚且均质各向同性而无限延伸的；②钻井井径为无穷小的完整井。

$$s = \frac{Q}{4\pi T}\int_u^\infty \frac{e^{-u}}{u}du = \frac{Q}{4\pi T}W(u) \tag{8.12}$$

$$u = \frac{r^2 S}{4Tt}, W(u) = \int_u^\infty \frac{e^{-u}}{u}du \tag{8.13}$$

式中：u 为井函数；s 为离钻井井轴 r 处的水位降深；S 为含水层的储水系数；T 为含水层的导水系数；Q 为水井抽水量；t 为抽水延续时间。

利用泰斯公式可解决下列实际问题：①根据抽水试验的定流量及水位降深资料，计算出含水层的水文地质参数 S 和 T；②根据已知的水文地质参数 S 和 T，在给定的定流量条件下，可预报不同地点不同时间的相应水位降深；在给定某点的水位降深条件下，可求解出相应于某一抽水所需时间的流量或可求解出给定某一流量要求下的预计抽水所需的时间。

8.2.3.2　区域尺度的 Q - S 关系

地下水总量控制一般都是针对一个行政区的，因此，属于区域尺度的地下水管理问题，而不是水源地尺度的管理。针对区域地下水开采和水位的关系，研究的成果不多，大多侧重水量平衡的研究。

区域尺度上的地下水水位动态受开采量、降水补给及地表水补给（含灌溉补给）等多因素的影响，十分复杂。区域地下水动态存在三类趋势变化：波动上升型、波动稳定型及波动下降型。

我国大部分地区地处季风气候区，降水季节变化大，即使西北内陆区，也有冰雪融水的季节性影响。因此，我国地下水无论是浅层地下水或深层承压地下水都存在季节性波动。地球上水汽的输送受太阳光辐射的影响，而太阳黑子变化直接影响太阳辐射。根据前人研究，太阳黑子有 11 年的周期性变化。因此，地球上的降水也有相应的丰枯变化，导致地下水的水位出现年际波动。

由于年内季节变化、年际丰枯变化和人类干扰叠加的影响，地下水水位变化是多种变量的函数。理论上可以通过补排平衡计算或数学模型计算，预测不同开采条件下地下水水位的变化，但实际上难度很大。

类似前面水源地尺度的开采试验法，区域尺度的地下水开采量与水位降深关系可以利用历史资料法进行估算。

8.2.3.3　地下水总量和水位控制管理

地下水总量控制和水位控制是地下水管理同一事物的两个方面。在地下水开采区，地下水的水位变化直观地反映了地下水开采量的状态，这使"双控"管理成为可能。在最严格水资源管理制度下，当取水总量尚未超过控制开采总量，水位却呈现持续下降趋势时，应以水位管理为主，通过水位变化调减控制开采总量；反之，当水位管理控制在允许范围而取水总量超出控制总量时，应以水量控制为主进行。本书以水均衡理论为基础，从水位调控角度，研究总量控制与水位控制的对应关系，并提出总量和水位"双控"管理的思路。

从地下水管理的角度而言，相比较其他地下水补给排泄项，控制地下水开采相对容易，是实现地下水采补平衡最有效的途径。随着开采程度的加剧，地下水开采成为地下水排泄方式的主体，在地下水排泄量不超过总补给量情况下，地下水位可基本维持稳定。当地下水位下降时，应调减地下水开采量，并逐步实现水位稳定。较为理想的水位控制目标是在下一年度实现地下水位的稳定，但在严重依赖地下水且水位持续下降的开采区，在没有替代水源的情况下，大幅消减开采量至水位稳定可能较为困难。此类开采区可通过设定年水位下降减少幅度控制目标，逐年减少年水位下降幅度，并制定相应的开采量年调整目标。

我国当前地下水总量控制包括宏观控制和微观控制两种管理方式。宏观的地下水开采量控制，是针对行政区域地下水开采量的控制。具体工作措施包括区域地下水开采量年度指标的制定、地下水开采量监测统计、开采指标控制达标情况的监督考核等几方面。通常宏观的地下水开采量控制除了区分浅层地下水和深层承压水以外，较少考虑水文地质条件分区，而更多考虑按行政区进行统计与管控。微观地下水开采量控制是针对取用水户地下水开采量的控制。具体的管控措施包括用水户取水申请、水源论证、取水许可审批、计量及监督等工作。微观的地下水开采量控制是基于区域水资源配置及水文地质条件等基础上进行的。当前对于需要办取水许可证的用水户，基本上具备完善的取用地下水管理政策措施和科学的管控技术手段，而对于分散的农村饮水、农业灌溉等地下水取用水户，管理的手段还相对单一和薄弱。

地下水位控制管理分为区域地下水位控制管理和局部地下水位控制管理两种类型。区域地下水位控制管理是指对某一行政区，一定管理时段内确定地下水管理的目标水位，根据目标管理水位制定地下水管理的相应措施。当前我国各地进行的区域地下水位控制管理工作实践中，通常是把平原区孔隙水含水层作为地下水位控制管理的目标含水层。区域地下水位控制虽然也是以行政区为管理单元，但是其管控范围并不与整个行政区完全一致，这一点与宏观的地下水开采量控制不同。局部地下水位控制是基于水文地质环境脆弱程度，针对一些特殊敏感区域进行地下水位控制管理。地下水敏感区域主要包括地下水水源地，以及容易产生环境地质灾害的区域，包括海咸水入侵防治区、名泉保护区、地面沉降防治区、地面塌陷防治区、地下水污染防治区、湿地保护区等。局部地下水位控制目标的确定不同于区域地下水位控制目标。区域地下水位控制目标的制定主要依据是现状区域地下水平均水位，而敏感区域地下水位控制目标主要依据该区域地下水理想水位，结合现状地下水位、自然条件及有关的水利规划等因素综合确定。理想水位是指保障区域生态环境健康，防止出现环境地质问题，有利于地下水资源开发利用的地下水位。

8.2.3.4　基于总量控制的地下水水位控制

为了进一步的合理开发利用以及保护地下水，达到地下水功能的协同，还需基于地下水开采总量控制指标采用适宜方法合理确定相应的地下水控制水位。区域尺度地下水埋深受到开采量、地表水补给（含灌溉补给）及降水补给等多源汇项影响，开采量同地下水埋深之间关系十分复杂。

考虑到生产实践的需求，以水均衡理论为核心，通过区分非超采区（包括平原未超采区及山丘区）与平原超采区，研究提出基于规划年地下水控制开采量的地下水控制埋深简化确定方法。

（1）数学模型法。在研究基础和资料掌握条件较好的行政区，可以利用 GMS、Visual MODFlow 等地下水系统模拟软件建立地下水水量均衡模型，模拟开采量、降水补给量等源汇项同地下水埋深动态之间的关系。通过调整规划年区域各源汇项，可预测出相应年份地下水埋深及流场分布情况，进而指导地下水的保护与管理。

应用数学模型法需要对行政区水文地质条件及区域地下水补排均衡情况进行系统性研讨，得出清晰、准确的结论，才能在模型中较好地概化水文地质条件及合理确定边界条件，从而使得所建立的地下水水量均衡模型能在一定程度上反映行政区地下含水层的实际情况，且能更加精准地模拟预测出规划年地下水控制开采量下的地下水控制埋深情况，更好地服务于管理实践。

（2）简化法。行政区地下水埋深的变化直接反映出含水层地下水资源量的增减情况。埋深减小代表着该时段降水、地表水等入渗补给量大于人工开采、侧渗等排泄量进而使得含水层水量增加，潜水自由水面抬升；埋深增加代表着入渗补给量小于该时段排泄量进而使得含水层水量减少，潜水自由水面回降。以上思想为水均衡理论的核心内容。当行政区处于非超采区或平原超采区，水均衡理论同样适用，只是不同区域影响地下水埋深变化的主导因素有所不同，需有针对性地加以研究并提出规划年地下水开采控制量下的控制埋深值。

$$Q_{总补} - Q_{总排} = \Delta h \mu F \qquad (8.14)$$

式中：$Q_{总补}$ 为均衡期区域内总补给量，万 m^3；$Q_{总排}$ 为均衡期区域内总排泄量，万 m^3；Δh 为均衡期地下水自由水面降深，m；μ 为地下水水位变动带给水度，无因次；F 为区域面积，km^2。

当区域属山丘区或平原未超采区时，现状地下水开发利用模式下地下水埋深不会发生持续下降，会随着历年降水入渗补给量及人工开采量的变化呈现出逐年波动的态势，故地下水埋深变化主要受到降水补给量以及地下水开采量两大因素的制约。根据实测历史地下水年最大埋深、相应年实际降水量以及地下水开采量，考虑历史最枯年份重演原则，在规划年考虑历史最枯年降水量及相应该年的地下水控制开采量，结合水均衡理论分析降水量、开采量发生变动下规划年地下水埋深情况，研究提出通过水均衡动态法推求未超采区规划年地下水控制埋深值，计算公式如下：

$$D_{控} = D_{max} + \frac{\alpha(P' - P_{min})}{\mu} + \frac{W_{控} - W'}{\mu F} \qquad (8.15)$$

式中：$D_{控}$ 为未超采区规划年地下水控制埋深，m；D_{max} 为历史实测最大埋深，m；α 为降水入渗补给系数，无因次；μ 为地下水水位变动带给水度，无因次；P' 为历史实测最大埋深对应年降水量，mm；W' 为历史实测最大埋深年地下水实际开采量，万 m^3；P_{min} 为历史最枯年降水量，mm；$W_{控}$ 为规划年地下水控制开采量，万 m^3；F 为区域面积，km^2。

当区域属平原超采区时，由于对地下水资源需求量的不断增加引发近年来不同程度的地下水超采现象，反映在不断增大的地下水埋深上。此时地下水实际开采量成为制约地下水埋深变化的主导因素，二者之间关系虽受到降水年内年际变化、灌溉回归补给、地表水丰枯及水文地质条件等因素的影响，但在一定意义上也存在着不同程度的相关关系，故研究提出历史动态经验法，用来推求平原超采区区域规划年地下水开发利用总量控制指标对应的地下水控制埋深值。

考虑采用地下水可开采量反映区域多年平均状态下地下水补给情况，通过整理分析区域历史地下水实际开采量与地下水埋深的实测数据，拟合区域年开采量和可开采量差值的累积值（累积超采量）或地下水累积开采量与地下水埋深之间的经验关系。根据所确定规划年地下水开发利用总量控制指标，计算规划年区域地下水累积超采量或地下水累积开采量，将其带入所拟合的经验关系中，所得出的地下水埋深值即可认定为该平原超采县规划年地下水控制埋深值，以配合控制开采量指标开展实施地下水资源"双控"管理制度。

8.3 地下水管理与保护制度顶层设计

制度体系是整个社会范围内各种制度之间或社会某一领域内相关制度之间相

互作用而形成的制度综合体。为了满足当前国家经济建设和环境保护的需求，促进地下水管理与保护工作的制度化、规范化和标准化，应进一步加快地下水管理与保护制度顶层体系建设。本书从践行最严格水资源管理制度、理顺地下水管理机制的视角出发，提出了一套适应当前管理工作需求的地下水管理与保护制度体系。

8.3.1　国内外现行地下水管理制度分析

8.3.1.1　我国地下水管理现状

自 20 世纪 70 年代地下水大规模开发利用以来，我国局部地区开始出现地下水超采问题，国家开始逐步探索适应国情的地下水管理方式与方法，经过几十年的努力，地下水保护与管理工作积累了丰富的经验。1998 年水利部启动了全国地下水资源开发利用规划编制工作，第一次在全国划分了地下水超采区、采补平衡区和潜力区，明确了地下水管理的目标和任务，为科学制定地下水管理战略，推进地下水超采区治理奠定了坚实的基础。2002 年，水利部、国家发展和改革委员会同国土资源部（现自然资源部）、建设部（现住房和城乡建设部）、环保总局（现生态环境部）等七部门，组织开展了全国水资源综合规划编制工作，提出了新一轮全国水资源调查评价成果。2003 年，出台了《地下水超采区评价导则》，并于 2017 年修订。河北、辽宁、陕西、新疆、内蒙古、山西、云南、甘肃等省（自治区）颁布了地下水管理地方法规，全国性地下水管理法规《地下水管理条例》已列入 2020 年国务院立法计划。2012 年，水利部启动了地下水超采区划定工作，经认定全国共有 21 个省（自治区、直辖市）存在地下水超采问题。2013 年由国家发展和改革委员会、财政部、水利部、国务院南水北调工程建设委员会办公室共同印发了《南水北调（东、中线）一期工程受水区地下水压采总体方案》。2013 年，水利部印发了《关于加强地下水超采区水资源管理工作的意见》的通知，明确了全国地下水超采区治理的目标、任务和工作计划。总而言之，在地下水资源管理方面，我国主要开展了地下水法律法规体系建设，地下水取用水管理，地下水监测、计量与评价，地下水水源地保护，地下水超采治理，以及地下水水量与水位"双控"管理、地下水管理与保护责任落实和考核等工作。

1. 地下水管理法律与标准建设

（1）国家层面地下水管理法规建设情况。国家层面建立了相对比较完善的地下水管理的相关法规体系，颁布了地下水管理相关法规 20 部，对地下水保护、管理、许可、论证等方面做了相应规定，为开展地下水管理与保护工作提供了法规支撑。国家地下水管理与保护相关的法律法规包括《中华人民共和国水法》《中华人民共和国水污染防治法》《中华人民共和国环境保护法》《中华人民共和国环境影响评价法》等重要法律，《取水许可和水资源费征收管理条例》《水污染防治法实施细则》等行政法规，《建设项目水资源论证管理办法》《取水许可管理办法》等部门规章。如《中华人民共和国水法》第三十条规定"县级以上人民政府水行政主管部门、流域管理机构以及其他有关部门在制定水资源开发、利用规划和调度水资源时，应当注意维持江河的合理流量和湖泊、水库以及地下水的合理水位，维护水体的自然净化能力"；第三十一条规定"开采矿藏或者建设地下工程，因疏干排水导致地下水水位下降、水源枯竭或者地面塌陷，采矿单位或者建设单位应当采取补救措施"；第三十六条规定"在地下水超采地区，县级以上地方人民政府应当采取措施，严格控制开采地下水……"；《中华人民共和国水污染防治法》第四十三条规定"人工回灌补给地下水，不得恶化地下水质。"第五十八条规定"农田灌溉用水应当符合相应的水质标准，防止污染土壤、地下水和农产品……"，等等。通过《中华人民共和国水法》《取水许可和水资源费征收管理条例》等法律法规，建立了比较完善的取水许可和有偿使用制度。在地下水资源总量控制、定额管理、用水管理、地下水超采区取水许可管理、地下水超采区水资源费征收管理等方面，《取水许可和水资源费征收管理条例》进行了专门规定，通过取水许可和水资源费征收控制地下水的开采。《建设项目水资源论证管理办法》，对地下水取水工程水资源论证做了专门规定，并在第十条规定了地下水取用工程项目水资源论证报告书的审查主体。

尽管《中华人民共和国水法》和《中华人民共和国水污染防治法》在地下水资源管理和保护方面作出了规定，但有关规定过于原则，在实际操作中缺少配套的法规。例如，《中华人民共和国水法》提出在严重超采区划分禁采区和限采区，但没有配套法规和技术标准明确禁限采区的划分方法、政策要求和许可制度的配套规定。禁采区是否允许生活用水的开采等问题都直接影响到法律的贯彻落实。"维持江河合理流量和地下水水位"的法律要求也没有相应的管理规定及技术标准支撑，导致河流的合理流量被破坏，地下水合理水位也难以确定。另外，凿井管理、矿山排水管理、地温空调、矿泉水、地热水的管理等也缺少具体的法规支撑等。因此，在国家层面亟须出台一部完整、系统、可操作性强的地下水管理专门法规。

针对目前国家层面缺少地下水管理的专门法规，水利部启动了地下水管理条例编制工作，并形成了地下水管理条例初稿。2017年5月，水利部印发《地下水管理条例（征求意见稿）》，征求意见和建议，并根据征求的意见建议进行多次修改。2019年，国务院办公厅印发《国务院2019年立法工作计划的通知》，明确由水利部牵头负责起草《地下水管理条例》。水利部已根据征求的意见修改《地下水管理条例》。目前，水利部已将《地下水管理条例》移交司法部，配合司法部进行审查修改工作。国家及区域层面地下水管理和保护相关法律法规见表8.2。

表 8.2　　　　　　　　国家及区域层面地下水管理和保护相关法律法规

分类	名 称	颁布机构	与地下水相关的主要内容
法律	中华人民共和国水法（2016年修订）	全国人大（1988）	地下水规划、开发利用、保护、配置、节约等方面的规定
	中华人民共和国水污染防治法（2017年修订）	全国人大（1984）	地下水污染防治方面的若干规定（规划、监督管理、防治措施、监测等）
	中华人民共和国环境保护法（2014年修订）	全国人大（1989）	主要体现减少地下水面源污染
	中华人民共和国环境评价法（2018年修订）	全国人大（2002）	地下水环境影响评价
行政法规	城市供水条例（2018年修正）	国务院令第158号（1994）	编制城市供水水源开发利用规划，应当根据当地情况，合理安排利用地表水和地下水
	地质灾害防治条例	国务院令第394号（2003）	超采地下水引发的地面沉降等地质灾害防治规定
	取水许可和水资源费征收管理条例（2017年修订）	国务院令第676号（2006）	直接从江河、湖泊或者地下取用水资源的单位和个人，除本条例第四条规定的情形外，都应当申请领取取水许可证，并缴纳水资源费
	中华人民共和国水文条例（2017年修订）	国务院令第496号（2007）	涉及地下水站网规划建设及地下水监测、地下水资源评价等规定
	中华人民共和国抗旱条例	国务院令第552号（2009）	涉及抗旱的地下水资源规划和旱情来临时地下水的取用等规定
	太湖流域管理条例	国务院令第604号（2001）	涉及健全地下水保护制度、禁止擅自开采承压地下水等规定
	南水北调工程供用水管理条例	国务院令第647号（2014）	涉及南水北调东线、中线受水区地下水开发利用等方面的规定
	农田水利条例	国务院令第669号（2016）	涉及地下水超采区的取用水管理
部门规章	饮用水水源保护区污染防治管理规定（2010修正）	环管字〔1988〕201号	涉及集中式供水的地下水水源保护区的划分、防护、监督管理等方面的规定
	建设项目水资源论证管理办法（2017年修订）	水利部、国家发展计划委员会令第15号（2002）	直接从江河、湖泊或地下取水并需申请取水许可证的新建、改建、扩建的建设项目，建设项目业主单位应当按照本办法的规定进行建设项目水资源论证，编制建设项目水资源论证报告书
	水量分配暂行办法	水利部令第32号（2007）	涉及地下水资源可利用总量或者可分配水量向行政区域逐级分配等规定
	取水许可管理办法（2017年修订）	水利部令第34号（2008）	涉及地下水取水申请和受理、取水许可的审查和决定、监督管理等规定

分类	名　称	颁布机构	与地下水相关的主要内容
部门规章	水文监测环境和设施保护办法（2015 年修订）	水利部令第 43 号（2011）	涉及国家基本水文测站（地下水）水文监测环境和设施的保护等规定
	水文站网管理办法	水利部令第 44 号（2011）	涉及地下水监测站网的规划、设立与调整等方面的规定
	水权交易管理暂行办法	水政发〔2016〕156 号	明确水权（包括地下水水权）交易的形式

（2）地方层面地下水管理专门法规建设情况。各省（自治区、直辖市）根据地下水管理与保护的需求，积极出台与国家层面法规相配套的地下水管理和保护法规。一些省（自治区、直辖市）积极开展地下水保护与管理立法工作，颁布了地下水管理和保护专门法规，例如《辽宁省地下水资源保护条例》《河北省地下水管理条例》《陕西省地下水条例》等地方性法规，《内蒙古自治区地下水管理办法》《辽宁省禁止提取地下水规定》《甘肃省石羊河流域地下水资源管理办法》等规章。从地区分布看，颁布地下水管理和保护专门法规的省份以北方省份为主，尤其是地下水开发利用强度大的省份，同时也是地下水治理与保护的重点地区；从颁布时间看，2011 年以后颁布或修订的占 80%，说明进入 2011 年之后，越来越多的省份开始重视地下水保护与管理。此外，省级层面还出台了与地下水管理和保护相关法规173 部，涉及地下水资源评价、地下水开发利用、地下水保护、地下水监测等内容。总体而言，省级层面已初步建立了地下水管理和保护法规体系，但部分地下水开发利用强度大、超采严重的省区在地下水立法方面工作还相对滞后，需尽快制定出台地下水专门法规。省级层面地下水管理和保护专门法规见表 8.3。

表 8.3　　　　　　省级层面地下水管理和保护专门法规

分类	名　称	颁布机构
地方法规	河北省地下水管理条例（2018 年修改）	河北省人大公告（2014）第 40 号
	辽宁省地下水资源保护条例（2014 年修改）	辽宁省人大公告（2014）第 3 号
	陕西省地下水条例	陕西省人大（2015）
	新疆维吾尔自治区地下水资源管理条例（2017 年修订）	新疆维吾尔自治区人大（2017）
政府规章	内蒙古自治区地下水管理办法（2018 年修订）	内蒙古自治区人民政府令第 197 号（2013）
	辽宁省禁止提取地下水规定（2011 年修订）	辽宁省人民政府令第 255 号（2011）
	云南省地下水管理办法（2011 年修正）	云南省人民政府令第 153 号（2011）
	甘肃省石羊河流域地下水资源管理办法	甘肃省人民政府令第 109 号（2014）

　　一些地市也颁布了地下水管理与保护专门法规，初步统计，全国地级层面的地下水管理与保护专门法规 42 部，例如《石家庄市市区生活饮用水地下水源保护区污染防治条例》《赤峰市地下水保护条例》《六安市地下水资源管理办法》《日照市城市地下水管理办法》等。2017 年，云南省宾川县制定了《宾川县地下水管理暂行办法》，该办法是目前唯一的县级层面的地下水专门法规，有效期至 2020 年 5 月 31 日。

　　（3）地下水技术标准建设方面。目前，我国已出台与地下水相关的标准规范 70 余部，建立了较为完备的地下水技术标准体系，为落实地下水管理与保护法规和政策提供了技术支撑。

　　从标准内容来看，可分为地下水调查评价、取水井建设与封填处理、监测计量、地下水保护、规划与管理、综合类六大方面。

　　在地下水调查评价方面，我国共颁布了 18 项地下水调查评价标准，按内容可分为地下水调查、地下水评价、水文地质勘查三个类别，为地下水的评价工作提供指导；在地下水取水井建设与封填处理标准方面，我国共颁布了 12 项标准，按主要内容分为地下水取水井建设和地下水取水井封填处理两大类，对地下水取水井的建设与封填做出了规定，明确了自备井封填流程、方式方法等方面的内容；在地下水监测计量标准方面，我国共颁布了 19 项标准，按主要内容分为地面沉降监测、地下水监测、地下水取水计量三个类别，对监测站网建设布局、地下水环境监测内容、取水计量方式方法等方面作出了相应的规定；在地下水保护标准方面，我国共颁布了 12 项标准，按标准的主要内容可分为地下水回灌、地下水污染调查治理、地下水脆弱性评价、饮用水水源地划分和保护四个类别，对城镇污废水利用、污染地修复、水源地保护区划分等方面作出了规定；在地下水规划与管理标准方面，我国共颁布了 6 项标准，明确了地下水资源规划的目标与任务制定、流域或区域地下水资源规划的编制内容、地下水资源管理模型的工作要求等；在地下水综合类标准方面，我国共颁布了 6 项标准，涵盖地质术语、水资源术语等方面的内容。我国现有地下水技术标准统计见表 8.4。

表 8.4　　　　　　　　　　我国现有地下水技术标准统计

分类	标准名称	数量/项
调查评价类	《水资源评价导则》（SL/T 238—1999）、《地下水资源勘察规范》（SL 454—2010）、《建设项目水资源论证导则》（GB/T 35580—2017）、《地下水污染地质调查评价规范》（DD 2008—01）、《地下水质量标准》（GB/T 14848—2017）等	18
取水井建设与封填处理类	《地下水监测井建设规范》（DZ/T 0270—2014）、《水井报废与处理技术导则》（T/CHES 17—2018）、《机井技术规范》（GB/T 50265—2010）、《机井管标准》（SL 154—2013）、《报废机井处理技术规程》（DB11/T 671—2009）等	12

分类	标 准 名 称	数量/项
监测计量类	《地下水监测规范》（SL 183—2005）、《取水计量技术导则》（GB/T 28714—2012）、《农用机井灌溉用水智能计量设施建设与管理技术规程》（DB13/T 2648—2018）等	19
地下水保护类	《城市污水再生利用 地下水回灌水质》（GB/T 19772—2005）、《污染地块地下水修复和风险管控技术导则》（HJ 25.6—2019）、《饮用水水源保护区划分技术规范》（HJ 338—2018）、《村镇集中饮用水源保护区划分技术规范》（DB 61/335—2003）、《地下水利用与保护规程》（DB32/T 791—2018）等	12
规划与管理类	《水资源规划规范》（GB/T 51051—2014）、《城市供水水源规划导则》（SL 627—2014）、《区域供水规划导则》（SL 726—2015）、《工业园区规划水资源论证技术导则》（DB37/T 3386—2018）、《水资源保护规划编制规程》（SL 613—2013）、《地下水资源管理模型工作要求》（GB/T 14497—1993）	6
综合类	《水文地质术语》（GB/T 14157—93）、《水文基本术语和符号标准》（GB/T 50095—2014）、《水资源术语》（GB/T 30943—2014）、《水质数据库表结构及标识符》（SL 325—2014）、《地下水数据库表结构及标识符 》（SL 586—2012）、《水资源管理信息对象代码编制规范》（GB/T 33113—2016）	6

2. 地下水取用水管理

各省（自治区、直辖市）在取用地下水过程中，严格水资源论证与取水许可审批管理，对取用地下水或对地下水产生影响的建设项目进行水资源论证，严格地下水取水许可管理，对超采区、达到或超过地下水总量控制指标的地区，暂停审批新增地下水取水许可，河北省将地下水取水许可上收到省级，严格把控地下水取水关口。各省（自治区、直辖市）严厉打击违法取用地下水活动，对违法取水行为采取相应的惩罚措施，并关闭取水井。要求地下水取水单位或取水人依证取水，加强农业取水许可管理，对于规模化种植、养殖以及节水灌溉等取用地下水的农业项目，依法履行取水许可手续，如黑龙江省针对农业取水发证率低的问题，积极补办农业取水许可证，到 2019 年年底，万亩以上灌区取水许可发证率达到 100%。地下水取水许可证有效期满后，各省（自治区、直辖市）均要求重新评估并核定许可水量，逐步核减超采区地下水取水许可水量。

3. 地下水超采区综合治理

（1）地下水超采区及禁限采区划定与管理情况。2012 年，全国开展新一轮超采区评价工作，全国 21 个存在超采区的省份对超采区面积与分布、超采量、地下水水位动态、地下水开采引发的生态与环境地质问题等进行了评价和复核。2017 年，《全国地下水利用与保护规划》正式印发，要求各省级人民政府在新一轮地下水超采区划定基础上，应尽快完成地下水禁采区、限采区划定工作，并依法向社会公布。

存在超采的省（自治区、直辖市）根据国家有关文件、指示，以前期掌握的地下水资料为基础，依据《地下水超采区评价导则》《全国地下水超采区评价技术大纲》等文件，开展新一轮超采区评价工作，划定了本省地下水超采区及禁限采区范围。目前，全国存在超采区的省份已基本完成了禁限采区划定工作，为地下水分区管理提供了基础。

各省（自治区、直辖市）在划定地下水禁限采区后，根据地下水治理与保护的需求，严格地下水禁限采区管理工作。各省（自治区、直辖市）结合自身实际需求与禁限采区超采现状，采取了相应的禁限采区管理措施，如河北省在地下水禁止开采区，一律禁止开凿新的取水井，对已有的取水井，要求制定计划逐步予以关停；山东省在地下水超采区，禁止农业、工业建设项目和服务业新增地下水取用水量，并逐步削减超采量，实现地下水采补平衡。各省（自治区、直辖市）采取的地下水禁限采区管理措施可总结为：在地下水禁采区，除临时应急供水外，严禁取用地下水；在地下水限采区，禁止工农业生产及服务业新增取用地下水，并逐步退减超采量等。

总体而言，全国已基本建立了现实可行的、管理有效的地下水超采区及禁限采区严格管理制度，为建成较为完善的地下水资源管理和保护体系奠定基础。

（2）城镇地下水压采。各省区通过严格自备井管理、提高用水效率、加大非常规水源利用和实施水源置换等措施压减城镇地下水开采，积极开展城镇地下水压采工作。

在严格自备井管理方面，部分省（自治区、直辖市）通过封填公共供水管网覆盖范围内自备井，压减地下水开采量。截至 2018 年年底，全国 21 个存在地下水超采区的省份共封填机井 14485 眼，超采区压采地下水开采量 22.38 亿 m^3。如内蒙古自治区 2018 年封填自备水井 104 眼，压减地下水开采量 1050.68 万 m^3；山东省 2016—2018 年累计封填机井 6540 眼；截至 2018 年年底，南水北调受水区各城区已封填机井 19516 眼，压减地下水超采量 19 亿 m^3。各省（自治区、直辖市）严格规范地下水封井工作，对封井对象、封井方式和封井程序作出了具体规定，同时制定封井技术细则（试行），明确了封存、封填深井的技术要求和验收的主要内容，如河南省印发《河南省公共供水管网覆盖范围内封井方案》，山东省水利厅印发《山东省水利厅关于规范我省地下水超采区深层承压水井封井工作的通知》，河北省政府印发《河北省城镇自备井关停工作方案》等。此外，部分省（自治区、直辖市）建立了封井验收制度，结合地下水压采封井数据库，对所有封井任务实行登记、施工、验收、归档的全程记录，如黑龙江省哈尔滨市、山东省地下水超采治理试点等地区建立了自备井封填台账，提高了自备井管理水平。总体来看，全国地下水自备井管理进展顺利，并取得了显著效果。

在提高用水效率方面，各省（自治区、直辖市）通过调整产业结构，推广节水技术、节水工艺和节水器具，降低供水管网漏损率等多种措施提高城镇用水效率，节约地下水资源量，压减部分地下水开采。截至目前，全国各省（自治区、直辖市）城镇节水器具普及率不断提高，大部分省（自治区、直辖市）城镇节水器具普及率已超过80％，实现了《全国地下水利用与保护规划》提出的2020年城镇节水器具普及率达到80％的目标，其中，山东省城镇节水器具普及率已经达到100％。通过产业结构调整，万元工业增加值用水量不断下降，截至2018年年底，部分省（自治区、直辖市）万元工业增加值用水量已降至较低水平，如天津市万元工业增加值用水量6.64m³、山东省万元工业增加值用水量9.37m³、河北省万元工业增加值用水量13.3m³，全国万元工业增加值用水量41.3m³，满足《全国地下水利用与保护规划》提出的2020年全国万元工业增加值用水量指标47m³的目标。此外，各省区供水管网漏损控制水平逐步得到提高，管网漏损率持续降低。

在加大非常规水源利用方面，各省（自治区、直辖市）重视非常规水源利用水平，尤其是再生水利用水平。部分省（自治区、直辖市），如河南省，已将非常规水源纳入水资源统一管理。从全国来看，各省（自治区、直辖市）再生水利用率基本满足《全国地下水利用与保护规划》提出的2020年全国城镇废污水处理直接回用率不低于20％的目标。

在建设水源替代工程方面，国家建设了南水北调工程等一系列跨区域调水工程，利用地表水置换地下水开采，减轻部分地区地下水用水供需矛盾，北京、天津、河北、山东、河南等省（直辖市）南水北调受水区利用长江水置换地下水开采，有效缓解了地下水超采问题。此外，存在地下水超采各省（自治区、直辖市）大力推进本省区水源置换工程及城镇配水管网建设，置换城镇地下水开采。黑龙江利用磨盘山水库供水置换哈尔滨市地下水开采，使得哈尔滨市地下水超采问题得到有效缓解，地下水水位上升明显，超采区面积不断缩减；甘肃正在建设引洮一期、引洮二期、曲溪水库、引大济西二期等水源工程置换，2016—2018年期间，甘肃省通过水源置换工程替代地下水开采量8769万m³；河北、山东、陕西等省也相继建设了一批地下水水源置换工程，在地下水超采治理中发挥着积极的效用。目前，利用水源置换工程压减超采区地下水开采已成为各省（自治区、直辖市）主要的地下水超采治理措施之一。

（3）农业地下水压采。所有产业中，农业是最为缺水的一大产业，也是主要的耗水产业，全国农业灌溉用水量约为3500亿m³，占全国用水总量的63％。从全国及各省区各行业地下水用水情况来看，农业用地下水所占比例较大，因此，农业地下水压采对减少地下水超采量、推进地下水超采综合治理起着至关重要的作用。各省（自治区、直辖市）通过发展高效节水灌溉、水源置换、调整农业种植结构、退减灌溉面积等方式压减农业灌溉地下水开采量，积极推进农业地下水压采工作。

发展高效节水灌溉方面，内蒙古、黑龙江、甘肃、山东、天津、河北等省

（自治区、直辖市）综合考虑本地区的自然条件和经济效益等因素，确定了适宜本地区的高效节水灌溉模式，减少农业灌溉地下水开采量。其中，黑龙江省 2019 年推行控灌节水面积 500 万亩。

农业水源置换方面，河北、山东等省通过调用地表水置换农业地下水开采，或是通过修建蓄水工程，拦截汛期地表水作为农业灌溉用水，减轻农业灌溉对地下水需求。如山东省德州市修建坑塘蓄水工程储存地表水，可作为农业灌溉用水，减少地下水开采。

调整农业种植结构方面，内蒙古、甘肃、天津、河北等省（自治区、直辖市）积极推进农业种植结构调整，通过改种耐旱农作物或雨热同期作物等措施，减少农业开采地下水量。2018 年，河北省在衡水、沧州、邢台、邯郸四市六个县调整种植结构面积 10.2 万亩，累计减少农业用水 0.24 亿 m^3。

退减灌溉面积方面，内蒙古、黑龙江、甘肃、天津等省（自治区、直辖市）对不具备水源置换条件的地下水灌区停止地下水灌溉，发展雨养农业或实行轮作休耕或旱作，减少农业地下水开采量。其中甘肃省 2016—2018 年累计退减灌溉面积 42.45 万亩。

（4）地下水回灌补源。地下水回灌补源是指采用人工措施将地表水或其他水源的水注入地下用于补充地下水，以达到增加地下水资源量、缓解地下水位持续下降、净化水质、遏制海水入侵和其他生态环境问题的目的。一些省（自治区、直辖市）结合本地实际，积极开展地下水回灌补源，修复地下水环境。2018 年 9 月，水利部、河北省人民政府研究制定了《华北地下水超采综合治理河湖回补地下水试点方案》，选定滹沱河、滏阳河、南拒马河三条河流开展地下水回补试点，自 2018 年 9 月至 2019 年 8 月底，累计为试点河段补水 13.2 亿 m^3，补水期间形成最大补水河长 477km、最大水面面积 46km^2，三条试点河段的入渗水量约 9.5 亿 m^3，地下水回补影响范围达到河道两侧近 12km。与补水前（2018 年 9 月 13 日）相比，2019 年 2 月中旬试点河段两侧 10km 范围内监测井地下水水位平均回升效果最为明显，地下水水位平均回升幅度达到 1.62m，地下水水位上升、稳定、下降的面积比例分别为 95％、1％和 4％。补水后河道水质明显改善，河段生态功能有所恢复，鱼类、生物种类有一定增加，岸边植被增多，水生态空间增加，地下水水质有所改善。开展了河湖生态补水社会影响调查，受访群众对生态补水反响良好。陕西省西安市利用城市自来水对部分已停用的深层自备水源井进行回灌，建成地下水回灌示范点 13 处，截至 2019 年 6 月，回灌水量累计达 480 万 m^3。山东省建成地下水回灌补源工程 6 个，利用河道或沟渠引水回灌、坑塘蓄水回灌、井中注水回灌等方式，开展地下水回灌补源，2016—2018 年期间累计回灌水量 388 万 m^3。

4. 地下水水源地保护

全国各省（自治区、直辖市）积极响应《全国地下水利用与保护规划》的部署，开展饮用水水源地保护工作，在严格控制地下水开采、加强供水水质保护、建立安全监控体系、完善管理制度等方面做了大量工作。目前，全国已初步建成地下饮用水水水源地保护体系。

严格控制地下水开采方面，严格水源地地下水取水总量控制，实行地下水水源地年度计划开采，预防地下水超采，例如内蒙古自治区确立了全区 58 个重要饮用水水源地水量控制指标和水位控制指标；部分省（自治区、直辖市）对已超采的水源地，纳入压采范围，例如黑龙江省已将 29 个超采的地下水水源地纳入压采范围。

在加强供水水质保护方面，各省（自治区、直辖市）在分析集中式地下水供水水源地区域水文地质条件、开采状况与保护现状的基础上，合理安排保护措施，包括划定保护区范围等措施。

在建立安全监控体系方面，各省（自治区、直辖市）逐步建立起地下水饮用水水源地安全监控体系，包括在水源地保护区内布设监测井，定期监测水源地水位、水质、水量变化；黑龙江省对水质监测实行常规监测与水质全分析相结合的方式；内蒙古、陕西等省（自治区）确定了地下水水源地水质达标标准，并进行定期监测。

在完善管理制度方面，各省（自治区、直辖市）出台了一系列针对地下水水源地保护与管理的政策法规，为地下水水源地保护管理提供法规政策支撑，山东、辽宁、黑龙江等省建立了供水安全保障应急预案以及应对突发事件的保障体系和预警机制。

5. 地下水监测计量

（1）地下水监测能力建设。地下水监测能力建设是地下水管理工作的基础。2015 年，水利部与国土资源部正式启动国家地下水监测工程建设，建成地下水监测站 20469 个（其中水利部 10298 个，自然资源部 10171 个），基本建成了国家、流域、省三级地下水监测网络体系，对地下水水位、水质、水温等进行动态监测。国家地下水监测工程的建设完成，解决了专用监测站少，人工监测为主，信息采集时效性差，服务能力低等突出问题，使我国地下水监测水平迈上一个新的台阶。结合国家水资源监控能力建设项目，对年取用地下水 20 万 m³ 以上的工业及生活取水大户实行了在线计量监控。黑龙江、辽宁、河南、河北等省依托国家地下水监测工程，积极推进本省地下水监测站网建设，加密地下水监测站网，提升本省监测水平。

（2）地下水取水计量能力建设。从全国来看，各省（自治区、直辖市）工业及城镇生活地下水取水计量率较高，工业及城镇生活取用地下水基本实现在线计量，但农业取用地下水计量率普遍较低，大部分农业采用灌溉定额、耗电量、水泵出水量等方式估算取用水量，技术成熟性、经济可行性、适用耐久性等方面有待于进一步研究明确，对农业地下水压采、农村地下水超采区管理及推进农业水资源税改革等方面产生了一定影响。

6. 地下水管理与保护责任落实和考核

在全国层面，2018 年开始将南水北调东中线一期工程受水区地下水压采评估结果纳入最严格水资源管理制度体系考核；《2019 年度实行最严格水资源管理制度考核方案》纳入了"地下水管理"考核指标，主要包括：北京市、天津市和河北省落实华北地区地下水超采综合治理行动方案工作情况及成效；山西省、河南省和山东省地下水超采区综合治理试点年度工作进展情况及成效；南水北调东中线一期工程受水区地下水压采目标任务落实情况；北京、天津、河北、山西、河南、山东以外的省级行政区落实全国地下水保护与利用规划实施情况。

在省级层面，大部分省（自治区、直辖市）已将地下水治理与保护工作纳入最严格水资源管理制度考核体系。一些省（自治区、直辖市）将地下水治理与保护工作纳入河长制考核，如内蒙古自治区将地下水管理和超采区治理纳入盟市、旗县（市、区）两级河湖长制考核体系；北京市将地下水超采综合治理相关工作日常监督检查纳入河长制考核工作范畴；辽宁省将地下水压采目标完成情况纳入省政府对各市政府绩效考核中；黑龙江省将农田水利设施建设、农业重大节水工程建设两项指标纳入黑龙江省粮食安全省长责任制考核，将地下水水源地水质状况纳入水污染防治工作考核。总体而言，各省（自治区、直辖市）地下水治理与保护工作考核体系已基本建立，为监督地下水治理与保护措施实施，保证治理措施持续推进提供了保障。

8.3.1.2　我国地下水现行管理制度存在的问题

由于我国地下水管理制度建设起步较晚，加上地下水自身所具有的复杂性，隐藏性等特点，以及社会背景及经济社会发展中的种种因素的影响，基于地下水资源保护的现状，除管理部分众多，难以协调统一外，我国现有的地下水管理制度还存在着一些不容忽视的问题：

（1）立法工作滞后。《中华人民共和国水法》和《中华人民共和国水污染防治法》在我国地下水资源保护方面显得力不从心与"软化"，有关地下水资源保护的规定可操作性不强，过于原则，现有的关于地下水资源保护的法律制度大多为禁止、限制性规定，缺乏鼓励性规定。地下水资源评价、规划、立法、监测、监督管理等基础工作明显滞后。地下水开发利用依法管理的主体不够明确，地下水资源管理与保护的法规制度不健全，地下水管理模式粗放。

（2）缺乏针对农业农村地下水资源管控与保护的法律法规。农村用水尤其是农业生产用水在我国总用水量中占了极大的比重。农业生产中化肥和农药的使用，污水灌溉及不适当地开垦和砍伐行为也会对地下水资源造成不同程度的污染和破坏。纵观我国现有的相关法律制度，极少有针对农村地下水保护的法律法规。

（3）生活饮用水水源区所涵盖的保护地下水范围过于狭窄。在我国现行的地下水保护的法律法规中，仅仅对生活饮用水地下水源区如何规划作出了法律规定，这不利于整个地下水资源的保护。

（4）执法力度不够。由于法律、法规体系不完善，相关立法的大部分内容都分散包含在有关的部门法规中，规定的条款也比较原则，可操作性不强，加上多头管理，部门之间难以协调，尤其是地方政府从本区域经济利益出发，存在一定的保护主义意识，因此部分地区地下水资源保护工作难度较大，导致地下水超采现象无法得到遏制或根本好转。

（5）地下水资源监测与评价没有形成周期性机制。主要有井网布设不足，布局不合理，地下水专用监测井极少；监测井网老化失修，损毁严重；监测装备陈旧、技术落后，远不能适应信息时代发展需要和合理开采地下水资源的要求。

（6）重开发、轻保护。对地下水缺乏有效的监督管理措施。忽视地下水的生态环境功能，引发一系列生态环境地质问题，对地下水水质保护缺乏有效的监督管理措施。

综上所述，我国地下水经历了从零星开采、大规模利用再到过度开发的过程，对地下水的管理也相应地从无到有，从被动地解决问题发展到主动地发现问题，但基本上局限在某些问题地区。对一些需要综合系统化手段解决的地下水问题仍然束手无策，归根到底，就是缺少专门针对地下水的相关制度的支撑和保障。要提高地下水管控的制度化和规范化水平，需要从技术创新、技术标准、政策制度、机制体制等方面建立起成熟的地下水现代化管理制度体系，主要表现如下。

地下水管理与保护的相关技术标准、规范及技术体系不完善，对地下水资源配置与管理有关重大技术问题的研究不够深入，区域地下水资源调查评价、地下水开发利用与保护规划、地下水监督管理等基础工作投入不足，综合管理决策保障体系缺乏，难以适应治理能力现代化对地下水管理提出的新要求。

缺乏从战略高度统筹安排、科学规范全国地下水利用与保护管理工作的规划，缺乏地下水开采总量控制约束指标；缺乏针对地下水超采治理的多水源配置和替代水源方案安排；缺乏地下水利用、保护和管理分区分类的指导政策等。

从全国来讲，一些重要的地下水管理制度，如地下水开发利用总量控制管理和水位控制管理在我国已出台的涉水法律法规和制度中只是作了原则规定。从地方来讲，部分省（自治区、直辖市）通过法规文件对加强地下水取水总量控制作出了一些规定，但各地均没有形成地下水"双控"管理成熟的运行机制。

综上所述，开展对地下水管理制度的总体系统设计研究迫在眉睫。

8.3.1.3 国外地下水管理制度分析

梳理国外地下水资源管理制度相关资料，不难发现以下几点：

（1）地下水资源管理的理念正从单一的地下水污染治理转向预防为主，可持续理念的引入及流域范围的管理使得地下水资源管理的地位日渐上升，改变了以往地表水资源管理为主，地下水资源管理相对薄弱的情况。

（2）目前较为完备的地下水管理制度体系包括管理组织体系、管理政策体系、立法体系及相关具体的地下水管理措施等。其中管理政策体系起主导作用，基本决定了立法体系及具体管理措施的走向问题，所以应特别加以关注。

（3）已有多个国家针对地下水资源管理颁布了专门的法律，如韩国《地下水法》（1994 年）、以色列《水井控制法》（1955 年）、英国《地下水管理条例》（1998 年）等，美国联邦政府除在《水资源清洁法》等多部法律中对地下水开发利用和保护作出规定外，还专门制定了《Ⅴ类地下回灌井控制导则》（1999 年）和《地下水规程》（2000 年），对地下水管理问题作出了更明确的规定。一些国家的地方政府也颁布了专门的地下水管理法规。

（4）地下水资源管理中开始引入经济调节制度。如水权交易、水资源税的引入等。在市场机制的社会背景下，对于稀缺性的地下水资源，完全凭政府组织主导的管理体制行为无法完全胜任全方位的地下水资源管理，因此应考虑引入经济手段或经济调节制度。

8.3.2　调查评价制度

地下水资源的有效管理，必须以全面、可靠、及时的地下水资源调查评价为基础成果。地下水调查评价是一项长期的基础性、公益性技术工作，是认识和掌握地下水资源演化规律，制定地下水合理开发利用与有效保护措施、减轻和防治地下水污染及其相关地质灾害的技术保障。随着经济社会发展所面临的水资源短缺、水环境恶化等问题的日益突出，地下水调查评价作为水资源管理的一项基础性工作已显得越来越重要和迫切。

因此，针对地下水管理基础薄弱问题，设立了地下水调查评价、规划、监测等制度，明确地下水调查评价的内容、频次等，明确地下水的规划体系、内容、规划批复和规划执行等，并对地下水动态监测提出要求。

8.3.3　资源管控制度

（1）开采总量与水位控制制度。从地下水自身特点来讲，尤其是从地下水功能出发，地下水水位是影响其功能发挥的直接决定性因素，仅依靠地下水开采量管控很可能是无效的。从管理实际需要来讲，一些省（自治区、直辖市）已经对地下水开发利用总量与水位控制工作出台了一些规定，积累了宝贵的实践经验，如山西、陕西将重点区域地下水水位纳入了最严格水资源管理考核指标体系，《河北省地下水管理条例》《陕西省地下水管理条例》提出确立地下水水量水位双控制度，已经具备了作为顶层制度设计的条件。

　　建立地下水取用水总量控制和水位控制管理制度。①规定国家实行开采总量与水位双控制，拟定市、县级地下水开采总量和水位控制指标；②规定地下水总量和水位控制指标确定的依据和程序；③明确总量和水位控制的要求，规定地下水开采总量不得超过本区域地下水开采总量控制指标。

　　（2）分层分类管理制度。地下水具有分布广泛、开采便利的特点，在广大平原区几乎均有分布。但由于地下水的天然禀赋以及人类的开发利用活动，造成地下水在各地的开采及超采程度是不均匀的。针对地下水分布特点，设立分层分类管理制度。针对地下水系统的空间分异性特征和各个地区不同的开发利用现状，根据不同区域生态环境保护的要求和地下水功能定位，科学采取地下水保护措施，合理安排地下水开发利用布局，实现地下水分层分类管理。①针对地下水补给情况，实行分层管理。根据更新的难易程度，将地下水划分为易更新和难以更新地下水，并分别提出管理要求；②针对地下水不同功能特点，以及生态环境脆弱、开发地下水易导致生态环境地质问题等的敏感地区，结合禁限采区的划分，实行分类管理。同时明确矿泉水、地热水的管理要求，规定矿泉水、地热水的开发利用应当符合地下水利用与保护规划，并纳入地下水开采总量控制管理。

　　（3）战略储备制度。与地表水相比，地下水水质普遍良好，供水保证率较高，且便于取用，尤其是在特殊干旱年份或遭遇突发事件时，地下水是唯一可靠的应急备用水源。目前，我国一些省（自治区、直辖市）已建有地下水储备水源，但是目前尚未有省（自治区、直辖市）真正建立起地下水战略储备制度。针对战略储备和应急需要，设立地下水战略储备与应急管理制度，主要内容包括：①规定为应对特殊干旱等，国家建立地下水战略储备制度，合理确定地下水战略储备量；②规定各级人民政府应当制定启用战略储备预案；③规定地下水战略储备应当优先用于保障城乡居民生活用水，除特殊干旱年份外，不得动用地下水战略储备。

　　（4）地下水资源产权制度。针对我国地下水开发利用与管理中的种种问题，管理决策者一直在寻找根本性的原因和解决方法，一些地下水开发利用程度高、地下水不合理开发利用问题突出的省份已进行了一些探索和尝试工作，并得出了一些结论，即地下水资源的管理困难根本原因是地下水资源的产权不清晰，所以利用效率极低，管理责任不明确，所以监管不到位。

　　建立健全地下水资源产权制度，应坚持问题导向，充分考虑资源特征和产权特性，根据中央关于健全自然资源产权制度的部署，按照所有者与监管者分开、一件事由一个部门负责的原则，坚持综合管理和专业管理相结合，进一步明确地下水资源所有者和管理者权责，明确职能边界、权责关系和协调模式，主要内容包括：①统一行使地下水资源所有权。地下水资源的所有权依法由国务院代表国家行使，国务院授权有关部门行使国家确定的重要湖泊湿地、地下水资源的所有权人职责，地方各级人民政府根据授权行使其他地下水资源的所有权人职责。②综合管理与专业管理相结合，强化监管权。地下水资源以水为主体，涉及水域、岸线、矿产等多种资源，还涉及水生、湿生动植物多样性，特别是水禽栖息地的保护，建议在现行体制基础上，实行综合管理与专业管理相结合的监管体制。③建立健全空间用途管制和责任追究制度。④建立健全地下水资源规划体系、有偿使用制度和生态补偿制度、完善审计和考核制度与强化责任追究制度。

（5）超采治理制度。针对我国地下水严重超采问题，应将地下水超采区管理和治理作为重要内容，设立地下水超采治理与保护制度，主要内容包括：①地下水超采区划定，明确国务院水行政主管部门定期组织开展超采区划定和复核工作，必要时可增加频次；②地下水超采区治理，明确在地下水超采地区、特殊保护区等，划定地下水禁采和限采区；已发生严重超采、出现环境地质问题的地区，重大基础设施保护区域应当划定为地下水禁采区。

（6）地下水饮用水水源地管理与保护及污染防治制度。保护地下水饮用水水源地及地下水污染防治是保障人民群众饮水安全的重要任务。针对地下水污染突出问题，设立地下水饮用水水源地管理保护与地下水污染防治制度：①地下水饮用水水源地核准制度，县级以上人民政府水行政主管部门拟定地下水饮用水水源地名录；②地下水饮用水水源保护区管理制度，经核准的地下水饮用水水源地需依法划定地下水饮用水水源保护区，并对保护区的划分和要求做相关规定；③污染防治制度，对点源污染防治、生产建设污染防治、农业面源污染防治、串层污染防治、污染突发事故处置等内容进行明确规定。

8.3.4　承载能力监测预警制度

水资源承载能力的监测、评价、预警和管控是一个一脉相承的有机整体。水资源承载能力管控机制的总体思路是统筹运用水资源承载能力监测预警评价结论，从政策、规划、产业和市场等角度实施多种管理举措，实现长效性、操作性、差别化、双向性管控。承载能力监测预警制度主要内容包括：

（1）按照国家统一部署，滚动组织开展全国水资源承载能力评价，每年对水资源临界超载流域或区域开展一次评价，对水资源超载流域或区域实时开展评价，及时监测水资源承载能力动态变化情况。

（2）按照水资源承载能力评价结果，结合水资源耗损加剧与趋缓程度，将水资源承载能力预警等级划分为五个预警等级：评价为超载且损耗加剧的为红色预警等级、评价为超载但损耗趋缓为橙色预警等级、临界超载且损耗加剧的为黄色预警等级、临界超载但损耗趋缓的为蓝色预警等级、不超载的为绿色预警等级。确定各类预警等级响应机制，发布单位、发布时间和发布范围，连接水资源承载能力监测预警智能分析与动态可视化评价系统，建立水资源承载能力监测预警政务互动平台，定期向社会各界发布监测预警信息。

（3）统筹运用水资源承载能力监测预警评价结论，提出具有长效性、可操作性、差别化的管控措施。对水资源超载地区，暂停审批建设项目新增取水许可，制定并严格实施用水总量削减和入河污染物削减方案，对主要用水行业领域实施更严格的节水标准，强化污染源头治理，退减不合理灌溉面积，实行水资源费差别化征收政策，积极推进水资源税改革试点；对临界超载地区，暂停审批高耗水项目，严格管控用水总量和入河污染物总量，加大节水和非常规水源利用力度，优化调整产业结构；对不超载地区，严格水资源消耗总量和强度控制，强化水资源保护和入河排污监管。对从超载转变为临界超载或者从临界超载转变为不超载的地区，实施不同程度的奖励性措施。

(4) 建立水资源超载和临界超载地区名录，实施重点治理和督办。水利部、各省（自治区、直辖市）级人民政府水行政主管部门采取书面通知、约谈或者公告等方式，对水资源承载能力超载地区、临界超载地区进行预警提醒督促转变发展方式，降低水资源压力。超载地区要根据超载状况和超载成因，因地制宜制定水资源超载治理规划，明确治理任务、时间表和路线图。强化监督考核和责任追究，依法依规严肃问责。

8.3.5 监管考核制度

在国家水资源监控能力建设项目和国家地下水监测工程的基础上，建立健全地下水监督考核制度。该制度应由一系列基于基础设施建设的地下水现代化管理理念构成，包括一系列现代化监测计量设施，现代化取水工程设计、建设、维护与管理标准规范，以及严格的监督考核绩效指标。

具体措施包括依法规范机井建设审批管理，对各类地下水取水工程登记造册，建立地下水取水工程台账。大力推进农业、工业等取用水计量设施建设，大幅提高计量监控覆盖率。加大对地下水超采治理、地下水资源源头保护、水质污染防治等内容的考核力度，将有关考核结果纳入干部考核机制。探索编制地下水资源资产负债表，对领导干部实行地下水资源资产离任审计，建立生态环境损害责任终身追究制。

第9章

南水北调受水区地下水压采

　　南水北调东中线一期工程受水区（以下简称受水区）涉及海河流域、淮河流域和黄河流域内的北京、天津、河北、山东、河南及江苏 6 省（直辖市），区域面积为 23 万 km²，区内人口密集，经济发达，水资源供需矛盾突出，为维系经济社会快速发展，不得不长期依靠过量开采地下水来满足用水需求。南水北调通水前受水区（不含江苏省）地下水供水量已占总供水量 60％以上。由于长期、持续、大规模过度开采地下水，区域地下水水位持续下降，超采严重，引发了地面沉降、海（咸）水入侵等一系列生态与环境地质问题。

　　南水北调工程建成通水可显著改善受水区的水资源条件和配置格局，为实施受水区地下水超采治理创造了有利条件。同时，实施受水区地下水压采，也是确保南水北调工程建成后发挥效益的关键。为做好南水北调东中线受水区地下水压采工作，水利部于 2005 年组织水利水电规划设计总院、南水北调规划设计管理局以及有关流域机构和各相关省市水利部门编制了《南水北调东中线受水区地下水压采方案》（以下简称《总体方案》），并于 2013 年 4 月经国务院批复（国函〔2013〕49 号）实施。南水北调受水区地下水超采治理是我国针对城区地下水超采的第一次大规模治理行动，取得了显著治理效果，为后续开展更大区域的地下水超采治理积累了大量压采经验，具有重大的实践意义。本章将介绍受水区概况、水资源配置、压采措施与效果等内容。

9.1　受水区概况

9.1.1　受水区范围及经济社会概况

　　南水北调东中线一期工程受水区包括北京、天津两个直辖市以及河北、河南、山东、江苏等 4 省 36 个地级行政区的 243 个县（市、区）。受水区面积为 23 万 km²，占全国国土面积的 2.4%。

受水区人口密集，大中城市众多，经济较发达，战略地位重要。2010 年，受水区 6 省（直辖市）人口达 1.85 亿人，占全国的 14%；粮食产量 9746 万 t，占全国的 18%；国内生产总值（GDP）为 74113 亿元，占全国的 18%。

9.1.2 水资源及其开发利用总体状况

9.1.2.1 水文气候与水资源状况

受水区 1956—2000 年多年平均年降水量为 640mm。其中，河北省最小，仅为 526mm；江苏省最大，为 923mm。受水区降水量年内分布不均，6—9 月的降水量占全年降水量的 60%～85%；降水量年际变化大，年降水量最丰值与最枯值之比达 2.3～3.5。

受水区多年平均年水面蒸发量为 1085mm（E601），多年平均年陆面蒸发量为 545mm，均呈现由南向北递增的趋势。受水区水面蒸发量超过其降水量。

受水区多年平均（1956—2000 年）地表水资源量为 228 亿 m³，地下水资源量为 276 亿 m³，水资源总量为 424 亿 m³，占全国水资源总量的 1.5%；人均水资源量仅为 229 m³，约为全国人均水资源量的 11%，远低于全国人均水平。受水区水资源紧缺，时空分布不均。由于气候变化和人类活动影响，水资源量总体呈减少趋势。

受水区分布有浅层地下水和深层承压水。大气降水是区内地下水主要补给来源。受水区浅层地下水多年平均年总补给量为 298 亿 m³，地下水资源量为 276 亿 m³，可开采为 229.8 亿 m³（其中，北京市 19.6 亿 m³、天津市 4.2 亿 m³、河北省 57.2 亿 m³、河南省 49.4 亿 m³、山东省 62.4 亿 m³、江苏省 37.0 亿 m³）。

9.1.2.2 水资源开发利用状况

（1）供用水现状。2010 年，受水区年供水量为 536 亿 m³。其中，当地地表水供水量占 38%，跨流域调水量占 15%，地下水供水量占 45%，其他水源（包括污水处理回用、雨水集蓄利用、微咸水利用等）占 2%。河北省受水区地下水开采量占其总供水量的比例最高，达 90%，河南省占 61%，北京市占 60%。江苏省受水区地下水开采量占其总供水量的比例相对较低，为 5%。

2010 年，受水区年用水量为 536 亿 m³。其中，城镇生活用水量占 12%，工业用水量占 16%，农业用水量占 67%，农村生活用水量占 5%。

（2）供用水变化情况。改革开放以来，随着受水区经济社会的快速发展，工业和城镇生活用水持续增长，受水区年总供用水量由 1980 年的 527 亿 m³ 增加到 2000 年的 557 亿 m³。2000 年以后，供用水量变化不大，2010 年总供用水量为

536 亿 m³。受水区用水变化的特点是农业用水总体呈持续下降趋势，城镇生活和工业用水量呈增长趋势。

（3）水资源开发利用程度。2010 年，受水区人均水资源量仅为 229m³，但人均用水量高达 290m³。从受水区 2010 年水资源开发利用情况看，受水区当地地表水利用量占多年平均地表水资源量的 90%，地表水开发利用过度；地下水开采量高达 243 亿 m³，总体上已超过受水区地下水可开采量，部分地区超采更为严重。

9.1.3　地下水开发利用情况

9.1.3.1　地下水开采井数量

2010 年，受水区地下水开采机电配套井约为 181 万眼。其中，北京市 4.7 万眼、天津市 3.4 万眼、河北省 70.3 万眼、河南省 44.5 万眼、山东省 56.4 万眼、江苏省 1.7 万眼。按行业统计，农业开采井 160.0 万眼，占 88%；农村生活开采井 12.6 万眼，工业开采井 4.5 万眼，城镇生活开采井 3.9 万眼。按区域统计，城区（城市建成区和规划区，下同）地下水开采井 5.9 万眼，主要为城市公共供水水源井和企事业单位自备井；其余分布在非城区（城区以外的地区，下同），主要为农业开采井、农村生活开采井和部分工业开采井。

（1）浅层地下水开采井数量。2010 年，受水区浅层地下水开采井 169.9 万眼。其中，北京市 4.7 万眼、天津市 1.6 万眼、河北省 61.5 万眼、河南省 44.3 万眼、山东省 56.1 万眼、江苏省 1.7 万眼。按行业统计，农业开采井 152.0 万眼，占 89%；农村生活开采井 10.9 万眼，工业开采井 3.4 万眼，城镇生活开采井 3.6 万眼。按区域统计，城区浅层地下水开采井 4.9 万眼，主要为城市公共供水水源井和企事业单位自备井，其余为分布在非城区的农业开采井、农村生活开采井和部分工业开采井。

（2）深层承压水开采井数量。2010 年，受水区深层承压水开采井 11.2 万眼。其中，天津市 1.9 万眼、河北省 8.8 万眼、河南省 0.2 万眼、山东省 0.3 万眼。按行业统计，城镇生活开采井 0.3 万眼，农村生活开采井 1.7 万眼，工业开采井 1.0 万眼，农业开采井 8.1 万眼。按区域统计，城区深层承压水开采井数为 1 万眼，主要是城市公共供水水源井和企事业单位自备井；其余开采井分布在非城区，主要为农村生活开采井、农业开采井和部分工业开采井。

9.1.3.2　地下水开采量

2010 年，受水区地下水（包括浅层地下水和深层承压水）开采量为 242.7 亿 m³。其中，北京市 19.9 亿 m³、天津市 5.3 亿 m³、河北省 115.7 亿 m³、河南省 49.6 亿 m³、山东省 44.4 亿 m³、江苏省 7.8 亿 m³。按行业统计，城镇生活开采量为 23 亿 m³，占 10%；农村生活开采量为 22 亿 m³，占 9%；工业开采量为

35 亿 m³，占 14%；农业开采量为 163 亿 m³，占 67%。按区域统计，城区地下水开采量为 49 亿 m³，非城区地下水开采量为 194 亿 m³。

（1）浅层地下水开采量。2010 年，受水区浅层地下水开采量为 208.3 亿 m³。其中，北京市 19.9 亿 m³、天津市 2.8 亿 m³、河北省 87.8 亿 m³、河南省 47.6 亿 m³、山东省 42.4 亿 m³、江苏省 7.8 亿 m³。按行业统计，城镇生活开采量为 20 亿 m³，农村生活开采量为 18 亿 m³，工业开采量为 27 亿 m³，农业开采量为 143 亿 m³，分别占受水区浅层地下水总开采量的 9%、9%、13% 和 69%。按区域统计，城区浅层地下水开采量为 39 亿 m³，非城区地下水开采量为 169 亿 m³。

（2）深层承压水开采量。2010 年，受水区深层承压水开采量为 34.5 亿 m³。其中，天津市 2.6 亿 m³、河北省 27.9 亿 m³、河南省 2.0 亿 m³、山东省 2.0 亿 m³。按行业统计，城镇生活开采量为 3 亿 m³、农村生活开采量为 5 亿 m³、工业开采量为 7 亿 m³、农业开采量为 20 亿 m³，分别占受水区深层承压水总开采量的 9%、13%、20%、58%。按区域统计，城区深层承压水开采量为 10 亿 m³，非城区深层承压水开采量为 25 亿 m³。

自 2005 年至今，由于采取了严格的限采措施，受水区地下水开采量总体变化不大，基本维持在 245 亿 m³ 左右。

9.1.4　地下水超采状况

（1）超采区。受水区浅层地下水超采区面积为 4.95 万 km²，深层承压水超采区面积为 7.44 万 km²。扣除两者之间的重叠面积（约 1.2 万 km²）后，受水区地下水超采区面积为 11.19 万 km²，约占受水区面积的 49%。其中，北京市 0.57 万 km²、天津市 0.89 万 km²、河北省 5.74 万 km²、河南省 1.49 万 km²、山东省 2.31 万 km²、江苏省 0.19 万 km²。北京市、天津市、河北省超采区面积均超过其受水区面积的 80%。

（2）超采区地下水开采情况。2010 年地下水超采区开采井总数 85.6 万眼。其中，北京市 4.2 万眼、天津市 1.9 万眼、河北省 47.8 万眼、河南省 12.3 万眼、山东省 19.2 万眼、江苏省 0.2 万眼。按行业统计，城镇生活开采井 3 万眼，农村生活开采井 8 万眼，工业开采井 3 万眼，农业开采井 72 万眼，农业开采井数量占到 84%。

地下水超采区基准年开采量为 152 亿 m³，其中农业开采量占 68%。河北省、河南省、山东省超采区农业开采量分别占其基准年总开采量的 74%、66%、68%。

（3）超采量。受水区地下水现状超采量为浅层地下水超采量与深层承压水超采量之和。现状条件下，受水区地下水年均超采量达 76 亿 m³。其中，浅层地下水超采量为 43 亿 m³，深层承压水超采量为 33 亿 m³。

9.2　受水区水资源配置

南水北调东线和中线一期工程通水后为受水区新增供水量 112 亿 m^3，可显著改善受水区供水水源条件。通过合理调配受水区各种水源，优先利用外调水，合理利用当地地表水和再生水，可为受水区地下水超采治理，实施地下水压采提供替代水源条件。

9.2.1　南水北调工程供水规划

9.2.1.1　南水北调工程总体布局

南水北调工程东线、中线、西线三条调水线路与长江、黄河、淮河和海河四大江河相联系，将构成以"四横三纵"为主体的中国水资源总体配置格局。

（1）南水北调工程总体布局。南水北调工程东线、中线、西线三条调水线路分别从长江下、中、上游调水，以适应我国华北、西北各地的发展需要。西线工程位于青藏高原，可以控制西北和华北部分地区，为黄河上中游的西北地区和华北部分地区补水。中线工程从长江中游丹江口水库引水，以自流方式输水到黄淮海平原。东线工程从长江下游抽引长江水，经泵站逐级提水北送至黄淮海平原。

（2）南水北调工程调水规模。东线一期工程规划年调水规模为 89 亿 m^3，较原有工程增调了 39 亿 m^3；中线一期工程规划年调水规模为 95 亿 m^3。东线二期工程规划年调水规模增加到 106 亿 m^3，中线二期工程规划年调水规模增加到 130 亿 m^3，同期启动西线工程，规划年调水规模为 40 亿 m^3。三线合计较现状增加调水规模为 226 亿 m^3，基本能够满足黄淮海流域用水需求。东线三期工程调水规模达到 148 亿 m^3，较现状增加调水规模 98 亿 m^3，同期西线工程调水规模达到 170 亿 m^3，东、西线工程合计较现状增加调水规模 268 亿 m^3。到 2050 年，南水北调工程调水总规模将达到 448 亿 m^3。其中，东线为 148 亿 m^3，中线为 130 亿 m^3，西线为 170 亿 m^3，并规划分期实施。南水北调东、中、西线工程分期调水规模见表 9.1。

表 9.1　　　　　　南水北调东、中、西线工程分期调水规模

分期	调水规模/亿 m^3			
	东线	中线	西线	合计
一期	89	95		184
二期	106	130	40	276
三期	148	130	170	448

9.2.1.2　近期工程供水指标

（1）干线供水指标分配。国务院 2008 年 10 月批复的南水北调东中线一期工

程可行性研究总报告明确了南水北调东中线一期工程调至受水区各省市的水量分配方案。

东线一期工程：从长江下游北岸三江营抽水，在江苏现有江水北调工程基础上扩大引江规模、向北延伸到山东半岛和鲁北地区，补充山东、江苏、安徽等省输水沿线地区的城镇生活、工业和环境用水，兼顾农业、航运和其他用水，线路总长 1467km。多年平均抽江水量为 87.66 亿 m^3，受水区干线净增可供水量 32.78 亿 m^3（干线分水口门水量），各省分配水量为：江苏省为 19.25 亿 m^3、山东省为 13.53 亿 m^3。

中线一期工程：由河南省的陶岔渠首从丹江口水库引水，沿规划线路开挖渠道输水，过长江流域与淮河流域分水岭方城垭口后，经黄淮海平原西部边缘在郑州以西孤柏嘴处穿过黄河，继续沿京广铁路西侧北上，经河南省、河北省、北京市、天津市 4 个省（直辖市），向 4 省（直辖市）的 19 个大中城市及 100 个县（县级市）提供生活、工业用水，兼顾生态和农业用水，线路总长 1432km。多年平均调水规模为 95.0 亿 m^3（陶岔渠首），各省（直辖市）的分配水量为：河南省 37.7 亿 m^3（含刁河灌区现状用水量 6.0 亿 m^3）、河北省 34.7 亿 m^3、北京市 12.4 亿 m^3、天津市 10.2 亿 m^3。

扣除干线沿途损失，南水北调东中线一期工程净增水量 112.22 亿 m^3（干线分水口门，未含分配给安徽省和河南刁河灌区的水量）。南水北调东中线一期工程净增水量（干线分水口门）分配情况见表 9.2。

表 9.2 　　南水北调东中线一期工程净增水量（干线分水口门）分配情况

调水线路	各省市供水量/亿 m^3						合计
	江苏省	山东省	河南省	河北省	北京市	天津市	
东线	19.25	13.53					32.78
中线			29.94	30.40	10.50	8.60	79.44
合计	19.25	13.53	29.94	30.40	10.50	8.60	112.22

注　未含分配给安徽省和河南省刁河灌区的水量。

（2）各省市水量分配。根据南水北调东中线一期工程受水区各省市配套工程规划成果，各省（直辖市）水量分配情况见表 9.3～表 9.8。

表 9.3 　　　　　　　北京市南水北调中线一期工程水量分配情况

序号	受水范围	分配水量/亿 m^3
1	北京中心城市（第三水厂、田村水厂、第九水厂、郭公庄水厂、第十水厂）	6.67
2	北京市周边新城市（亦庄新城、房山新城、丰台河西地区、门头沟水厂、大兴新城、通州新城等地区的自来水厂）	1.70

续表

序号	受 水 范 围	分配水量/亿 m³
3	北京市工业企业	0.73
4	生态环境	0.90
	合　计	10.00

注　南水北调中线一期毛供水量（陶岔渠首）12.40 亿 m³，干线分水口门净供水量为 10.50 亿 m³。根据《北京市南水北调配套工程总体规划》成果，2010 年利用南水北调来水 10.00 亿 m³（含生活用水 5.10 亿 m³、工业用水 4.00 亿 m³、生态环境用水 0.90 亿 m³），其中，供自来水厂 8.37 亿 m³，直接供应工业 0.73 亿 m³。

表 9.4　　　　　　天津市南水北调中线一期工程水量分配情况

序号	受 水 范 围	分配水量/亿 m³
1	天津市中心城区及东丽区、津南区、西青区、北辰区	6.08
2	塘沽区	1.01
3	大港区	0.40
4	静海县	0.67
	合　计	8.16

注　南水北调中线一期毛供水量（陶岔渠首）10.20 亿 m³，干线分水口门净供水量为 8.60 亿 m³。根据《天津市南水北调配套工程规划》成果，表中供水量为到水厂水量共 8.16 亿 m³。

表 9.5　　　　　河北省南水北调中线一期工程水量分配情况

序　号	受 水 范 围	分配水量/亿 m³
1	邯郸市	3.52
2	邢台市	3.33
3	石家庄市	7.82
4	保定市	5.51
5	沧州市	4.53
6	衡水市	3.10
7	廊坊市	2.58
	合　计	30.39

注　南水北调中线一期工程毛供水量（陶岔渠首）34.70 亿 m³，干线分水口门净供水量为 30.39 亿 m³。

表 9.6　　　　　山东省南水北调东线一期工程水量分配情况

区 片	受 水 范 围	分配水量/亿 m³
胶东片	济南市	1.00
	滨州市	1.50
	淄博市	0.50
	东营市	2.00
	潍坊市	1.00

区　片	受　水　范　围	分配水量/亿 m³
胶东片	青岛市	1.30
	烟台市	0.97
	威海市	0.50
	小　计	8.77
鲁南片	枣庄市	0.90
	菏泽市	0.75
	济宁市	0.45
	小　计	2.10
鲁北片	聊城市	1.80
	德州市	2.00
	小　计	3.80
合　计		14.67

注　南水北调东线一期干线分水口门净供水量为 13.53 亿 m³。《山东省南水北调配套工程规划》中南水北调东线一期供水量按 14.66 亿 m³ 分配。

表 9.7　　　　　　河南省南水北调中线一期工程水量分配情况

序　号	受　水　范　围	分配水量/亿 m³
1	南阳市	4.91
2	平顶山市	2.50
3	漯河市	1.06
4	周口市	1.03
5	许昌市	2.26
6	郑州市	5.17
7	焦作市	2.82
8	新乡市	4.02
9	鹤壁市	1.64
10	濮阳市	1.19
11	安阳市	3.34
合　计		29.94

注　南水北调中线一期毛供水量（陶岔渠首）37.70 亿 m³（含刁河灌区用水量 6 亿 m³），干线分水口门净供水量为 35.80 亿 m³，扣除刁河灌区和总干渠输水损失后 29.94 亿 m³。

表 9.8　　　　　江苏省南水北调东线一期工程水量分配情况表（按区段）

区　　段	南水北调东线一期工程完成后 多年平均净供水量/亿 m³	其中新建南水北调东线一期 工程增加供水量/亿 m³
洪泽湖段	82.25	
骆马湖段	30.89	19.22
南四湖段	20.56	
合　　计	133.70	19.22

注　南水北调东线一期工程完成后多年平均净供水量 133.70 亿 m³，包括南水北调东线一期工程建成前
　　原有工程供水量。南水北调东线一期工程完成后新增加净供水量为 19.22 亿 m³。

9.2.2　受水区水资源配置

9.2.2.1　总体配置格局

受水区除江苏、河南两省南部地区水资源条件相对较好之外，其北部淮河、黄河、海河流域水资源供需矛盾十分突出，已出现比较严重的地下水超采问题。南水北调东中线一期工程通水后，将显著改善受水区水资源条件，不仅为城市和工业发展新增供水量，而且，还将退还出城市和工业原挤占农业的一部分当地地表水，置换出一部分引黄水和引滦水。南水北调工程的建成通水，形成我国东西互济、南北调配的水资源配置格局。

2010 年，受水区总供水量为 536 亿 m³，其中，地下水 243 亿 m³，当地地表水供水 204 亿 m³，外流域调水 79 亿 m³，其他水源（再生水等）10 亿 m³，分别占总供水量的 45%、38%、15% 和 2%。

南水北调东中线一期工程通水并达到设计规模后，受水区新增供水量 112 亿 m³，经过配套工程的输送、调蓄、处理及配水，扣除沿途各种损失后，到达城区及工业企业用水户的净增供水量达 89 亿 m³。同时，可新增再生水 20 亿 m³。通过各种水源调配，逐步替代开采的地下水，可逐步削减地下水开采量 40 亿 m³，从而形成以外调水、当地地表水、地下水并重，少量其他水源为辅的多水源供水格局。南水北调东中线一期工程通水前和通水并达到设计规模后受水区供水水源结构变化如图 9.1 所示。

9.2.2.2　城区水资源配置

南水北调东中线一期工程通水后，城市优先利用外调水（包括引江水以及置换出的引黄引滦水）及再生水（污水处理回用水），基本禁止企事业单位自备井开采。照顾到部分特殊行业对水质要求，保留适量的地下水开采用于个别特殊行业。城市生态及环境卫生用水禁止开发利用地下水，改用再生水。基本禁止开采深层承压水，将其作为应急和战略储备水源。

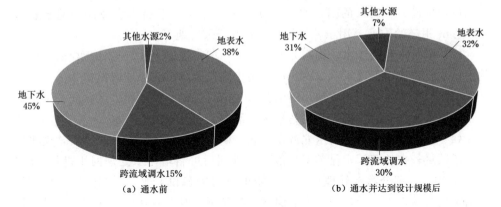

图 9.1　南水北调东中线一期工程通水前和通水并达到设计规模后受水区供水水源结构变化

9.2.2.3　非城区水资源配置

南水北调东中线一期工程通水后，非城区企事业单位优先利用外调水（引江水以及置换出的引滦水），同时积极利用再生水，逐步关停企事业单位自备井。农业井灌区在加大节水改造力度的基础上，充分利用引江水来后城市和工业退还出来的当地地表水和置换出的引黄水，合理利用城市新增再生水，替代农业灌溉开采地下水，削减非城区地下水超采量。农村生活用水分三种情景进行配置：①城市近郊区，结合南水北调工程和城乡供水一体化以及集中供水工程延伸建设，实行集中连片供水，实现农村生活供水水源由地下水向地表水的转换；②存在饮水安全问题的高氟水、苦咸水分布地区，结合农村饮水安全及改水工程，改供优质地表水，解决高氟水、苦咸水问题；③当地地下水水质较好，集中连片供水困难的农村地区，适度开采地下水，保障饮水安全。

9.2.3　地下水压采替代水源分析

实施地下水压采，需对受水区当地水资源、其他水源和外调水在不同地区和不同用户之间进行合理配置，确定地下水压采所需替代水源及其替代规模。

9.2.3.1　地下水压采水源替代方案

通过对受水区各种水源分析与合理调配，可用于超采区地下水压采的替代水源主要有：南水北调东中线一期工程调入的引江水，城市和工业退还原挤占农业的当地地表水，引江水置换出来的引黄水和引滦水，新增的再生水。

（1）引江水。南水北调东中线一期工程通水并达到设计规模后，利用引江水 23.5 亿 m³ 直接供给超采区内城市和工业地下水取用水户，替代这部分取用水户开采地下水，削减地下水超采量。

(2) 城市和工业退还挤占农业的当地地表水。南水北调东中线一期工程通水达到设计规模后，调入的引江水将置换出原城市和工业挤占农业的当地地表水 3.4 亿 m³ 退还给农业，用于替代超采区农业开采的地下水。

(3) 引黄水和引滦水。南水北调东中线一期工程通水达到设计规模后，调入的引江水将置换出引滦水 0.35 亿 m³，用于替代天津市北部地区城镇生活和工业开采的深层承压水；利用置换出的引黄水 3.77 亿 m³，替代超采区农业开采的地下水，引黄水 0.52 亿 m³，替代超采区生活和工业开采的地下水。

(4) 新增的再生水。南水北调东中线一期工程通水达到设计规模后，受水区将新增数量较大的废污水排放量，经达标处理后可新增污水处理回用量约 20 亿 m³。其中，一部分污水处理后回用于城市河湖生态和工业，一部分排入城市下游河道后与地表水混合，用于农业灌溉。扣除用于城市河湖生态环境用水外，可有再生水近 9 亿 m³ 用于替代超采区农业和工业开采的地下水。

总体而言，南水北调东中线一期工程通水并达到设计规模后（到 2025 年）将有替代水量 40 亿 m³ 用于替代受水区超采区开采的地下水，以逐步削减地下水超采量。2025 年各省（直辖市）地下水压采替代水量见表 9.9。

表 9.9　　　　　　2025 年各省（直辖市）地下水压采替代水量　　　　　单位：亿 m³

调水线路	省级行政区	引江水	当地地表水	引黄水和引滦水	再生水	合计
中线	北京市	1.77	0.32	0	2.65	4.74
	天津市	1.01	0	0.35	0.60	1.96
	河北省	16.05	1.84	1.01	4.83	23.73
	河南省	2.26	0.6848	1.96	0.54	5.44
	小计	21.09	2.84	3.32	8.62	35.87
东线	山东省	2.25	0.54	1.32	0.03	4.14
	江苏省	0.13	0	0	0	0.13
	小计	2.38	0.54	1.32	0.03	4.27
合　计		23.47	3.38	4.64	8.65	40.14

9.2.3.2　城区地下水压采水源替代方案

根据南水北调东中线一期工程的实施进度安排，南水北调东中线一期工程通水并达到设计规模后，到 2025 年将直接供给受水区引江水 20.8 亿 m³ 用于替代城区开采的地下水。此外，还有 1.2 亿 m³ 再生水以及引黄水和引滦水用于替代城区开采的地下水。可用于城区地下水压采替代水量共计 22 亿 m³。2025 年城区地下水压采替代水量见表 9.10。

表 9.10		2025 年城区地下水压采替代水量			单位：亿 m³
调水线路	省级行政区	引江水	引黄水和引滦水	再生水	合计
中线	北京市	1.32	0.00	0.85	2.17
	天津市	0.55	0.06	0.00	0.61
	河北省	14.56	0.00	0.00	14.56
	河南省	2.03	0.00	0.25	2.28
	小计	18.46	0.06	1.10	19.62
东线	山东省	2.25	0.03	0.00	2.28
	江苏省	0.10	0.00	0.00	0.10
	小计	2.35	0.03	0.00	2.38
合　计		20.81	0.09	1.10	22.00

9.2.3.3　非城区地下水压采水源替代方案

南水北调东中线一期工程通水并达到设计规模后，到 2025 年将有引江水近 3 亿 m³ 直接供给非城区地下水取用水户。其中，部分引江水用于替代工业企业开采的地下水，并逐步关停其自备井；其余部分通过以城带乡供水方式直接替代部分农村生活开采的地下水。

引江水置换出城市和工业原挤占农业用当地地表水 3.4 亿 m³，退还给农业以替代农业开采的地下水；引江水置换出引黄水和引滦水 4.5 亿 m³，主要用于替代农业开采的地下水，以及部分工业和生活开采的地下水。

新增再生水中将有 7.5 亿 m³ 用于替代非城区农业开采的地下水。利用再生水替代农业开采的主要省（直辖市）有河北省、北京市、天津市和河南省。

南水北调东中线一期工程通水并达到设计调水规模后，到 2025 年用于非城区地下水压采替代水量将达到 18 亿 m³。2025 年非城区地下水压采替代水量见表 9.11。

表 9.11		2025 年非城区地下水压采替代水量			单位：亿 m³
调水线路	省级行政区	引江水	当地地表水	引黄水和引滦水	再生水	合计
中线	北京市	0.45	0.32	0.00	1.80	2.57
	天津市	0.46	0.00	0.29	0.60	1.35
	河北省	1.49	1.84	1.01	4.83	9.17
	河南省	0.23	0.68	1.96	0.29	3.16
	小计	2.63	2.84	3.26	7.52	16.25

续表

调水线路	省级行政区	引江水	当地地表水	引黄水和引滦水	再生水	合计
东线	山东省	0.00	0.54	1.29	0.03	1.86
	江苏省	0.03	0.00	0.00	0.00	0.03
	小　计	0.03	0.54	1.29	0.03	1.89
合　计		2.66	3.38	4.55	7.55	18.14

9.2.4　压采可行性分析

　　根据南水北调配套工程进度安排，南水北调东中线一期工程各省（直辖市）所有配套工程在 10 年内全部完成，工程达到设计用水规模。南水北调东中线一期工程通水 5 年后（到 2020 年），受水区所有南水北调配套工程建成通水达效，城区地下水压采替代水量达到 22 亿 m³，实现替代城区地下水超采量 22 亿 m³。南水北调东中线一期工程通水 10 年后（到 2025 年），在进一步加大井灌区节水改造的基础上，逐步完成非城区所有地下水压采替代水源配套工程建设任务（包括利用引江水、当地地表水、引黄水和引滦水、再生水等替代地下水的水源工程建设任务），推进非城区地下水压采工作，利用所有压采替代水源，非城区地下水压采替代水量达到 18 亿 m³，替代非城区地下水超采量 18 亿 m³。

　　综合分析南水北调配套、地下水压采替代水源配套等工程建设进度安排、投资强度，以及替代水源情况、已有相关政策落实等因素，到 2020 年，通过实施地下水压采水源替代措施，可为城区提供 22 亿 m³ 地下水压采替代水量；到 2025 年，再为非城区提供 18 亿 m³ 地下水压采替代水量，实现削减超采区地下水开采量 40 亿 m³ 的目标是可行的。

9.3　措施与方案

　　在大力提高用水效率，严格控制用水需求增长的基础上，充分利用南水北调东中线一期工程引江水及与其有关的其他替代水源，合理配置受水区各种水源，实施地下水压采。①利用南水北调工程调入城区的引江水、城区新增的部分再生水以及引江水置换出的少量引黄引滦水替代城区开采的地下水，解决城区地下水超采问题；②利用引江水替代非城区部分工业开采的地下水和以城带乡供水方式替代部分农村生活开采的地下水；③利用引江水置换出城市和工业原挤占农业的当地地表水退还给农业，利用退还的当地地表水、引江水置换出来的部分引黄水替代非城区农业开采的地下水，利用置换出来的其余引黄水和引滦水替代非城区部分工业及农村生活开采的地下水；④利用城区新增的部分再生水进入河道与地表水混合后，用于替代下游部分井灌区农业开采的地下水，逐步削减非城区地下水超采量。考虑到地下水压采配套工程、水源置换进度等因素，受水区地下水压采按照先压城区后压非城区、先压严重超采区后压一般超采区、先压深层承压水后压浅层地下水的次序，分阶段组织实施。

9.3.1　压采措施

实施受水区地下水超采治理，必须采取综合治理措施：①要通过强化节约用水，抑制对地下水的开发需求，防止用水过度增长，控制地下水开采；②要加快推进南水北调主体工程、地方配套工程以及其他地下水压采替代水源工程建设，合理调配各种水源，为实现超采区地下水用户水源置换创造条件；③要提高污水处理水平，加大再生水利用量，替代井灌区农业开采的地下水以及工业开采的地下水。

在强化节水和南水北调东中线一期主体工程即将建设完成的条件下，保障受水区地下水压采目标实现的工程措施主要包括南水北调东中线一期配套工程、当地地表水以及引黄水和引滦水利用工程、再生水利用工程、地下水开采井封填工程等。

9.3.1.1　工程措施

（1）南水北调东中线一期配套工程。根据受水区6省（直辖市）南水北调配套工程规划，配套工程划分4类，即输水工程、调蓄工程、水净化工程（水厂）及配套管网工程，覆盖范围主要为南水北调主体工程直接受水区城市及工业用水户。在受水区规划建设输水工程为4978km，利用现有水库并新建部分调蓄工程，新增南水北调工程供水调蓄库容为11.4亿 m^3，水厂供水能力为2500万 m^3/d，配套供水管网长度为7100km。

（2）当地地表水以及引黄水和引滦水利用工程。南水北调东中线一期工程建成通水后，受水区城市和工业原挤占农业用当地地表水将逐步退还给农业。当地地表水利用工程是指利用退还给农业的当地地表水替代超采区井灌区农业开采的地下水的工程。引黄水利用工程是指利用引江水置换出的引黄水替代超采区农业、工业以及农村生活开采的地下水的工程，包括将超采地下水的有关井灌区改造为渠灌区或井渠结合灌区需要建设的输水渠系和田间配套工程，以及利用引黄水替代工业和农村生活开采的地下水的替代水源工程。本方案规划安排将非城区存在地下水超采的259万亩井灌区改造为渠灌区或井渠结合灌区，以利用退还的当地地表水和置换出来的引黄水替代井灌区农业开采的地下水。利用引江水置换出来的其余引黄水替代工业和农村生活开采的地下水的工程结合有关供水工程建设实施。引滦水利用工程是指利用引江水置换出来的引滦水替代超采区工业和生活开采的地下水的工程。该类工程将结合天津市供水工程建设与改造实施。

（3）再生水利用工程。再生水主要用于替代井灌区农业及自备井开采的地下水。再生水利用工程主要包括再生水输水渠系和田间配套工程，对于利用再生水替代工业开采地下水的工程建设与投资由相应企业自己承担。

受水区现状利用再生水为 5 亿 m^3，远期可利用再生水估计将增加到 25 亿 m^3，扣除工业和生态环境利用的部分再生水后，可有一定数量的再生水用于替代井灌区农业开采的地下水。

（4）地下水开采井封填工程。对纳入压采范围的地下水开采井，在充分考虑地下水保护、应急与战略备用、特殊需求等情况下，本着分类指导、区别对待、妥善处理的原则，制定处置方案。对公共供水管网覆盖范围内的自备井，在有替代水源条件下，限期封填；确因特殊用途需要保留使用的井，要对其取水量进行慎重复核并加强监管。对城区范围内城镇生活和工业开采井，在南水北调工程通水后，基本停止地下水开采，并采取封填措施。

对年久失修、成井条件差或因混合开采导致越流污染的井应永久填埋；对成井条件好、出水量大、配套设施完好的井应封存备用，并建立封存备用井的登记、建档、管理、维护和监督制度，确保在特殊干旱或应急情况下，按照规定程序启用并发挥应急供水作用。

受水区超采区现状地下水开采井总数为 86 万眼，规划到 2025 年，封填开采井为 14.98 万眼，其中填埋 0.15 万眼井，封存 14.83 万眼井。到 2025 年，城镇生活和工业深层承压水开采井基本封填完毕。

9.3.1.2　管理措施

（1）划定禁采限采范围，强化开采总量控制。

1）尽快核定并公布地下水禁采和限采范围。各省（自治区、直辖市）人民政府应根据《国务院关于实行最严格水资源管理制度的意见》（国发〔2012〕3号）要求和有关技术规范，尽快核定并公布受水区地下水禁、限采范围。调水工程通水后具备水源替代条件且地下水严重超采的城市，必须划定禁采范围。在地下水超采区，禁止农业、工业建设项目和服务业新增地下水取用水量，并逐步削减超采量，实现地下水采补平衡。深层承压水原则上只能作为应急和战略储备水源。依法规范机井建设审批管理，限期关闭在城市公共供水管网覆盖范围内的自备水井。

2）逐级分解落实压采量控制指标。根据明确的各省（自治区、直辖市）地下水压采量和总量控制指标，各省（自治区、直辖市）将地下水开采总量控制指标和地下水压采量控制指标分期（近期和远期）、分区（城区和非城区）、分层位（浅层地下水和深层承压水）、分行业（城镇生活、农村生活、工业和农业）逐级分解至县级行政区，将控制指标落到实处。有条件的地区，要进一步将控制指标分解落实到井。

3）严格地下水开发利用总量控制。严格执行建设项目水资源论证制度。对未依法开展水资源论证的取用地下水建设项目，审批机关不予批准，建设单位不得擅自开工建设和投产使用，对违反规定的，一律责令停止。

严格地下水开发利用总量控制。建立覆盖流域和省市县三级行政区域的地下水开采总量控制指标体系，实施流域和区域地下水开采总量控制。各省（自治区、直辖市）要按照地下水开采总量控制指标，制定年度地下水开采计划，依法对本行政区域内的年度地下水开采实行总量管理。

严格实施地下水取水许可。严格规范地下水取水许可审批管理，对取用地下水总量已达到或超过控制指标的地区，暂停审批建设项目新增地下水开采量；对地下水取用水总量接近控制指标的地区，限制审批建设项目新增地下水开采量。对不符合国家产业政策或列入国家产业结构调整指导目录中淘汰类的，产品不符合行业用水定额标准的，在城市公共供水管网能够满足用水需要却通过自备井取用地下水的，以及地下水已严重超采的地区取用地下水的建设项目取水申请，审批机关不予批准。

（2）完善压采配套法规，依法推进压采工作。

1）尽快颁布《南水北调供用水管理条例》。为加强南水北调供用水管理，合理配置水资源，充分发挥工程供水效益，提高水资源利用效率，促进相关区域的经济社会可持续发展和改善生态环境，需要尽快出台《南水北调供用水管理条例》。明确在地下水超采区要优先使用南水北调水、当地地表水及其他水源，禁止或限制地下水开采，逐步实现地下水采补平衡。

2）抓紧制定完善地下水管理配套法规。各省（自治区、直辖市）抓紧制定地下水管理地方配套法规及其配套规章，细化地下水管理制度和措施，明确监管责任，强化法律责任，为地下水保护和地下水压采提供法律保障。

3）制定南水北调受水区地下水压采管理政策。为保障南水北调受水区地下水压采顺利开展，应尽快制定南水北调受水区地下水压采管理政策，明确受水区地方各级人民政府地下水压采工作责任，工作目标和主要任务措施。各省（自治区、直辖市）结合各自的实际情况，出台地下水压采管理的配套政策，增强地下水压采政策的可操作性和执行力。

（3）运用经济手段，推动地下水压采限采。

1）加大地下水资源费征收力度。合理调整地下水资源费征收标准。同一类型取用水，地下水资源费征收标准要高于地表水，超采地区的地下水资源费征收标准要高于非超采地区，严重超采地区的地下水资源费征收标准要大幅高于非超采地区，城市公共供水管网覆盖范围内取用地下水的自备水源水资源费征收标准要高于公共供水管网未覆盖地区，原则上要高于当地同类用途的城市用水价格。严格按照规定的征收范围、对象、标准和程序征收，确保应收尽收，任何单位和个人不得擅自减免、缓征或停征水资源费。运用经济杠杆引导用水户优先使用引江水、当地地表水、再生水等水源。

2) 研究完善受水区供水水价形成机制。合理制定南水北调工程供水价格，理顺受水区当地地表水、地下水、引江水等各种水源的水价关系，促进地下水压采；落实超计划或者超定额取水累进收取水资源费制度，通过价格杠杆，约束地下水超采行为。

(4) 完善监测控制体系，强化地下水压采监督管理。加快地下水监测工程和用水计量监测设施建设，逐步建立起覆盖南水北调受水区，包括国家、流域、地方多级集成的地下水综合管理平台，实现对地下水水位、水质、开发利用情况、超采状况等的动态监控，对地下水资源及其采补平衡情况进行动态评估，对地下水开采与压采实行动态计划管理，规范地下水开采监督管理工作，形成有效的监督管理机制。

1) 除规划要封填的近 15 万眼地下水开采井外，其余受水区地下水开采井全部实行计量。到 2020 年，规划实现受水区城市公共供水井、企事业单位自备井、农村集中式供水水源井全部实行在线计量。到 2025 年，非城区分散式开采井也要全部实现计量。其中，大规模农业灌溉开采井（约占 15％）安装 IC 卡计量水表，中等开采规模开采井（约占 50％）安装普通水表，其余小型农业灌溉井及生活开采机电井（约占 35％）通过电表或测流堰等方法计量。

2) 逐步建立起国家、流域、地方多级集成的地下水监控系统，作为国家水资源监控能力建设的重要组成部分，为受水区地下水压采与管理提供信息支持。

3) 定期开展地下水压采评估及信息发布工作，强化地下水压采监督管理工作。对已关停的开采井进行定期检查，严肃查处擅自启用已关停的开采井行为，定期发布地下水压采工作简报，通报地下水压采工作进展情况，接受社会及公众监督。

9.3.2　压采方案

综合分析受水区地下水压采替代水源以及地下水超采状况，合理配置受水区各种水源，制定地下水压采方案。

(1) 分阶段压采。近期、远期分别规划削减地下水开采量 22 亿 m^3、40 亿 m^3，较地下水现状超采量分别压减 29％、53％，将地下水开采量分别控制在 130 亿 m^3、112 亿 m^3。

(2) 城乡地下水压采布局。城区地下水基准年超采量为 22 亿 m^3。近期，城区地下水超采量全部压减，城区地下水基本实现采补平衡。非城区地下水基准年超采量为 54 亿 m^3。近期，通过强化节水，挖掘当地水资源供水潜力和加大其他水源利用力度，严格地下水开发利用总量控制，地下水超采范围不再进一步扩大并力争有所减少；远期，通过节水和水源替代，削减地下水开采量 18 亿 m^3，较地下水现状超采量压减 33％。

（3）深浅层地下水压采布局。浅层地下水现状超采量为 43 亿 m³，远期压减 59%。深层承压水现状超采量为 33 亿 m³，远期压减 44%。

（4）取水行业地下水压采布局。远期，超采区城镇生活、农村生活、工业及农业开采量将分别减少 5.8 亿 m³、2.0 亿 m³、17.0 亿 m³ 和 15.3 亿 m³，分别占其基准年开采量的 44%、16%、73% 和 14%。

9.4 实施效果

9.4.1 压采量完成情况

按照《南水北调东中线一期工程地下水压采总体方案》（以下简称《总体方案》）要求，到 2020 年，受水区要通过充分利用南水北调水等置换水源，压减城区地下水开采量为 22 亿 m³，城区地下水基本实现采补平衡，其中，北京、天津、河北、河南、山东分别压减 2.17 亿 m³、0.61 亿 m³、14.56 亿 m³、2.37 亿 m³、2.29 亿 m³；到 2025 年，受水区非城区需压减地下水开采量 18 亿 m³，非城区地下水超采问题得到缓解，地下水压采总量达到 40 亿 m³。

受水区 5 省（直辖市）2017 年度计划压采地下水总量 3.048 亿 m³（其中，北京 8700 万 m³、天津 1100 万 m³、河北 4700 万 m³、河南 11295 万 m³、山东 4685 万 m³）。根据评估结果，受水区 2017 年度实际压采地下水总量为 7.006 亿 m³（其中，北京 8700 万 m³、天津 1600 万 m³、河北 34100 万 m³、河南 20600 万 m³、山东 5063 万 m³），超额完成年度压采计划。截至 2017 年年底，受水区 5 省（直辖市）累计压采地下水 15.23 亿 m³，占《总体方案》近期压采量目标的 69.4%。其中，北京 2.36 亿 m³、天津 0.67 亿 m³、河北 6.39 亿 m³、河南 3.84 亿 m³、山东 1.62 亿 m³，分别占《总体方案》近期压采量目标的 108.8%、109.8%、43.9%、162.0%、70.6%。

9.4.2 水位变化情况

从 5 省（直辖市）提供的受水区地下水水位变化监测结果来看，大部分地区 2017 年度地下水位呈稳定或上升状态，地下水压采取得初步成效。

北京市：2017 年末地下水水位埋深平均为 24.97m，与 2016 年同比回升 0.26m，与 2014 年同比回升 0.69m。根据对北京市提供的有代表性的 110 眼地下水观测井水位埋深分析，以 12 月底各监测井水位埋深为考核节点，同期相比，水位出现回升、稳定或速率减缓的井数合计 95 眼，占监测井总数的 86.3%。

天津市：通过对 2017 年 414 眼地下水动态监测井水位埋深分析，以 12 月底各监测井水位埋深为考核节点，同期相比，水位埋深回升井 158 眼，水位埋深稳定井（±0.5m）225 眼，水位埋深下降井 31 眼，占比分别为 38%、54% 和 8%。

河北省：根据河北省提供的受水区 157 眼地下水监测井中，2017 年 12 月底地下水水位较 2016 年同期上升的有 44 眼，保持稳定的有 51 眼，水位下降但降幅较降水相近年份（2015 年）减小的有 38 眼，水位上升、稳定或降幅减小的井数占总监测井数的比例为 84.7%。

河南省：根据河北省提供的受水区 160 眼监测井水位监测资料，2017 年 12 月地下水位于上年同期相比，总体呈现上升趋势，局部地区仍有较为明显的水位下降现象。160 眼监测井中有 145 眼的监测井的水位呈回升、稳定或下降速率减缓趋势，占总井数的 90.6%。

山东省：2017 年 250 眼有效水位监测井中水位基本稳定的有 117 眼（水位变幅小于 0.5m），水位上升的井有 55 眼，地下水水位下降的井有 80 眼。在地下水水位下降的 80 眼监测井中，有 67 眼井下降速率增大，下降速率增大最快的主要位于聊城市、淄博市及德州市。水位呈回升、稳定或下降速率减缓趋势，占总井数的 74%。

另据水利部国家地下水监测中心提供的分析成果，2018 年 1 月 1 日，南水北调东中线受水区浅层地下水与 2017 年 1 月 1 日同期相比，水位稳定区占 50%；水位下降区占 34%，下降幅度一般小于 2m，主要分布在石家庄、邯郸、安阳大部，其他地区仅为局部；水位上升区占 16%，上升幅度一般小于 2m，主要分布河南黄河以南平原区大部，其他地区仅为局部。

总的来看，受水区大部分地区水位基本稳定或上升，地下水水位持续下降态势得到有效遏制，局部地区地下水水位有所回升，但仍存在部分地区地下水水位持续下降，应予以重视。地下水水位下降主要有以下两方面原因：一方面，部分地区地下水压采目标暂未完成，地下水超采现象仍然存在，水位也相应处于下降趋势；另一方面，部分地区虽已完成压采任务但受 2017 年降水偏少及压采效果滞后性等影响，地下水水位暂时仍为下降状态。

9.4.3　南水北调水量消纳情况

2017 年受水区 5 省（直辖市）共调入南水北调水 59.49 亿 m^3，其中北京 10.78 亿 m^3、天津 10.14 亿 m^3、河北 9.68 亿 m^3、河南 18.59 亿 m^3、山东 10.3 亿 m^3，均超额完成了年度供水计划。与 2016 年比较，2017 年增加调水量 15.2 亿 m^3，其中北京 0.16 亿 m^3、天津 0.51 亿 m^3、河北 6.12 亿 m^3、河南 5.31 亿 m^3、山东 3.10 亿 m^3。截至 2018 年 4 月底，南水北调东中线一期工程已累计向受水区供水 155.64 亿 m^3，其中东线向受水区供水（调入山东）为 27.61 亿 m^3，中线为 128.03 亿 m^3。

第10章

华北地区地下水超采治理

10.1 区域概况

华北地区六省（直辖市）国土面积 69 万 km²，人口、GDP 占全国的 25%、27%。特别是京津冀地区，是我国政治、经济、科技、文化的核心区域，也是我国水资源最为紧缺的地区之一。华北地区多年平均水资源总量为 1085 亿 m³，仅占全国的 4%，但支撑了全国约 25% 的人口、27% 的 GDP、25% 的灌溉面积和粮食产量。随着经济社会快速发展，区域用水量逐步增长，华北地区地下水开发利用量由 20 世纪 70 年代的不到 200 亿 m³ 增加到 2017 年的 363 亿 m³ 左右，是世界上地下水开发范围最广、规模最大、强度最高、超采最严重的地区。水资源整体开发利用率达到 65% 以上，其中海河流域水资源开发利用率达到 106%，人口经济与水资源承载能力严重失衡。

20 世纪 70 年代以来，华北地区地下水开采量快速增加，由 200 亿 m³ 增加至 2017 年的 363 亿 m³，超采量达 55.1 亿 m³。地下水开采用于农业、工业、生活用水比例分别为 61%、16% 和 23%。目前，华北地区地下水累计亏空量达 1800 亿 m³ 左右，超采区面积达 18 万 km²，其中约 40% 为浅层超采区；约 2/3 超采区面积存在深层承压水超采问题，形成多个地下水位降落漏斗。地下水水位持续下降，太行山前平原浅层地下水埋深普遍达 30～50m，南宫-冀枣衡-沧州深层承压水漏斗中心埋深达 106m。长期大量超采地下水造成部分地区含水层疏干、地面沉降、海水入侵等生态与地质环境问题。

由于经济社会用水大幅增加，河道生态水量被严重挤占。海河流域入海水量由 20 世纪 50 年代的 155 亿 m³ 下降到近年的不足 40 亿 m³（2001—2016 年平均），湖泊、湿地水面面积减少 50% 以上，27 条主要河流中，有 23 条出现不同程度的断流或干涸，断流河长超过 3600km，占 23 条河流总河长的 51%。

华北地区共有机电井 1650 多万眼（其中规模以上的约有 302 万眼），面广量大，用水计量率仅为 18％左右，监督管理基础十分薄弱。现有法规对地下水保护与管理的相关规定较为宏观，地下水管理专门法规尚未出台，管理制度体系尚不健全。基层管理人员缺乏，执法能力不足，难以满足地下水管理的需求。

10.2　措施与方案

华北地区区域性地下水系统失衡问题表现为地下水开采量超过了水资源承载能力，但造成超采的原因是复杂多元的，单一的地下水超采治理措施或手段很难扭转地下水超采发展态势，需要综合性、多角度施策才能解决。因此，在总结提炼华北地下水超采治理工作和试点经验基础上，按照综合施策、突出重点、系统推进、措施可行的要求，提出"节、控、调、管"的治理思路，从降低水资源消耗总量和强度，严格控制用水总量，压减地下水超采量，多渠道增加水源补给，提高区域水资源水环境承载能力等角度。研究提出地下水超采治理措施，逐步实现地下水采补平衡，降低流域和区域水资源开发强度，从根本上解决华北地下水超采问题，为促进经济高质量发展、可持续发展提供水安全保障。

"节"即在地下水超采区，进一步挖掘节水潜力，加快灌区节水改造和田间高效节水灌溉工程建设，推广农艺节水措施和耐旱作物品种，深入推进工业和城镇节水，控制高耗水产业发展，提高水资源利用效率和效益，减少地下水开采量。

"控"即强化水资源水环境承载能力刚性约束，严控城镇及产业发展规模、布局和结构，依法压减或淘汰高耗水产业不达标产能。严控农业种植和灌溉面积发展，采取调整农业种植结构、耕地休养生息等措施，压减农业灌溉地下水开采量。

"调"即在充分利用当地水特别是加大非常规水源利用的基础上，用好引江、引黄、引滦等外调水，增强水源调蓄能力，扩大供水管网覆盖范围，置换城镇、工业和农村集中供水区地下水开采，推进农业水源置换，有效地减少地下水开采量。同时，在保障正常供水目标的前提下，相机为主要河湖生态补水，逐步恢复华北地区河湖水系、填补地下水亏空水量，恢复地下水水位，改善和修复河流生态状况。

"管"即落实最严格水资源管理制度，发挥河长制湖长制作用，强化地下水利用监管，严格禁采区、限采区管理，加强地下水监控能力建设，创新管理政策机制，严格考核监督，逐步完善地下水管理和保护体系。

华北地区地下水超采治理方案主要包括强化重点领域节水、严控开发规模和强度、多渠道增加水源供给、实施河湖地下水回补、严格地下水利用管控五个方面，共 17 项治理行动。

10.2.1　强化重点领域节水

10.2.1.1　农业节水增效

华北地区农业开采是造成地下水超采的最主要原因，减少农业用水需求是开展超采治理首先需要解决的问题。农业节水主要通过灌区续建配套建设和现代化改造以及农业用水精细化管理，科学合理确定灌溉定额等措施实现。灌区续建配套建设和现代化改造的主要是指将高效节水灌溉进一步规模化、集约化，灌溉方式由大水漫灌向喷灌、微灌、管道输水灌溉转变。农业用水精细化管理包括推广农艺节水措施和水肥一体化，实施规模养殖场节水改造和建设，发展节水渔业等。到 2022 年，基本完成治理范围内 67 处大中型灌区节水改造任务，重点在浅层地下水超采区，发展高效节水灌溉面积 1324 万亩，灌溉水有效利用系数从现状的 0.628 提高到 0.645 以上，形成年节水能力 13.3 亿 m³，压减超采区地下水年开采量约 7.0 亿 m³。农业高效节水灌溉措施治理任务见表 10.1。

表 10.1　　　　　　农业高效节水灌溉措施治理任务（2022 年）

省（直辖市）	喷微灌		管灌		合计	
	面积/万亩	压采量/亿 m³	面积/万亩	压采量/亿 m³	面积/万亩	压采量/亿 m³
合计	333	2.4	991	4.6	1324	7.0
北京	19	0.1	—	—	19	0.1
天津	—	—	—	—	—	—
河北	132	1.2	266	1.2	398	2.4
山西	62	0.3	174	0.8	236	1.1
山东	9	0.04	286	1.2	295	1.2
河南	111	0.8	265	1.4	376	2.2

10.2.1.2　工业节水减排

华北地区布局了大量的高耗水行业，虽然各地对工业开采地下水管控较严，但如果不充分挖掘节水潜力，也会间接导致地下水进一步超采。工业节水可通过定期开展水平衡测试及水效对标实现对生产企业的监督，对超过取用水定额标准的企业，可限期实施节水改造，未按时完成改造的限期停产或关闭。对高耗水行业节水的改造是实现工业节水的重点，主要通过加强废水深度处理和达标再利用等方式。对目前大规模建设的工业园区也应提出专门的节水措施，对现有工业园区，可以开展以节水为重点内容的绿色转型升级和循环化改造，促进企业间串联用水、分质用水、一水多用和循环利用；对新建企业和园区，可以统筹供排水、水处理及循环利用设施建设，推动企业间的用水系统集成优化。此外，为了建立长效的节水机制，还应着重强化企业内部用水管理，建立完善计量体系。到2022 年，万元工业增加值用水量下降至 13.8m³ 以下，工业用水重复利用率提高到 90%，形成年节水能力 3.1 亿 m³，年用水量 1 万 m³ 及以上的工业企业用水计划管理实现全覆盖。通过节水，抑制未来工业用水增长，控制地下水开采量增加。

10.2.1.3　城镇节水降损

城镇节水应当树立将节水落实到城镇规划、建设、管理各环节的观念，原则是优水优用、循环循序利用。城镇节水改造，抓好污水处理回用设施建设与改造。加快实施供水管网改造建设，降低供水管网漏损。深入开展公共领域节水，公共建筑必须采用节水器具，限期淘汰不符合节水标准的用水器具。从严控制洗浴、洗车、高尔夫球场、人工滑雪场、洗涤、宾馆等行业用水定额，鼓励优先使用再生水。推动城镇居民家庭节水，普及推广节水型用水器具。到 2022 年，城镇公共供水管网平均漏损率由现状 14% 下降到 10%～12% 以下，生活节水器具普及率达 95% 以上，再生水利用率达 30% 以上，形成年节水能力 1.8 亿 m³。通过节水抑制未来城镇用水增长，控制地下水开采量增加。

10.2.2　严控开发规模和强度

10.2.2.1　调整农业种植结构

华北地区，尤其是河北省种植大量冬小麦等高耗水作物，与水资源承载能力极不匹配。因此，可重点在地下水严重超采区，根据水资源条件，推进适水种植和量水生产。严格控制发展高耗水农作物，扩大低耗水和耐旱作物种植比例。在无地表水源置换和地下水严重超采地区，实施轮作休耕、旱作雨养等措施，减少地下水开采。例如，在河北黑龙港地区、山西朔同地区、山东鲁北地区等，实施季节性休耕，适度减少冬小麦种植面积，改种抗旱作物或改"两季"种植模式为只种一季春玉米、棉花、杂粮或牧草等。在河北冀中南等深层承压水超采区和河北坝上地区，适度退减部分地下水灌溉面积，变灌溉农业为旱作雨养农业，压减地下水开采。到 2022 年，在维持已实施调整农作物种植结构面积 253 万亩的基础上，新增调整农作物种植结构面积 526 万亩，其中季节性休耕面积为 226 万亩，实施旱作雨养农业面积为 300 万亩，实现压减地下水年开采量 5.7 亿 m³。农业种植结构调整措施及地下水压采量见表 10.2。

表 10.2　　　　　农业种植结构调整措施及地下水压采量（2022 年）

省 （直辖市）	季节性休耕		实施旱作雨养		合　计	
	面积 /万亩	压采量 /亿 m³	面积 /万亩	压采量 /亿 m³	面积 /万亩	压采量 /亿 m³
合计	226	1.8	300	3.9	526	5.7
北京	10	0.08	—	—	10	0.08
天津	9	0.1	—	—	9	0.1
河北	75	0.7	300	3.9	375	4.6
山西	102	0.7	—	—	102	0.7
山东	30	0.2	—	—	30	0.2
河南	—	—	—	—	—	—

10.2.2.2　优化调整产业布局结构

减少地下水开采在根本上还是要改变传统的用水理念和用水方式，而用水理念和用水方式与经济发展方式息息相关。在地下水超采地区，可通过优化调整产业布局和结构，鼓励创新性产业、绿色产业发展，结合供给侧结构性改革和化解过剩产能，依法压减或淘汰高耗水产业不达标产能，推进高耗水工业结构调整。到 2022 年，压减地下水年开采量为 0.1 亿 m³。

10.2.3　多渠道增加水源供给

10.2.3.1　南水北调中线

中线一期工程。2016—2017 年中线一期工程为华北地区城乡供水 55 亿 m³（陶岔口门），目前供水能力尚未全部达效，还有 30 亿～40 亿 m³ 的供水潜力。因此，可通过完善配套工程，加强科学调度，逐步增加向华北供水量，可为地下水超采治理创造极为有利的条件。同时，在保障正常供水目标的前提下，还可根据丹江口水库水源条件，相机为京津冀河湖水系进行生态补水，回补地下水。

中线后续工程。为提高中线工程供水能力和供水保证率，可在充分利用中线一期输水能力的基础上，通过实施引江补汉工程，增加中线工程向华北地区供水规模，提高中线水源保障程度。到 2030 年，可为华北地区增加供水能力近 30 亿 m³。

10.2.3.2　南水北调东线

东线一期工程。2016—2017 年东线一期工程为山东供水 8.9 亿 m³，尚有 4.5 亿～5 亿 m³ 的供水潜力。因此可通过实施东线一期北延应急供水工程，在用足供水潜力和适当延长供水时间的前提下，可向华北地区增加供水约 9.5 亿 m³。

东线二期工程。该工程目前仍处于前期论证阶段，但其供水能力较强，到2030 年，预计可向华北地区再增加供水 80 亿 m³ 左右，一旦建成可以极大地缓解地下水的供水压力，可以考虑在前期工作具备条件下，积极推动工程早日开工建设。

10.2.3.3　引黄

引黄水虽然潜力不大，但仍可根据黄河来水情况和流域内用水需求，在现状用水基础上和来水条件具备的情况下，相机为华北地区增加补水量。一方面通过引黄入冀补淀工程引水约 8.6 亿 m³，为沿线农业灌溉和生态补水。根据黄河来水情况和河湖地下水回补需要，通过位山引黄、潘庄引黄等工程相机增加引黄水量。另一方面通过万家寨引黄工程，利用工程达效前的能力，为永定河生态补水约 2 亿 m³。

10.2.3.4　当地水和非常规水

除利用外调水置换地下水开采外，还可充分挖掘当地地表水的供水潜力，经分析，河北、河南、山东等地，通过新建各类水源工程可增加当地地表水年利用量 14.5 亿 m³。其中，在天津北部、河北唐山，年均增加利用滦河水 8.3 亿 m³，用于地下水压采和回补地下水。目前非常规水源利用技术已经有了很大的发展，污水处理能力和标准已有了很大的提高，相应地再生水的利用方式和利用效率也大大提高，可以用于园林绿化、工业冷却等用途。此外，非常规水源利用方式还包括雨洪水利用、海水淡化、微咸水利用等，均可以用于替代部分常规水源，减少地下水开采需求。到 2022 年，超采区再生水、雨洪水等非常规水利用量提高5%，年增加非常规水利用 4.8 亿 m³。

10.2.3.5　水源置换

在城镇水源置换方面，确定各类外调或当地替代水源后，还需要解决水源落地的问题，即建设水源置换工程将水从水源引水口门送至各用水户。目前置换的重点为南水北调东、中线一期和引黄等工程受水区，充分利用当地水和引江、引黄等外调水，通过建设配套供水工程，让地下水压采最终落地。在水源置换的过程中，常常涉及强制关闭自备井，或在禁限采区实施地下水禁限采，因此还需要考虑采取法律、行政等手段，加大水源切换力度，有效压减城镇生活和工业地下水开采量。到 2022 年，超采区城镇通过置换水源，压减地下水年开采量 21.4 亿m³，城区全部实现采补平衡。加快农村集中供水水源置换。对超采区农村乡镇和集中供水区，具有地表水水源条件的，加快置换水源，压减地下水开采，改善供水水质。对天津、河北冀中南、山东鲁北、菏泽、河南许昌、邓州等地区，利用城镇供水管网延伸，置换部分农村乡镇和集中供水区取用深层承压水，压减地下水年开采量 2.0 亿 m³。

在农业水源置换方面，原则是充分利用南水北调工程通水后城市返还给农业的水量，加大雨洪水和非常规水等水源，适当利用引黄、引江水，实现农业水源置换，压减农业对地下水的开采量。经分析，河北省可主要利用引黄、引江和当地水，重点置换黑龙港运东等深层地下水超采区农业水源。河南省可通过黄河下游引黄涵闸改建工程、小浪底北岸等灌区工程，重点置换豫东平原、豫西山丘区地下水灌溉。山西省可通过完善水网配置格局，利用中部引黄等工程，置换超采区地下水开采。到 2022 年，置换地下水灌溉面积 920 万亩，压减地下水年开采量 8.9 亿 m³ 左右。经测算，通过水源置换，可压减地下水年开采量 32.3 亿 m³。

水源置换措施及地下水压采量见表 10.3 和表 10.4。

表 10.3　　　　城乡水源置换措施及地下水压采量（2022 年）　　　单位：亿 m³

省（直辖市）	压采量-按水源				压采量-按区域		合计
	南水北调	引黄	当地水	引滦	城市	乡村生活	
合计	16.8	2.4	1.3	2.9	21.4	2.0	23.4
北京	0.5	—	—	—	0.5	—	0.5
天津	0.1	—	—	0.3	0.2	0.2	0.4
河北	9.9	—	—	2.6	11.7	0.8	12.5
山西	—	1.1	0.2	—	1.3	—	1.3
山东	2.0	1.1	0.1	—	2.2	1.0	3.2
河南	4.3	0.2	1.0	—	5.5	0.04	5.5

表 10.4　　　　农业水源置换措施及地下水压采量（2022 年）

省（直辖市）	压采规模与压采量									
	南水北调		引黄		当地地表水		引滦		合计	
	置换面积/万亩	压采量/亿 m³	置换面积/万亩	压采量/亿 m³	置换面积/万亩	压采量/亿 m³	置换面积/万亩	压采量/亿 m³	置换面积/万亩	压采量/亿 m³
合计	366	4.7	407	2.5	137	1.6	10	0.1	920	8.9
北京	—	—	—	—	—	—	—	—	—	—
天津	15	0.2	—	—	—	—	10	0.1	25	0.3
河北	315	4.1	—	—	—	—	—	—	315	4.1
山西	—	—	276	1.3	62	0.7	—	—	338	2.0
山东	—	—	—	—	7	0.1	—	—	7	0.1
河南	36	0.4	131	1.2	68	0.8	—	—	235	2.4

10.2.4 实施地下水回补

10.2.4.1 实施河湖清理整治

华北地区地下水亏缺量达 1800 亿 m^3 左右，单纯依靠减少地下水开采可从某种程度上缓解地下水超采趋势，并不足以短期内使地下水回复合理水位，并使地下水系统得到有效恢复，在这种前提下，地下水回补成为一项现实有效的途径。而利用河道、湖泊、坑塘等天然场所实施回补可行性最强。实施地下水回补首先需实施清理整治，为生态补水和地下水回补提供稳定、清洁的输水廊道。主要针对河道废弃砂石坑遍布、河槽不规整、河床裸露破碎、河流生态系统严重受损等问题，实施河湖清洁，包括清理主槽和滩地，清理河道内垃圾、障碍物、违章建筑等，以实现河道清洁通畅，达到实施生态补水条件。对条件具备的湖泊和湿地，可实施生态清淤；实施河道规整，对常年无水、河床破碎的河道，可通过主槽疏浚、砂石坑整理等措施，使河道恢复畅通。还可结合河床、水流形态，修建必要的壅水增渗导流等设施，形成一定的生态水面，增加地下水回补入渗量。在具备条件的河段，可采取适宜的生态措施，改善河道生态环境。

10.2.4.2 实施河湖相机生态补水

根据当地水、外调水、空中水等水源条件，按照充分挖潜开源、科学调度，增强水源调蓄能力，尽可能地把水留住的原则，通过多水源联合调度，在保障城乡生活生产正常用水的前提下，可相机实施生态补水。对于常年断流或干涸的河流，可按照"前大后小"的原则，前期大流量通槽、后期小流量回补；对于已经有水的河湖，可按照持续小流量补水，实现稳定的地下水回补。经测算，到 2022 年前，通过利用雨洪资源、上游水库可年均补水 2 亿～4 亿 m^3，再生水年均 2 亿～3 亿 m^3，南水北调中线一期沿线退水闸相机补水 10 亿～13 亿 m^3，南水北调东线一期北延补水 2 亿～4 亿 m^3，引黄相机补水 3 亿～5 亿 m^3，引滦工程相机补水约 1 亿 m^3。力争河湖生态补水年均 20 亿～30 亿 m^3，新增河湖和湿地水面面积 200～250km^2，年均回补地下水 10 亿～15 亿 m^3。到 2030 年，利用南水北调东线、中线后续工程，进一步加大河道生态补水，回补地下水，可实现年均河道生态补水 30 亿～40 亿 m^3。

10.2.5 严格地下水利用管控

10.2.5.1 地下水禁采限采管理

目前，全国大多数省（自治区、直辖市）人民政府已经划定了地下水禁采区、限采区，因此，应在禁、限采区内严格执行地下水禁、限采管理。一些有效的禁、限采措施包括在地下水禁采区，除临时应急供水和无替代水源的农村地区少量分散生活用水外，严禁取用地下水，已有的要限期关闭；在地下水限采区，一律不准新增地下水开采量，对当地社会发展和群众生活有重大影响的重点建设项目确需取用地下水的，应按照"用 1 减 2"的比例，同步削减其他取水单位的地下水开采量。

10.2.5.2　城镇自备井和农灌井

机井是最为常见地下水取水形式，地下水禁、限采最终还是以管控地下水取水井来实现的。因此需要按照"应关尽关、关管并重、能管控可应急"的原则，填埋或封存机井。可以规定，除部分无法替代的特殊用水外，关停城镇集中供水覆盖范围内的自备井。对成井条件好、出水稳定、水质达标的予以封存，作为应急备用水源。在利用地表水灌溉水源有保障的区域和退耕实施雨养旱作的区域，对农业灌溉机井实施封填；在深层承压水漏斗区，对农业灌溉取用深层承压水的机井有计划予以关停。关停的自备井，依法注销取水许可证，有备用功能的自备井，要完善登记、建档、维护、监督制度，制定应急启用预案，明确启用条件和程序。加强封存机井的管理工作，明确启用条件和程序，确保封存效果。

10.2.5.3　严格水资源承载能力刚性约束

华北地区的区域性地下水超采，归根到底还是区域发展、城镇规模、产业布局与水资源承载能力相冲突的结果，因此需要转变用水观念，坚持以水定城、以水定地、以水定人、以水定产的理念，并在重大规划和建设项目水资源论证过程中充分体现。通过取水许可、用水定额管理等手段，实行严格的产业准入制度，对地下水超采地区，严把取水许可关口，不得新建扩建高耗水项目；对节水不达标的工业企业、城镇用水户、灌区，强制推行节水。

10.2.5.4　健全地下水监测计量体系

国家地下水监测工程建设已于 2018 年年底前投入运行，可以此为基础，利用其他国控或省控监测井进行扩展或加密，形成全国性地下水监测基础网络。地下水用水计量方面，城市和工业用水按照国家技术标准安装计量设施；农村地区可以采用"以电折水"等方法，实现用水计量。地下水监控管理信息系统也是监测计量体系的重要组成部分，主要用于实时收集地下水水量水位监测数据，进行动态分析，为地下水超采综合治理目标考核提供依据。

10.2.5.5　推进水权水价水资源税改革

利用经济杠杆是抑制地下水不合理需求的最有效手段之一，目前在河北实行的经济强制以及激励政策包括水资源费改税、水权制度改革、水价差别化调整。在水资源税改革方面，采取的是在地下水超采地区取用地下水、特种行业取用水，在已有税额标准的基础上适当提高以及从严核定用水限额，对超过限额的农业生产用水征收水资源税等方式，确立地下水有偿使用的基本原则。在水价调整方面，主要通过统筹各类水源，建立统一的综合水价体系，使取用地下水的成本明显高于外调水和当地地表水；落实城镇居民用水阶梯价格、工业用水差别价格政策，建立健全农业用水精准补贴和节水奖励机制。在水权制度改革方面，将用水总量逐级分解落实到不同行政区域和用水户，明晰水权，制定农业水权交易细则，引导农民将水权额度内节余水量进行交易。

10.3　河湖地下水回补

受气候变化和人类活动影响，20 世纪 80 年代以来，华北地区水资源开发过度，逐渐形成了过度依赖地下水开采的农业种植与工业发展模式，地下水超采问题逐渐突显，形成了 18 万 km² 的超采区面积，累计亏缺量达 1800 亿 m³。为系统解决华北地下水超采问题，自 2018 年 8 月起，在综合采取全面节水、禁采限采、水源置换、结构调整、强化监管等治理措施的同时，选择了滹沱河、滏阳河、南拒马河的重点河段开展地下水回补试点。

10.3.1　回补范围

滹沱河、滏阳河、南拒马河三条补水河道的试点河段总长 477km，涉及石家庄、衡水、沧州、邯郸、邢台、保定等 6 市 26 个县（市、区），流经宁柏隆、高蠡清、一亩泉等多个主要的浅层地下水漏斗区。其中，滹沱河试点河段自南水北调中线总干渠（石家庄市中华大街）至沧州市献县枢纽，全长 170km，涉及石家庄、衡水、沧州三市；滏阳河试点河段自南水北调中线总干渠至艾辛庄枢纽，全长约 242km，涉及邯郸、邢台两市；南拒马河试点河段位于雄安新区北部，起点为南水北调中线总干渠北易水退水闸，经中易水河入南拒马河，南拒马河与白沟河汇合后到新盖房枢纽，全长 65km，全段均在保定市境内。

三条河流试点河段分别位于滹沱河冲洪积扇、滏阳河冲洪积平原和拒马河冲洪积扇，其中滹沱河冲洪积扇是华北平原最大的冲洪积扇。总体看，滹沱河和南拒马河在含水层岩性、结构、厚度等方面具有相似的变化规律，从山前冲洪积扇顶部—扇中部—扇前缘，再到东部冲积平原，含水层岩性粒度由粗变细、厚度由厚变薄、层数由单一变多层，渗透系数由大变小。其中，西部山前冲洪积扇现状地下水位埋深较大，部分地区已达三四十米，具有强入渗补给及储水条件。滏阳河整体上渗透性能相对较弱，地表岩性以细颗粒沉积物为主。

10.3.2　补水水源

试点河流可供水源主要包括上游水库补水、南水北调中线引江水和再生水。

滹沱河试点河段上游黄壁庄水库 1956—2000 年平均实测年入库径流量 15 亿 m^3，2001—2016 年为 5 亿 m^3，减少了 67%。可根据黄壁庄水库汛后蓄水情况，通过科学调度，为下游河道相机补水。南水北调中线一期通过滹沱河退水闸（设计流量 85m^3/s）补水。沿岸 8 个城镇污水处理厂每年约有 1 亿 m^3 再生水排入河道。

滏阳河试点河段上游东武仕水库主要用于灌区供水，可在灌溉期间兼顾河道生态用水。该水库 1956—2000 年平均实测入库径流量 2.36 亿 m^3，2001—2016 年为 2.04 亿 m^3，减少了 13.5%。可根据水库汛后蓄水情况，为下游河道相机补水。南水北调中线一期可通过滏阳河退水闸（设计流量 117.5m^3/s）补水，引黄入冀补淀可视情况相机补水，沿岸每年约有 0.5 亿 m^3 再生水排入河道。

南拒马河试点河段上游北河店水文站 1956—2000 年实测年径流量 4 亿 m^3，2001—2016 年为 0.2 亿 m^3，减少了 95%。安格庄水库和北易水上游旺隆中型水库可相机补水。南水北调中线一期可通过北易水河退水闸（设计流量为 30m^3/s）补水。

10.3.3　补水过程

试点河段从 2018 年 9 月 13 日上午 10 时开始补水，初期日均补水流量 23m^3/s，随后补水流量逐步增大，到 10 月 22 日达到最大值 115m^3/s，流量大于 100m^3/s 的天数共持续 18 天。受丹江口来水情况影响，后期（2018 年 12 月—2019 年 8 月）补水流量有所减少，大都维持在 20~40m^3/s 范围内。2018 年 9 月 29 日，滏阳河与南拒马河水头分别到达试点河段终点邢台市艾辛庄枢纽和雄县新盖房枢纽；2018 年 11 月 9 日，滹沱河水头到达试点河段终点沧州市献县枢纽。

截至 2019 年 8 月 31 日，共实施补水 353 天，实际补水量 13.2 亿 m^3，其中南水北调中线补水 8.7 亿 m^3，当地水库补水 3.7 亿 m^3，再生水 0.8 亿 m^3。

滹沱河补水量约 8.1 亿 m^3，其中，南水北调中线补水 6.3 亿 m^3，黄壁庄水库补水 1.0 亿 m^3，再生水 0.8 亿 m^3。滏阳河补水量约 3.5 亿 m^3，其中，南水北调补水 1.4 亿 m^3，东武仕水库补水 2.1 亿 m^3。南拒马河补水量约 1.6 亿 m^3，其中，南水北调补水 1.0 亿 m^3，当地水库补水 0.6 亿 m^3（安格庄水库出库水量 1.1 亿 m^3，入试点河段水量 0.3 亿 m^3；旺隆水库 0.3 亿 m^3）。

在补水过程中，考虑到城市水厂处理工艺要求和南水北调水源水质优于当地水源，河北省将南水北调水源原用于滹沱河生态补水的部分流量经田庄口门进入石津渠南水北调配套工程段，调整至向城镇供水，由黄壁庄水库水源等量向滹沱河下泄生态补水，共分两次实施了水源置换，共置换水量 1.7 亿 m^3。

10.3.4　补水效果

10.3.4.1　河道水面恢复效果

补水前 2018 年 9 月初，水面面积为 21.73km^2。开始补水后，2018 年 11 月中旬水面面积达到最大值 45.54km²；从 2019 年 4 月开始，随着补水流量减小，三条试点河段开始出现不同程度的断流、水面不连续情况，水面面积逐渐减小，到 6 月底最小值为 26.24km²，2019 年 8 月以来，补水流量增大，水面面积有所增长，8 月底补水试点结束时水面面积为 30.29km²。补水前后水面面积变化见图 10.1。

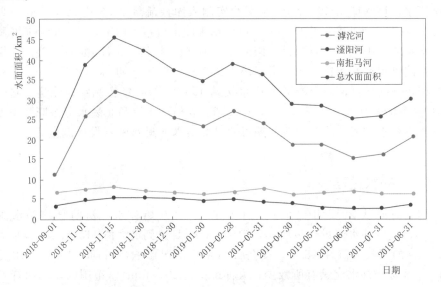

图 10.1 补水前后水面面积变化情况

10.3.4.2 入渗回补效果

自 2018 年 9 月 13 日起，截至 2019 年 8 月 31 日，生态补水入 3 条试点河段水量 13.2 亿 m³（包括南水北调中线、上游水库、再生水），统计区间支流汇入水量约 1.0 亿 m³。三条试点河段入渗地下水量 9.7 亿 m³，入渗率（入渗水量占总补水量和汇入水量的比例）约为 68%；其中滹沱河、滏阳河、南拒马河入渗地下水量分别为 6.65 亿 m³、1.91 亿 m³、1.14 亿 m³，入渗率分别约为 82%、46%、60%。在入渗水量计算结果的基础上，扣除浸润带蒸发量，得到滹沱河、滏阳河、南拒马河入渗回补地下水量分别为 6.56 亿 m³、1.86 亿 m³、1.10 亿 m³，入渗回补率分别约为 81%、44%、58%。

10.3.4.3 地下水水位动态变化

在补水期间，地下水水位与补水和灌溉取水两个因素密切相关，在大流量补水阶段（2018 年 9—11 月），灌溉取水少，地下水水位明显回升；补水中后期，补水流量较小，加之灌溉等集中大量用水，地下水位大幅下降。滏阳河地下水水位升降波动最大，经调查，滏阳河沿线分布有大量农田，大部分依赖地下水灌溉，在灌溉期间（春灌期 3—6 月、秋冬灌期 9 月下旬至 11 月上旬），地下水水位受灌溉影响明显，水位大幅下降。

与补水前对比，在同期降水量较多年平均减少近 40％、地下水开采量增加 15％的情况下，地下水水位总体呈稳定态势。三条补水试点河段 10km 范围内地下水水位平均下降 0.03m，呈基本稳定态势。其中滹沱河监测井地下水水位平均上升 0.33m，滏阳河监测井地下水水位平均下降 0.23m，南拒马河监测井地下水水位平均下降 0.29m。而同期，未补水区域监测井地下水水位下降 0.96m，其中，滹沱河监测井地下水水位下降 0.81m，滏阳河监测井地下水水位下降 1.11m，南拒马河监测井地下水水位下降 0.74m。补水区域的地下水水位下降幅度明显较小。

地下水位回升幅度最高时点出现在 2019 年 2 月中旬，与补水前相比，三条补水试点河段周边监测井地下水水位平均上升 1.62m，地下水水位总体呈上升态势。滹沱河地下水监测井水位平均上升 1.56m，上游石家庄段平均上升 0.82m，下游衡水沧州段平均下降 3.17m；滏阳河监测井地下水水位平均上升 2.10m，上游邯郸段平均上升 2.17m，下游邢台段平均上升 2.06m；南拒马河监测井地下水水位平均上升 0.97m。补水后地下水水位较补水前变化过程见图 10.2。

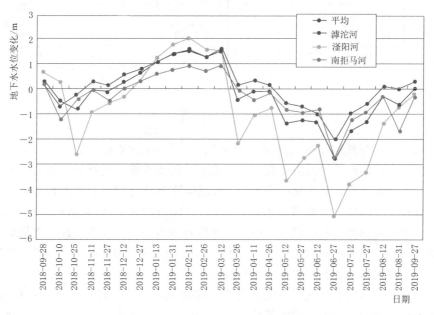

图 10.2　补水后地下水水位较补水前变化过程

10.3.4.4　回补影响范围

到 2019 年 8 月 31 日，回补影响范围最远到达滹沱河，最远影响距离已达到河道两侧距河道中心线 11～12km，滏阳河最远影响距离已达到河道两侧距河道中心线 8～9km，南拒马河最远影响距离已达到河道两侧距河道中心线 9～10km。滹沱河试点河段的中上游上升幅度和影响范围均较大，这主要是因为中上游表层岩性相对较粗，有利于河水向地下入渗，含水层渗透性较好且水位埋深大，入渗到含水层中的水可以很快向两侧径流。滹沱河冲洪积扇是华北平原非常适宜进行地下水回补的地区。试点河段逐月地下水回补影响最远距离见表 10.5。

表 10.5　　　　　　　　　　试点河段逐月地下水回补影响最远距离

评估单元		2018 年				2019 年		
		9 月	10 月	11 月	12 月	1 月	5 月	8 月
滹沱河	评估单元 1	1.5	3.5	5.1	6.2	7.1	10.2	11.9
	评估单元 2	0.3	3.3	4.9	6.2	7.2	9	10.2
	评估单元 3		2.3	3.5	5.3	6.2	7.3	8.7
	评估单元 4		0.2	1.3	2.3	2.8	4.2	5
滏阳河	评估单元 5		1.5	2.1	2.6	3.3	5.2	6.1
	评估单元 6	0.5	2.3	4	5.1	5.9	7.8	9.2
	评估单元 7	0.7	2	3.5	4.4	4.8	6.9	8.8
	评估单元 8	1.4	2.3	2.8	3	3.5	6.6	8
	评估单元 9	0.8	2.1	3.1	3.7	4.2	5.6	7.8
南拒马河	评估单元 10	1.3	2.9	4.1	5.1	5.6	7.8	9.5
	评估单元 11	1.2	3.2	4	4.6	4.7	7.1	9.1

10.3.5　存在问题

（1）补水与其他超采治理措施的协调性需加强。实施河湖地下水回补试点后，地下水得到回补、河道及周边地下水水质得到改善、生物种类增多，成效显著。从回补效果看，补水措施成效的发挥受减水措施特别是农业大量开采地下水的影响较大。因此，实施河湖生态补水的同时，周边区域用水结构、用水效率、用水方式需要同步改善和提升，地下水开发利用也需同时加强管控。在做好生态补水"一增"措施的同时，落实"一减"措施，开展"节""控""调""管"综合治理，以保障生态补水发挥更大的效益。

（2）补水前的科学规划与论证需进一步加强。补水河段及其支流沿岸排污、岸边及河道内垃圾、河道底泥等均会对河湖生态补水水质产生直接影响，进而影响补水效果。试点中，三条试点河段地表水均有部分监测断面出现Ⅴ类或劣Ⅴ类水质。经调查，污水排放仍是导致水质波动的主要原因。因此，在实施河湖生态补水前，应查明周边污染源及河道底泥污染情况，清除河道污染内源，截流并处理好沿岸污水，规整清理好补水河湖，并加强排污监管。同时，选择实施生态补水的河湖除考虑补水条件和补水线路外，在补水河段选择上，应尽量选择入渗条件好的山前冲洪积扇中上部河段，并避免在地下水严重污染地区实施生态补水；在补水的方式上，对于长期干涸的河道，应先大流量冲槽贯通，再小流量补水入渗。

（3）监测计量体系需进一步完善。完善的监测体系是准确开展地下水管理和评判补水成效的基础。试点评估中将国家地下水监测工程和地方的监测井数据进行了统筹，但因缺乏长序列监测数据支撑，水质监测数据相对不足，年度监测项目存在差异。对农业机井取用水的监控措施薄弱，取用水量底数不清。随着生态补水工作常态化，应加快完善地下水监测计量体系建设。

10.4　实施效果

10.4.1　治理效果

（1）"减"的实施效果。通过实施重点领域节水、严控开发规模和强度等措施，华北地区地下水超采量得到进一步压减。2018 年，京、津、冀三省（直辖市）较 2017 年新增压减地下水超采量 3.6 亿 m³，其中河北省 3.5 亿 m³、天津市 0.1 亿 m³。2019 年大预计将新增地下水压采能力 7.6 亿 m³，其中，河北省 7.0 亿 m³、天津市 0.6 亿 m³，较 2018 年压采量"翻倍"。其中，高效节水灌溉措施新增压采能力 0.5 亿 m³，农村集中供水水源置换措施新增压采能力 1.0 亿 m³，农业水源置换新增压采能力 2.4 亿 m³，旱作雨养与季节性休耕措施新增压采能力 0.5 亿 m³，城镇水源置换与自备井关停措施新增压采能力 3.2 亿 m³。

（2）"增"的实施效果。在"一增"措施实施效果方面，实施河湖地下水回补以来，补水河道内生态水量增加，河道水质改善，河湖生态功能逐步恢复，水面面积有所增加，补水期间河道周边地区地下水水位总体呈回升和稳定态势。

自 2018 年 9 月至 2019 年 8 月底，顺利完成滹沱河、滏阳河、南拒马河三条试点河流生态补水工作，累计为试点河段补水 13.2 亿 m³，补水期间形成最大补水河长为 477km、最大水面面积为 46km²，3 条试点河段的入渗水量约 9.5 亿 m³，地下水回补影响范围达到河道两侧近 12km。与补水前（2018 年 9 月 13 日）相比，2019 年 2 月中旬试点河段两侧 10km 范围内监测井地下水水位平均回升效果最为明显，地下水水位平均回升幅度达到 1.62m，地下水水位上升、稳定、下降的面积比例分别为 95％、1‰和 4％。补水后河道与地下水水质有所改善，试点河段 11 个地表水水质监测断面中，有 8 个断面水质类别有所改善，3 个断面水质类别基本稳定；试点河段周边 61 眼国家水质监测井数据显示，补水后Ⅳ类、Ⅴ类监测井数减少了 7 眼，南拒马河周边Ⅴ类监测井全部消失。河段生态功能有所恢复，鱼类、生物种类有一定增加，岸边植被增多，水生态空间增加，试点河段鱼类增加了 4 种，底栖动物增加了 6～10 种，浮游植物增加了 5～9 种，浮游动物增加了 8～15 种。开展了河湖生态补水社会影响调查，受访群众对生态补水反响良好。

截至 2019 年 12 月底，北京市利用南水北调水源通过小中河、潮河、雁栖河向密怀顺水源地补水，与补水前相比，密怀顺水源地周边监测井的地下水位平均回升 3.0m。利用官厅水库向下游生态补水，截至 2019 年 10 月底，与补水前相比，永定河陈家庄至卢沟桥段周边区域地下水位普遍回升，地下水位平均回升 4.6m；卢沟桥至房山夏场段周边部分区域也呈现出不同程度的回升态势，地下水位平均回升 0.9m。

10.4.2　存在问题

（1）"增""减"措施进展不平衡。"增"即多渠道增加水源补给，实施河湖地下水回补。滹沱河、滏阳河、南拒马河补水试点任务超额完成，21 个河湖实施生态补水 38.4 亿 m^3，提前超额完成了计划补水量，沿线地下水水位呈现回升态势。

"减"即通过节水、农业结构调整等措施，压减地下水超采量。但重点行业节水、种植结构调整、水源置换等"减"的措施执行难度较大，例如，高效节水灌溉等项目，虽完成方案制定，但受施工季节影响，建设实施刚刚开始，时间紧任务重。

根据河湖生态补水试点经验，"减"的措施跟不上，"增"的效果也难以显现。

（2）农业种植结构调整任务落实难度较大。根据《行动方案》，河北省在维持已实施的季节性休耕面积 200 万亩、推广小麦节水品种等任务的基础上，到 2022 年，需要新增季节性休耕 75 万亩、发展旱作雨养 400 万亩，压减地下水超采量 5.9 亿 m^3，占河北省压采任务的 23.6%。种植结构调整措施压采效果显著，且实施方便、容易推行、节水效果突出，但此类措施对政府财政补贴的依赖性较大。同时，河北粮食产量考核指标如果不考虑削减，压采目标则很难完成，例如，邢台市计划到 2022 年再新增季节性休耕 5 万亩、旱作雨养 5 万亩，预计粮食生产任务无法完成，地方政府面临粮食生产与超采治理政策两难的问题。

（3）水源调蓄与置换工程用地协调难度大。农业水源置换是综合治理中一项重要任务，到 2022 年，河北省需要通过农业水源置换压减地下水开采量 4.1 亿 m^3。据地方反映，农业水源置换存在的主要问题，除地表水源不足外，还存在地表水源调蓄工程不足的问题。如引黄入冀补淀工程等均为线性工程，且供水时间主要集中在冬季，与农田灌溉时间错位，需要建设必要的调蓄工程。但调蓄工程建设需要用地指标，部分工程甚至需占用基本农田，工程建设用地协调难度大。

（4）生态补水水价政策未明确。南水北调东中线、引黄是生态补水的主要外调水源。国家发展和改革委员会已明确南水北调中线工程生态补水价格由供需双方参照现行供水价格政策协商确定，目前，供需双方对生态补水价格尚未协商一致，地方未交纳生态补水费用。"需求方"生态补水的需求逐渐增大，"供给方"要求满足补水成本，生态补水水费不落实不仅影响有关各方补水积极性，也对工程维修养护和安全良性运行影响较大，不利于生态补水可持续实施。

（5）地下水计量统计仍然是较大短板。目前，治理区地下水开采计量体系尚未建立，尤其对农业地下水开采量及变化缺乏监测，仍然是当前地下水管理面临的突出短板，对地下水开采量压减治理效果以及地下水回补效果无法提供有力的数据支撑。目前河北省共有规模以上机井数量 102 万眼，其中农业灌溉机井 96 万眼，除少数安装了水表可以直接计量外，其余大部分农灌机井没有安装计量设施。天津市安装计量设施的机井数量也仅占在用机井总数的 32%。目前推广使用的"以电折水"计量技术，受制于用电量数据的获取与统计、水量-电量转换系数核算精度等影响因素，仍需进一步校验和完善，地下水计量问题仍未得到有效解决。

10.4.3 建议

（1）加强"节、控、管"等措施的落实。在全面节水的基础上，城镇和农业水源置换，是减少地下水开采的有效措施。根据《行动方案》，到 2022 年，河北省通过城镇和农业水源置换，需压减地下水开采量 16.6 亿 m^3，占河北省压采总任务量的 66.4%，这些措施是超采治理工作的重中之重。可以通过细化落实治理区水源建设方案，加快推动城镇、农村和集中供水区配套供水工程建设等加快现状地下水供水区的水源置换。在地表水源具备的地区，通过关停地下水井，压减地下水开采量。

（2）科学制定治理实施计划。一些地方由于资金计划下达较晚，所以农业水源置换、农业节水、农业种植结构调整、河道治理等项目分解细化、工程招投标、补助资金下达等前期工作比较滞后，因此需要及早谋划明年实施方案，把年度任务安排具体化，分解落实到项目、水源、补水河道、田间地块。

（3）加强不同领域政策的协调性。除了需要中央资金继续加大对农业节水、调整农业种植结构、河道清理整治、水源置换等倾斜支持力度外，还需要在产业发展政策、用地政策、粮食生产政策等方面予以协调，形成政策合力，保障各项治理措施发挥最大实施效果。

（4）进一步健全地下水取用监控与计量。在城市地区，生活和工业用水需严格按照国家技术标准安装计量设施，在农村地区需要制定实施方案，推动机井取水计量设施建设和在线监控设施安装，暂不具备安装用水计量的全面推广"以电折水"等方法，最大限度的实现用水计量，为治理工作提供基础支撑。

第11章

馆陶县地下水创新管理实践

11.1 馆陶县基本情况

11.1.1 地理位置

馆陶县地处河北省东南部、海河流域漳卫南上游，地理坐标为北纬 $36°27'\sim$ $36°47'$，东经 $115°06'\sim115°40'$。馆陶县东依卫运河，与山东省冠县、临清市隔河相望；西与广平、曲周、邱县接壤，南靠大名县，北连临西县。东距济南 150km，西距邯郸 75km，北距北京 420km。总面积为 456.3km^2。馆陶县为河北南部平原区，地势平坦，地势由西南向东北缓慢降低，地面总坡度约为 1/（7000～8000）。

11.1.2 社会经济情况

全县辖 8 个乡（镇），277 个行政村。2013 年总人口 35.3 万人，其中农村人口 28.8 万人，城镇人口 6.5 万人，城镇化率 18.4％，低于全省 48％的城镇化平均水平［数据来自《河北省经济发展报告》（2014）］。

全县现状实有耕地面积 44.9 万亩，人均耕地 1.27 亩，有效灌溉面积 42.9 万亩，节水灌溉面积 23.7 万亩，节水灌溉率为 55.2％。播种面积 84.3 万亩，以种植小麦、玉米、棉花、油料、大豆等为主，其中粮食作物播种面积 57.8 万亩，粮经比为 68.5：31.5，复种指数为 1.9。粮食总产量为 29.1 万 t。其中小麦总产量为 14.6 万 t，亩产为 475.1kg；玉米总产量为 14.0 万 t，亩产为 558.7kg；棉花总产量为 0.7 万 t，亩产量为 78.4kg。

馆陶县有高效种养园区、蔬菜温室大棚和果园以及露天无公害蔬菜的种植等。20 世纪 90 年代中期，馆陶县狠抓城镇建设推动经济发展，县城的面貌发生了显著的变化，工商和服务行业均迅速发展。主要的工业有酿酒、造纸、食品加工、纺织、印刷、建材、医药、电力和机械等。根据《河北农村统计年鉴》，全县地区生产总值 89.0 亿元，其中，第一产业生产值为 24.8 亿元，第二产业生产值为 43.5 亿元（其中，工业增加值 34.2 亿元），第三产业生产值为 20.7 亿元，三产结构 27.9：48.9：23.2。现状馆陶县基本情况详见表 11.1。

表 11.1　　　　　　　　现状年馆陶县基础资料调查成果

国土面积 /km²	下辖乡镇 数量/个	行政村数量 /个	总人口 /万人	农村人口 /万人	城镇人口 /万人	城镇化率 /%	三产结构
456.3	8	277	35.3	28.8	6.5	18.4	27.9：48.9：23.2

耕地面积 /万亩	工业企业数量 /个	有证在期	有证过期	无证
44.9	88	38	0	50

注　数据来源于馆陶统计年鉴及实际调查。

11.1.3　水文气象

馆陶县属暖温带半湿润地区，大陆性季风气候，四季分明，雨热同期。春季干旱多风，夏季炎热多雨，秋季天高气爽，冬季寒冷少雪等特征。多年平均气温为 13.4℃，多年平均降水量为 549.4mm，与全省多年平均降水量基本一致，境内无天然河流。降水主要集中在汛期的 6—9 月，尤其以 7—8 月所占比重较大，全年无霜期为 195 天左右。

11.1.4　水文地质条件

馆陶县为冲洪积平原，岩性皆为各种砂性土和黏性土互层。浅层承压含水层埋深 50～120m，以粉砂和细砂为主，含水层厚度 20～60m，单井出水量为 30～40m³/h，水的矿化度 1～2g/L；地层中部（120～250m）为微咸水，水的矿化度为 2～6g/L，含水层以细砂为主，上部微咸水已部分被开发利用；地层下部为深层淡水，矿化度小于 1g/L，含水层埋藏深度为 250～600m，以细砂和粗砂为主，厚度 40～60m，单井出水量为 60～80m³/h。地下水流向由西南向东北，浅层水属降雨渗漏补给开采型，深层水属远上游含水层裸露的补给区补给，补给有限。浅井静水位 30～35m，动水位为 45m；深井静水位 75～85m，动水位为 100m。

11.1.5　河流水系

按照流域水系划分，馆陶县大部分属黑龙港水系，还有少部分属漳卫河水系。卫运河由卫河、漳河两大支流组成。

卫运河位于邯郸市的东南部，属漳卫河水系。由卫河、漳河两大支流组成。其中，卫河发源于太行山南麓的河南省新乡、焦作两市，途经邯郸市的魏县、大名县，在馆陶县徐万仓村与漳河相汇；漳河发源于山西省，上游有清漳河和浊漳河两条支流。清漳河经由山西省左权县麻田村流入涉县西北部的辽城乡，浊漳河经由山西省黎城县的石城村流入涉县东南部的张家头村，两条支流在涉县合漳村汇合后称漳河。漳河于涉县的丁岩村流入磁县，经观台水文站及岳城水库下行，过临漳县、魏县、大名县于馆陶县徐万仓村与卫河相汇，下称卫运河。卫运河自徐万仓村沿馆陶县与山东冠县交界下行 33.27km，于馆陶县申街村出境入邢台市，流至山东省四女寺，全长 157km。

11.1.6 水资源开发利用情况

11.1.6.1 水资源现状

根据《河北省馆陶县水资源评价》，馆陶县 1956—2005 年多年平均水资源总量为 6229.9 万 m^3。其中，地表水资源量为 464.5 万 m^3，浅层地下水资源量（已扣掉重复计算量）为 5765.4 万 m^3。50%保证率水资源总量为 5860.6 万 m^3；75%保证率水资源总量为 4499.4 万 m^3。

11.1.6.2 供、用水量

馆陶县地表水可供水工程主要由引水工程、蓄水工程及提水工程组成。其中引水水源为引黄水和引卫水，均通过卫西干渠引水。馆陶县地下水多年平均供水量为 4276.8 万 m^3，主要是机电井开采量，且以浅层地下淡水为主。馆陶县现状年 25%保证率的地下水可供水量为 5332 万 m^3；50%保证率的地下水可供水量为 4128.2 万 m^3；75%保证率的地下水可供水量为 3170.8 万 m^3。

根据 2013 年馆陶县水资源公报，馆陶县 2013 年用水来源情况统计见表 11.2。地下水是主要的用水来源，占总量的 89.8%，从用水结构看，农业灌溉占 68.6%，是主要的用水户。

表 11.2　　　　　　　　　馆陶县 2013 年用水来源情况统计　　　　　　单位：万 m^3

用水户类型	用水来源		
	地表水	地下水	小计
农业灌溉	800	4566	5366
工业	0	420	420
城镇生活	0	602	602
生态与环境	0	18	18
合计	800	7022	7822

11.1.6.3 水资源开发利用程度

馆陶县目前地表水供水工程有卫西干渠引水、蓄水工程及提水工程等，现状

年地表水实际利用量为 800 万 m^3，开发利用程度较高。

馆陶县地下水多年平均可开采量为 5751.5 万 m^3，现状年地下水实际开采量为 7022 万 m^3，其中，浅层地下水开采量为 3760 万 m^3，浅层地下水开发利用程度达 122.1%，深层地下水开采量为 1760 万 m^3，微咸水开采量为 1502 万 m^3。馆陶县全县浅层、深层地下水均有不同程度的超采，其中县城由于近些年来人口增长和生产发展较为迅速，地面来水不够用，地下水开采量逐年增加，而地下水的自然补充和恢复又跟不上，如此入不敷出，其所在区域的浅层、深层地下水均已严重超采，天长日久就形成了漏斗区。

11.1.7　水利工程情况

馆陶县水源工程以机井工程为主。全县共有机电井 6140 眼，其中深机井 309 眼，浅机井 5831 眼，在所有机井中有农用机井 5822 眼（其中，深机井 259 眼，浅机井 5563）。能正常使用的机井为 4657 眼（其中，深机井 247 眼，浅机井 4410 眼），完好率 80% 左右。

馆陶县紧邻漳、卫运河，沿河有引水幸福闸 1 座、路庄、罗头、马头、肖村等中型灌区 4 处。全县已形成以卫西干渠为中心的灌、蓄、排综合生态水网格局，一次蓄水能力可达 2000 万 m^3。截至 2015 年年底，共发展节水灌溉面积 32.4 万亩。占有效灌溉面积 75.5%。高效节水灌溉面积 5.9 万亩，占节水灌溉面积 18.2%。节水灌溉工程类型以管灌为主，管灌工程多为一级管道，亩均管道用量在标准 6m 以下，管灌工程完好率为 60%。节水工程建设已成为馆陶县经济发展和农业增收不可替代的基础设施。

11.1.8　基层水利服务体系

2012 年 6 月，馆陶县机构编制委员会办公室对《关于要求设立乡镇基层水利站的请示》进行了批复，同意馆陶县水利局设立馆陶镇、房寨镇、柴堡镇、魏僧寨镇 4 个全额事业单位水利站，机构规格为股级，每站配备工作人员 6 名，股级领导 4 名，所需人员在水利局内部调剂解决。其中专业技术人员占 80%。目前水利基层服务站机构正在成立完善中。

截至 2016 年 2 月，馆陶县共成立农民用水者协会 88 个，其中县总会 1 个（经民政部门注册备案），乡镇分会 8 个，村级组织 79 个，参与农户数 24593 户，受益人口 86075 人，控制节水灌溉面积 9.3 万亩。由于资金不足，协会总体运行不佳。

11.2　水资源确权

2014 年 7 月，水利部印发了《水利部关于开展水权试点工作的通知》，为河北省水权改革指明了方向。河北省于 2014 年出台了《河北省水权确权登记办法》（以下简称《办法》），优先在地下水超采综合治理项目区 49 县（市、区）开展水权分配。

11.2.1　确权原则与路线

在制定馆陶县水资源使用权分配方案时，馆陶县按照"可以持续、留有余量，生活优先、注重生态，市场配置、有偿使用"的原则，公平合理地将县域内可以持续使用的水量分配给用水户。

具体的方案分配路线。首先分不同水源计算县域可分配水量，并以"三条红线"确定的地下水总量和用水总量控制指标双向控制，确定县域确权的可分配水总量。考虑现状用水实际及有关标准，确定合理的生活、非农生产、生态环境用水量和预留水量。农业可分配水量为县域确权的可分配水量扣除合理的生活、非农生产、生态环境用水量和预留水量后的剩余水量；城镇生活用水确权到供水厂（站），农村生活用水配置到集中供水站，工业、建筑业用水确权到企业，生态环境用水确权到相应的管理单位，农业用水确权到农业用水户；最后对分配方案进行合理性分析并提出保障措施。技术路线如图 11.1 所示。

11.2.2　馆陶县可分配水量

馆陶县水资源开发利用应服从邯郸市的水资源开发利用统一配置，尤其是对引江水、引黄、提卫水、岳城水库水的利用应符合邯郸市的总体配置。按照"总量控制定额管理，协调规划成果对接，生活优先注重生态，分质配水优水优用，以及优先利用地表水、控制开采地下水"的基本原则，在邯郸市总量控制下，配置馆陶县域内的引江水，引黄、提卫水，岳城水库水，当地地表水及地下水等。具体包括：

引江水主要为城镇生活和工业供水，并兼顾农业和生态用水。引江工程分配给馆陶县的引江水量为 700 万 m³（干渠分水口门水量）。扣除输水损失 8% 后水厂出口可分配供水量为 644.0 万 m³。

引黄、提卫水量包括现状引水量 1626.3 万 m³ 和实施地下水超采综合治理项目后的新增水量 561.0 万 m³，总计 2187.3 万 m³，主要用于全县农业灌溉。

根据近 3 年的用水统计，岳城水库年平均通过民有渠向馆陶县引水 520.2 万 m³。

全县年平均可利用当地地表水量为 360.0 万 m³。浅层地下水可开采量为 4266.5 万 m³，主要用于农业灌溉。多年馆陶县的生活用水基本开采深层地下水，在水权分配中，引江水供水范围内不允许再开采深层地下水，而不能覆盖的地区，暂允许开采深层地下水为 549.8 万 m³。由于地下水总量高于全县"三条红线"地下水总量控制指标 4391.0 万 m³，因此扣减地下水 425.3 m³，确权的可分配地下水量为 3841.2 m³。

除上述水源外，馆陶县污水处理厂日处理污水能力达到 3 万 t，用于工业化

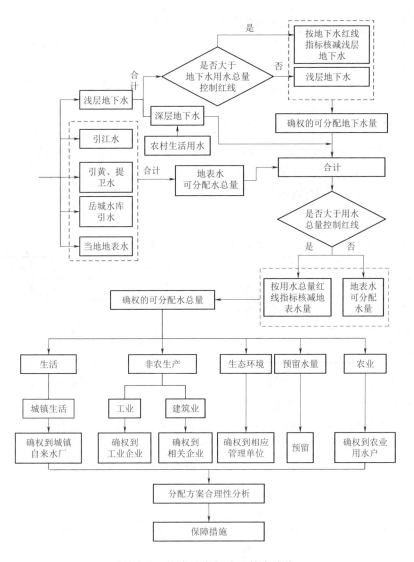

图 11.1　馆陶县水权分配技术路线

工企业用水。因此全县确权的可分配水总量为 7552.7 万 m^3。

11.2.3　各行业可分配水量

首先确定生活用水量。2011—2013 年馆陶全县平均城镇生活人均日用水量为 72.5L，农村为 52.4L，符合《河北省用水定额》要求，因此作为合理的生活用水量（表 11.3）。

接着确定非农业（工业和建筑业）和生态环境、预留用水量，并将最后剩余的水量作为农业用水量。

表 11.3　　　　　　　　　　　　馆陶县生活合理用水量确定

类别	人口/人	近 3 年生活用水/万 m³				生活合理用水量	
		2011 年水量	2012 年水量	2013 年水量	3 年平均水量	水量/万 m³	人均/[L/(人·d)]
城镇	65000	166.6	174.3	175.3	172.1	172.1	72.5
农村	287668	546.4	548.5	554.5	549.8	549.8	52.4

工业用水，对全县有取水许可证企业和无证取水的企业取水量进行了调查统计，全县工业企业共计 88 家，2011—2013 年年均用水量 430.3 万 m³，核减工业用水量 30.3 万 m³，合理用水量为 400.0 万 m³，万元工业增加值用水量为 11.7m³/万元，见表 11.4。

表 11.4　　　　　　　　　　　　馆陶县工业合理用水量

取水许可情况	企业数量/家	2011—2013 年工业用水量/万 m³				合理用水量/万 m³
		2011 年	2012 年	2013 年	年均	
取水许可证在期	38	105.3	105.3	106.9	105.8	79.2
无取水许可证	50	305.0	324.3	344.2	324.5	320.8
合计	88	410.3	429.6	451.1	430.3	400.0

馆陶县 2011—2013 年建筑业用水量呈现稳定趋势，年均用水量为 20.3 万 m³，作为建筑业合理用水量。因此，馆陶县合理的非农业合理用水量为 420.3 万 m³。

生态环境用水量方面，包括城镇市政绿化、环境卫生等用水，用 2011—2013 年平均用水量进行核定。统计结果，3 年馆陶县生态环境平均用水量为 16.0 万 m³，其中绿地用水为 6.0 万 m³，道路广场用水为 10.0 万 m³，全部开采地下水。见表 11.5。

表 11.5　　　　　　　　　　　　馆陶县生态环境合理用水量

用水类别	2011—2013 年生态环境用水量/万 m³				用水量/万 m³	面积/km²	单位面积用水量/[L/(m²·d)]	用水定额/[L/(m²·d)]	来　源
	2011 年	2012 年	2013 年	年均					
道路广场用水	10.0	10.0	10.0	10.0	10.0	0.40	2.52	2～3	《建筑给排水设计规范》（GB 50015—2009）
绿地用水	5.0	5.0	8.0	6.0	6.0	0.56	1.07	1～3	《室外给水设计规范》（GB 50013—2006）
合计	15.0	15.0	18.0	16.0	16.0				

预留水量为保证水权有效期内基本生活和生态环境需水的增长而预留的水量。据测算，2017 年全县城镇人口达到 8.8 万人，人均用水会从 72.5L/（人·d）增加到 110L/（人·d）。因此城镇生活需水量需要 355.1 万 m³，较现状新增

183.0 万 m³。预计 2017 年全县绿地面积从 0.56km² 增加到 0.66km²，道路广场面积由现状的 0.40km² 增加到 0.60km²，单位面积用水量按 3.0L/(m²·d) 计，因此生态需水量增加了 21.8 万 m³。另外，如果污水处理及利用工程配套与制度完善措施，污水处理可以满足生态环境需水增量，因此不再预留。综上，预留水量为 183.0 万 m³，占确权的可分配水总量的 2.4%。

考虑农村生活还要开采深层地下水 549.8 万 m³，扣除生活、非农业、生态环境用水量与预留水量后，剩余农业可分配水量为 6761.3 万 m³。

综上，馆陶县可分配水量见表 11.6。

表 11.6　　　　　　　　　　馆 陶 县 可 分 配 水 量

确权的可分配水总量/万 m³	生活合理用水量/万 m³	非农生产合理用水量/万 m³			生态环境合理用水量/万 m³	预留水量/万 m³	农业可分配水量	亩均耕地分配水量/(m³/亩)
		工业	建筑业	小计				
7552.7	172.1	400.0	20.3	420.3	16.0	183.0	6761.3	150.5

11.2.4　用水户水权确定

城镇生活用水量按人口确权到供水厂（站），农村生活用水配置到集中供水厂（站），非农生产中工业用水量确权到企业、建筑业用水量确权到相关企业，生态环境用水量确权到相应管理单位，农业用水量确权到农业用水户。其中，生活、非农生产、生态环境用水按照有关规定核发取水许可证，农业用水核发水权证。

（1）生活用水方面。馆陶县现状合理的生活用水量为 721.9 万 m³，其中城镇生活水权为 172.1 万 m³，按人均合理用水量 72.5L/(人·d) 确权，由馆陶县供水公司确权，水源为引江水。农村生活用水量为 549.8 万 m³，人均合理用水量 52.4L/(人·d)，配置到现有的 11 个联村集中供水站，水源为深层承压水。

（2）非农业用水方面。馆陶县大中小企业共计 88 家，合理的工业水权为 400.0 万 m³，按照现状企业合理的用水量，分别确权到 88 家企业。根据近几年工业用水情况，以及企业位置及取水情况，引江水供水范围内能确权引江水的工业企业用水量为 400.0 万 m³，建筑业合理用水量为 20.3 万 m³，确权到相关企业。

（3）生态环境用水权为 16.0 万 m³，确权到相应管理单位。

（4）农业用水户水权确权到农户。馆陶县农业可分配水量为 6761.3 万 m³。耕地面积为 449220 亩，其中，农户耕地面积为 397340.9 亩，公共用地面积为 51879.1 亩，故农业可分配水量包括公共用地可分配水量和农户用地可分配水量。其中公共用地可分配水量为 780.8 万 m³，农户用地可分配水量为 5980.5 万 m³。馆陶县下辖农户 63770 户，农户耕地面积为 397340.9 亩，亩均耕地可分配水量为 150.5m³。按户土地承包面积分别确权到 63770 家农户或确权到村，再由村用水者协会确权到农户。农户的取水水源由当地水管组织根据区域水利工程条件、水价政策及用水户意愿，按照优先利用地表水和非常规水、合理开采地下水、用足用好外来水的原则分配。

馆陶县水权分配、配置过程及结果如图 11.2 所示。

11.2.5　分配合理性分析

（1）分配的生活及工业水量满足需求。

1）分配的生活用水量满足生活用水需求。根据现状采用与现状情况相似的近 3 年人均日用水量核定的生活用水指标：城镇生活人均日用水量为 72.5L，农村为 52.4L，满足现状用水需求，并与河北省、邯郸市经济发展水平相当的县市比较，符合馆陶县现状生活用水水平，同时符合《河北省用水定额》要求，用水指标合理。

2）分配的工业企业用水量满足现状生产需求。根据企业近 3 年实际用水量、水平衡测试、水资源论证、取水许可等资料，核定工业企业用水量，满足现状企业用水需求，同时符合《河北省用水定额》中相关企业单产用水指标，且多数达到节水指标，与河北省邯郸市产业结构及生产水平相当的县市比较，符合馆陶县实际，工业用水量合理。

（2）分配的农业水量能保证农业生产需求。农业用水户水权确权，在开源节流的前提下，基本能满足生产需水要求，不影响粮食安全。

馆陶全县现状亩均用水量为 208.0m³，若在采取高效节水灌溉措施情况下，发展适水种植，改变现状以种植小麦、玉米为主，调整为以种植棉花、玉米等为主，亩均可实现节水 25% 以上，可实现从现状亩均 208.0m³ 减少到 156m³ 以下，若在考虑馆陶县每年接受的上游排泄的雨水、现状利用的微咸水及处理达标的中水，农业用水将更有保障。故确权的亩均水量为 150.5m³，基本可满足农业生产用水需求。

因此，在不超采地下水的情况下，大部分区域确权的亩均用水量在开源节流条件下，可以满足农业生产的用水要求。如果部分区域确有不足，鼓励通过水权流转或是利用非常规水满足，确有必要也可以允许高价超采少量地下水调剂。故确权指标不影响农业生产需求。

（3）分配的生态环境用水量满足基本需求。根据馆陶县近三年环境实际用水量，同时按照相关标准规范，对全县环境用水进行核算，不足部分按照优水优用的原则，使用处理达标的中水，且县污水处理量和处理能力均满足用水需求。

（4）分配的各业水量不会对第三方产生影响。各业用水均在分析现状合理用水情况下确权，同时预留了未来发展的基本用水，既尊重现实又考虑了未来发展，不会对第三方用水和未来发展产生不利影响，同时考虑了农村生活用水安全的实际情况。非农生产用水没有预留，不足部分可以通过水权流转满足，避免了工业等新上项目挤占农业用水，最大限度地保障了农业生产用水。

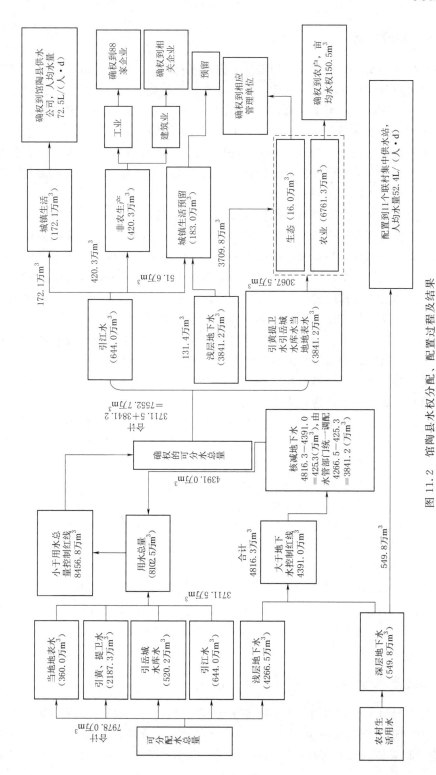

图 11.2 馆陶县水权分配、配置过程及结果

11.2.6 保障措施

（1）强化组织，保障落实。为保证方案能顺利实施，项目县成立政府主要领导参加的水权分配领导小组，具体工作由县水利局负责，负责县域内的水权分配工作，建立各行业基层用水户水权改革组织，尤其是建立农民用水者协会，形成上下联动的水权水市场管理组织网络。形成下级向上级主动汇报，上级向下级逐级传达的联动工作机制，各管理组织要把水权分配工作摆在试点建设的主要位置，做到组织到位、人员到位、责任到位、措施到位、保障到位，明确责任、考核问责，确保试点工作的顺利实施。

（2）政府主导，公众参与。水权分配涉及社会各方的利益，遇到的困难和阻力较多，需要政府宣传推动，要体现民主、公开、公平的原则，保证各方用水户的利益，调动用水户参与水权分配的积极性。同时要高度重视农民用水者协会的组建工作，强化协会基层服务和用水户的参与作用，在做好顶层设计的同时，由农业用水者协会将水权配置到户，并负责收缴水费，调处水事纠纷，协调水量交易等工作，确保水权分配方案的顺利落实。

（3）强化宣传，提高认识。为确保水权改革的顺利推进，应充分利用大众媒体，广泛开展宣传，提高公众的水危机意识。采取编印宣传手册、专家讲座、广告宣传等措施，使公众普遍了解试点的基本水情和水权改革的目的，增强全民的水忧患意识，转变用水观念，推进水权、水市场建设。

（4）科学量算，合理水价。市县水行政主管部门要以省内外农业、水利等科研院所及高等院校为技术支撑，对全县水资源演变情势进行调查、分析、评价，科学计算区域水资源可利用量，科学核定区域水资源价值与价格，合理制定区域水价实施方案，尤其是创新农业水价形成机制，既保证农民种粮的积极性不受影响，又能以水价激励提高用水效率，促进节水压采目标的顺利实现。

（5）精准计量，严格落实。有效准确的取水计量设施是落实水权改革的基础，按照河北省人民政府关于印发《河北省地下水超采综合治理试点方案（2014 年度）》的通知要求，在整合统筹现有地下水监测设施基础上，尽快完善工业，尤其是农业灌溉终端取水计量设施，在井灌区确保一井一表，在渠灌区完善量水设施，支渠上修建标准量水桥、测桥，斗、农渠设专用计量设备，对所有取用水户按照不同取用水类别，分别安装水表和量水设施，为全县落实水权确权方案提供计量保障。

11.3 农业水价改革

馆陶县提出了"超用加价"的农业水价改革模式，建立精准补贴机制，充分发挥价格杠杆作用促进农业节水。2015 年开展水价改革前，馆陶县已安装了1016 套计量设施，成立了县级用水协会总会，并且 277 个行政村中有 119 个村依托县用水协会总会成立村用水分会，且已经完成全县 277 个行政村的水权分配工作，为水价改革打下基础。馆陶县农业地表水灌区，灌溉基本收取电费、泵站维修费、管理人员工资等提水成本；地下水灌区多按运行成本收费。全县地表水灌区灌溉水费约 13 元/（亩·次）；地下水灌区中，浅井灌区水价平均约 0.32 元/m^3，深井灌区水价平均约 0.80 元/m^3。

然而，当时全县的计量设施不完善，信息化管理设施不配套，难以实现用水精准计量，同时渠灌区现状农民灌溉仅收提水成本，井灌区基本按运行成本收水费，工程大修费用不能保证；全县机井、小型水源工程以及农民用水分会的无经费来源，不同程度影响了工程管理机制的有效运行，进而影响了全县水价改革的有效开展。

11.3.1 超用加价改革模式

按照贯彻落实河北省水利厅、财政厅、物价局联合下发的《农业水价改革及奖补办法》（冀水财〔2015〕84 号）的文件精神，根据馆陶县近几年水价改革的实践经验，确定馆陶县实行"超用加价"的水价改革模式。文件中提出的"超用加价"的模式为"水权额度内用水按现行农业水费计收，超过水权额度用水在现行农业水价基础上加价不低于 20%"。在此指导下，地下水罐区探索实施"水权额度内用水按现行农业水费计收，超过水权额度用水，在现行农业水价基础上加价 0.10 元/m^3"；地表水罐区探索实施"用水定额内用水按现行农业水价（物价部门批复水价或政府指导价）计收，超定额用水在现行农业水价（物价部门批复水价或政府指导价）基础上加价 0.10 元/m^3"。

11.3.2 水费收缴管理

按照"一泵一表、一户一卡"要求，安装 IC 卡智能计量设施，按水量收费，实行"先充值缴纳、后刷卡取水浇地"。暂未安装用水计量设施的，可将水量折算成电量，采用以电计量的方法。根据工程管理权限，农业水费分别由县、乡、村农民用水合作组织（水管员或承包人）负责收缴，并使用统一票据，于每年12 月底前汇总、公示。县、乡、村农民用水合作组织建立用水管理平台，健全水费收缴管理系统，设立水费专户和收缴终端，办理刷卡存储水（电）量。

收缴的平价水费，支付渠道和用途按现行使用政策执行；收缴的加价水费，扣除电力部门的电费、水利工程维修养护费、配水人员劳务费和管理费用等合理性开支外（机井或扬水站大修，需一事一议），仍有节余的，作为村节水基金，主要用于节水灌溉工程建设、维修养护、村节水宣传、节水奖励等。村节水基金由村用水分会管理，县用水协会总会监管，建立收支台账，在一定范围内定期向公众公布水费使用明细，公示 7 天期满无异议后存档，防止乱加价、乱收费。

11.3.3　节水奖补制度

馆陶县同时对实施水价改革的项目区进行精准补贴和奖励，包括"农户水价改革补贴；灌溉工程维修养护补贴；灌溉用水计量设施补贴；农民用水合作组织（水管员或承包人）节水奖励；农业水价改革培训、管理、宣传费等"。具体测算包括：①实施"超用加价"模式，增加的农民灌溉成本费用，即地下水灌区超水权额度后在现价基础上加收的 0.10 元/m³ 费用；②实施水价改革后，由于提高水价农民节水意识增强，减少了灌溉水量需要奖励农民用水合作组织（水管员或承包人）的费用；③实施水价改革后增加的农民用水合作组织（水管员或承包人）的工程管理、水费收缴、水事协调等管理成本费用；④机井安装 IC 卡智能计量设施需要管护、维修等服务费，每年每眼井补贴 200 元；⑤实施农业水价改革需进行有关人员及组织的培训与教育费、水价改革的宣传费、各级用水合作组织的管理费、方案编制费、技术咨询服务费等。经计算，从 2015—2019 年分五年分发，第一年平均亩奖补 12.1 元，总奖补费用 89.7 万元，以后逐年递减第一年额度的 20%，经测算五年全县奖补资金共计 269.0 万元。

奖补资金的使用范围包括：①农户水价改革补贴，即灌溉工程维修、养护、建设、管理等补贴；②实施水价改革后，由于节水需奖励农民用水合作组织（水管员或承包人）的费用；③实施水价改革后增加的农民用水合作组织（水管员或承包人）的工程管理、水费收缴、水事协调等管理成本费用；④机井安装 IC 卡智能计量设施需要的管护、维修等费用，每年每眼井补贴 200 元；⑤实施农业水价改革进行有关人员及组织的培训与教育费、水价改革的宣传费、各级用水合作组织的管理费、方案编制费、技术咨询服务费等。

11.3.4　保障措施

为了顺利开展农业水价改革，需要采取以下保障措施。

（1）加强组织领导。成立由县长任组长，常务副县长、主抓农业副县长为副组长，县水利局、县财政局、县农牧局、县发改局、县物价局等有关部门为成员的县农业水价综合改革领导小组。领导小组下设办公室，办公地点设在水利局，办公室主任由县水利局局长兼任，副主任由县水利局副局长及其他相关单位负责人兼任。办公室具体负责水价改革的组织实施。

乡（镇）水利服务站、农民用水者协会总会、村用水分会，组成水价改革基层服务组织，在县物价、水利、财政、电力等部门的指导下，逐村、逐水源工程落实水价政策，协调解决水价改革中的具体问题。做到层层有责任，逐级抓落实。保证全县按计划推行农业水价改革。

（2）严格资金监管。为保障水价改革的顺利实施，县政府要严格按照资金使用管理办法要求，用好河北省水价改革专项资金，实行"专人、专户、专账"管理，严格执行财经纪律和财会制度；严格资金跟踪稽查，县财政部门加强对农业水价改革专项资金的使用管理和监督检查，并随时接受上级主管部门的监督检查，严格执行县财政报账制度和政府采购制度，保证专款专用，同时积极配合有关部门做好审计、稽查等工作；实行资金使用公示制度，县财政局、水利局采取适当形式，将资金使用情况在各乡镇村张榜公布，接受群众监督。

市、县级水行政主管部门应依据省水利厅、财政厅、物价局联合下发的《农业水价改革及奖补办法》文件，结合本市、县实际制定相应的《农业水价改革奖补资金使用管理办法（或细则）》，细化奖补范围、奖补条件、对象、标准，同时实行预决算管理制度，严格资金管理使用。

（3）完善计量设施。尽快完善全县井灌区机井和泵站、扬水站点的计量设施安装，按照"一泵一表、一户一卡"要求，安装计量设施，实现农业用水准确计量，为全县加快推行农业水价改革提供计量保障。

建立各级用水信息管理平台。县、乡、村农民用水合作组织应尽快建立用水信息管理平台，健全水费收缴管理系统，设立水费专户和收缴终端，办理刷卡存储水（电）量业务。

（4）加强宣传引导。通过各种媒体和方式，积极开展农业水价综合试点宣传报道。为确保水价改革的顺利推进，充分利用广大媒体，广泛开展宣传，提高公众的水危机意识；采取编印宣传手册、专家讲座、广告宣传、培训教育等措施，使公众普遍了解馆陶县的基本水情和水价改革的意义；利用典型示范、事例让用水户切实看到农业水价综合改革带来的节水增效、农业增产、农民增收等实际效果，赢得群众的拥护和支持；提高用水户的有偿用水、节约用水的自觉性，形成广泛支持、关心、参与改革的良好氛围。

11.4 "以电折水"控制方案

馆陶县开展了"以电折水"的项目试验，对试点农村抽水装置变压器开展用电监测，通过开采试验建立耗电量与地下水开采量之间的关系以度量抽水量。试验在馆陶县寿山寺试验区的 100 个变压器上安装 100 个试验电表，实现了对变压器的用电监测；对连接到 100 个监测变压器的所有独立开采井，进行 400 次以上开采试验来确定单独和平均的转换系数。

该试验与馆陶县电力局合作，达成了电力数据共享协议，馆陶县电力局提供了从 2007 年到 2018 年馆陶县电网区域每个月灌溉耗电量的历史数据，并保证提供未来实时灌溉耗电量。截至 2018 年年初，馆陶县所有开采井均配备了独立的智能监测装置，每天可以远程读取一次数据。

11.4.1 试验步骤

（1）电表安装和数据分析。耗电量的测量装置由 Lofty Electronics 公司提供，每个装置由电表和数据传输单元组成。电压、电流、有功功率和耗电量等测量数据，以每 2.5min 一次的频率，通过 GSM 数据连接，传送至水利部水利水电规划设计总院（GIWP）在北京的服务器。测量数据显示了耗电量随时间变化的情况。从变压器功率-时间曲线（图 11.3）可以清楚地观察到泵的开启/关闭时间。

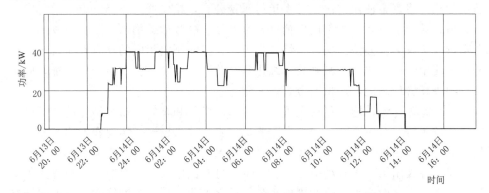

图 11.3　变压器功率-时间曲线

（2）转换系数开采试验。为了确定耗电量与地下水开采量之间的关系，对连接至变压器的单个灌溉井进行了 400 次以上的开采试验，由试验电表监测。从 2016 年 3 月到 2018 年 3 月先后进行了四次开采试验，采用便携式超声波流量计和容积法测量取水泵的流量。水泵电源的电能表中读出单位时间的耗电量。然后计算"以电折水"的转换系数。开采试验的结果显示，转换系数（α）的值有很大的变化，即抽取每立方米水的耗电量为 0.2～0.9（kW·h）/m³（图 11.4），灌溉井的取水流量为 10～48m³/h。

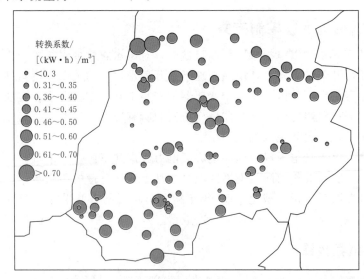

图 11.4　试验得到转换系数的空间分布

不难看出，转换系数随空间分布相对分散。转换系数的变化是由各种因素引起的，包括水文地质条件、取水泵的类型和容量以及取水泵上的电能表的精度。为了了解各因素对转换系数的影响，基于开采试验计算了相关影响因素与转换系数的相关性系数，见表 11.7。可以从中得出结论：转换系数与取水泵的使用功率和额定功率具有最高的相关性，与动态地下水埋深之间也存在着线性关系，而与静态地下水埋深的线性关系要弱一些。其他参数与转换系数的相关性不显著。

表 11.7 影响因素与转换系数的相关系数

项目	额定功率	泵龄	静态埋深	动态埋深	流量	使用功率	水位降低量
额定功率	1						
泵龄	−0.43	1					
静态埋深	0.1	0.07	1				
动态埋深	0.18	0.21	0.26	1			
流量	0.57	−0.28	−0.11	−0.06	1		
使用功率	0.8	−0.17	0.2	0.23	0.71	1	
水位降低量	0.12	0.17	−0.33	0.83	0	0.11	1
转换系数	0.51	0.12	0.39	0.43	−0.03	0.67	0.19

（3）地下水开采量估计。将耗电量与每个变压器的平均转换系数相结合，可以估算出总的地下水开采容积。将估算月单位面积用水量和实际用水量相比较，结果如图 11.5 所示。其中蓝色曲线为实际用水量，红色曲线为耗电量，黑色实线和虚线为两种不同"以电折水"的估算方法计算出来的估算用水量。从图 11.5 中可以看出，实际用水量基本落在两个估算范围区间内。

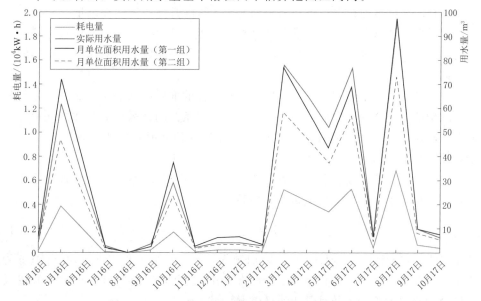

图 11.5　2016 年 4 月—2017 年 10 月用水量示意图

(4) 与馆陶县电力部门的数据共享。监测开采耗电量的试验电表覆盖了馆陶县寿山寺地区。馆陶县电力部门在电力数据共享中的积极合作，对于向全县推广"以电折水"的方法具有十分重要的意义。

通过数据共享分析，可以得出结论：单个辖区开采耗电量是整个大区域开采耗电量一个很好的代表性指标。通过监测小面积开采量来估算更大范围的地下水开采是可行的。

11.4.2 "以电折水"建议

(1) 单井监测。对于单井而言，由于水文地质条件、取水泵类型和工作条件的变化以及电能表精度的影响，每个单独的灌溉井都应建立转换系数，使取水量估算的准确度在 10%～20% 之内。与单井平均转换系数相比，按取水泵额定功率划分转换系数，在一定程度上提高了用水量估算的准确度。

(2) 变压器监测。通常 5 个灌溉井（实际范围从 3 到 12）连接一个变压器。监测变压器耗电量的策略降低了基础设施成本（包括安装维护），是单井监测方案的 1/5。通过 100 个电能表的试验以及电力部门电能表的使用，证明了基于变压器监测策略的可行性。每天采集一次变压器的开采数据，结合相应的灌溉区域，将为实时地下水建模提供有价值的信息。

值得注意的是，一般情况下开采耗电量仅由农业电力变压器提供，这是将开采耗电量与其他用耗电量分开的基础，但一些农业变压器也为其他耗电户供电，例如牲畜、农作物加工，甚至生活用水和工业用水。在不排除其他用途耗电量的情况下，地下水开采耗电量可能被高估到某些变压器的真实值的两倍。需要记录单个用户的耗电量的村电力工作人员的合作，排除其他用途的耗电量。

为了保证"以电折水"的准确度（相对误差在 10% 以内），需要对连接到变压器的单个灌溉井进行开采试验。将单个灌溉井的平均转换系数作为变压器的转换系数。

(3) 区域耗电量监测。区域地下水开采估算的准确度取决于区域转换系数的估算准确度。一个区域中应该进行足够数量的灌溉井的开采试验，才能获得样本的平均转换系数，使得其相对误差较小。在理论估计时，应当根据区间估计理论，计算给定置信水平的执行区间，分析最少的样本量。

(4) 转换系数的经验公式。根据能量守恒和现场测量数据，根据地下水埋深测量值，提出了一种估算以电折水转换系数的经验公式。

$$\alpha = \frac{H_0 + h}{367\eta} \tag{11.1}$$

式中：H_0 为静态地下水埋深；h 为附加扬程，包括开采过程中的水位下降；η 为取水泵效率；367 为由水的密度（1000kg/m³）、重力加速度（9.81m/s²）以及秒转换为小时的单位系数计算出来的常数。

式（11.1）仅适用于以下几种情况：

1）当区域内只进行了少量的开采试验时，估算区域开采量的转换系数。将开采试验中测量的 α、H_0、h 代入式（11.1）中计算出取水泵的效率。利用该区域的平均效率 η 和平均静态地下水埋深 H_0，可以计算出区域转换系数。

2）仅测量动态地下水埋深（$H_0 + h$），确定单个灌溉井的转换系数，进一步简化该方法。对相同额定功率的取水泵进行开采试验以确定泵的效率。

参 考 文 献

［1］ 水利电力部水文局. 中国水资源评价［M］. 北京：水利电力出版社，1987.

［2］ 水利部水利水电规划设计总院. 中国水资源及其开发利用调查评价［M］. 北京：中国水利水电出版社，2014.

［3］ 中华人民共和国水利部. 中国水资源公报1997—2016年［M］. 北京：中国水利水电出版社，1998—2017.

［4］ 曹剑锋，迟宝明，王文科，等. 专门水文地质学［M］. 北京：科学出版社，2006.

［5］ 仵彦卿. 地下水系统的基本概念与组成［J］. 地球科学与环境学报，1990（4）：88-91.

［6］ 徐秀媛. 图解"自然界的四大循环"［J］. 教书育人，2012（s2）：119-119.

［7］ 田守岗，李道真，迟明春，等. 小流域水资源及四水转化关系的研究［J］. 山东水利科技，1995（1）：1-5.

［8］ 黄锡荃，李惠明，金伯欣. 水文学［M］. 北京：高等教育出版社，1985.

［9］ 吴红燕. 干旱区灌排系统地下水模拟与水盐平衡研究［D］. 乌鲁木齐：新疆农业大学，2007.

［10］ 许传遒. 地下水作用对岩土工程的影响分析［J］. 冶金丛刊，2017（5）：253-254.

［11］ 金光球，李凌. 河流中潜流交换研究进展［J］. 水科学进展，2008，19（2）：141-149.

［12］ 张光辉，严明疆，杨丽芝，等. 地下水可持续开采量与地下水功能评价的关系［J］. 地质通报，2008，27（6）：875-881.

［13］ 夏军，张翔，韦芳良，等. 流域水系统理论及其在我国的实践［J］. 南水北调与水利科技，2018，16（1）：1-7.

［14］ 林学钰，廖资生. 地下水资源的本质属性、功能及开展水文地质学研究的意义［J］. 天津大学学报（社会科学版），2004，6（3）：193-195.

［15］ 贾瑞亮，周金龙，李巧. 我国气候变化对地下水资源影响研究的主要进展［J］. 地下水，2012，34（1）：1-4.

［16］ 白德荣. 地下水功能评价指标选取依据与原则的讨论［J］. 水文地质工程地质，2008，35（2）：370-372.

［17］ 位菁，赵鑫. 城市地下工程建设对地下水环境的影响及措施分析［J］. 企业技术开发，2015，（5）：147-148.

［18］ 石建省，李国敏，梁杏，等. 华北平原地下水演变机制与调控［J］. 地球学报，2014（5）：527-534.

［19］ 徐恒力. 地下水系统的进化［J］. 水文地质工程地质，1992（1）：62-64.

［20］ 唐克旺，杜强. 地下水功能区划浅谈［J］. 水资源保护，2004，20（5）：16-19.

[21] 李爱花，李原园，郦建强．水资源与经济社会及生态环境系统协同发展初探［J］．人民长江，2011，42（18）：117-121.

[22] 刘戈力．地下水与水环境浅议［C］．中国水利学会学术年会，2002.

[23] 范伟，章光新，李然然．湿地地表水-地下水交互作用的研究［J］．地球科学进展，2012，27（4）：413-423.

[24] 于堃，熊黑钢，陆殿梅．新疆奇台绿洲地下水与生态景观关系研究［J］．第四纪研究，2007，27（5）：880-888.

[25] 许涓铭，邵景力．地下水系统与管理问题［J］．工程勘察，1986，（5）：33-38.

[26] 于丽丽，唐克旺，侯杰．等．地下水功能区保护与管理［J］．中国水利，2014，（3）：39-42.

[27] 水利部原水资源司．全国地下水资源开发利用规划［R］，2012.

[28] 刘长生，汤井田，唐艳．我国地下水资源开发利用现状和保护的对策与措施［J］．长沙航空职业技术学院学报，2006，6（4）：69-73.

[29] 乔世珊．加强我国地下水超采区治理的对策和建议［J］．中国水利，2008（23）：37-39.

[30] 张旭．我国环境污染治理的紧迫性和必要性［J］．品牌月刊，2014（10）.

[31] 袁冬基．浅析取水许可制度的发展［J］．内蒙古水利，2012（4）：49-51.

[32] 池春广．地下水资源论证解析［J］．水资源开发与管理，2016（3）：15-19.

[33] 赵培培，窦明，董四方，等．我国地下水资源用途管制制度框架设计［J］．人民黄河，2016，38（7）：39-43.

[34] 刘江，付强．地下水开采量和水位双控管理模式探讨［J］．地下水，2017，39（3）：62-63.

[35] 曹永潇，方国华，毛春梅．我国水资源费征收和使用现状分析［J］．水利经济，2008，26（3）：26-29.

[36] 崔海龙．济南地下水环境绩效评估研究［D］．济南：山东大学，2008.

[37] 陈余道，蒋亚萍．城市地下水开发利用的生态环境问题［J］．中国地质灾害与防治学报，1997（1）：63-68.

[38] 姜晨光，姜平，蔡伟，等．城市地下水位变化与地面沉降关系的监测与分析［J］．地下水，2003，25（3）：133-136.

[39] 金光炎．地下水可开采资源的分析与应用［J］．治淮，2008（1）：18-19.

[40] 王贵玲，刘志明，刘花台，等．地下水潜力评价方法［J］．水文地质工程地质，2003，30（1）：63-66.

[41] 许亮，辛宝东，徐宜亮，等．北京市房山平原区地下水超采评价［J］．南水北调与水利科技，2012，10（4）：112-115.

[42] 周子靖，庄逸民．浅议基层水管单位取水计量精细化对水量分配的意义［J］．治淮，2017（11）.

[43] 周仰效，李文鹏．地下水水质监测与评价［J］．水文地质工程地质，2008，35（1）：1-11.

[44] 秦巧凤．铁岭市地下水污染预警与应急对策研究［J］．现代农业，2017，（8）：74-75.

［45］ 裴源生，赵勇，王建华．流域水资源实时调度研究［J］．水科学进展，2006，17（3）：395-401.

［46］ 周爱国，马瑞，张晨．中国西北内陆盆地水分垂直循环及其生态学意义［J］．水科学进展，2005，16（1）：127-133.

［47］ 张光辉，杨丽芝，聂振龙，等．华北平原地下水的功能特征与功能评价［J］．资源科学，2009，31（3）：368-374.

［48］ 杨丽芝，张勇，刘春华．华北平原地下水资源功能衰退与可持续利用研究［J］．工程勘察，2013，41（6）：10-15.

［49］ 王浩，陈敏建，秦大庸．西北地区水资源合理配置和承载能力研究［M］．郑州：黄河水利出版社，2003.

［50］ 崔亚莉，王亚斌，邵景力，等．南水北调实施后华北平原地下水调控研究［J］．资源科学，2009，31（3）：382-387.

［51］ 唐克旺，等．地下水分区分类管理研究与示范［M］．北京：中国水利水电出版社，2019.

［52］ 孟素花，费宇红，张兆吉，等．华北平原地下水脆弱性评价［J］．中国地质，2011，38（6）：1607-1613.